# 搅拌摩擦焊的数值模拟

张　昭　张洪武　著

科学出版社

北京

# 内 容 简 介

本书从5个方面阐释搅拌摩擦焊的数值模拟方法和由数值模拟得出的物理规律,主要内容包括:搅拌摩擦焊的基本原理以及搅拌摩擦焊研究的主要进展;搅拌摩擦焊数值模拟所需的有限元技术基础理论和方法;搅拌摩擦焊的传质与传热;搅拌摩擦焊焊接构件残余应力和残余变形的数值模拟;搅拌摩擦焊焊接构件疲劳寿命的计算方法;搅拌头受力的计算方法以及疲劳寿命预测的解析计算方法和有限元计算模型;搅拌摩擦焊晶粒尺寸的计算方法和焊接微结构演化对力学性能影响的计算方法。

本书可供高等院校机械工程等专业师生和企业相关技术人员阅读参考。

**图书在版编目(CIP)数据**

搅拌摩擦焊的数值模拟/张昭,张洪武著. —北京:科学出版社,2016
ISBN 978-7-03-048782-7

Ⅰ.①搅⋯  Ⅱ.①张⋯ ②张  Ⅲ.①摩擦焊-数值模拟  Ⅳ.①TG453

中国版本图书馆 CIP 数据核字(2016)第 131865 号

责任编辑:陈 婕 纪四稳/责任校对:郭瑞芝
责任印制:徐晓晨/封面设计:蓝正设计

**科学出版社** 出版
北京东黄城根北街 16 号
邮政编码:100717
http://www.sciencep.com

**北京中石油彩色印刷有限责任公司** 印刷
科学出版社发行 各地新华书店经销
\*
2016年6月第 一 版 开本:720×1000 1/16
2024年1月第三次印刷 印张:20
字数:400 000
**定价:160.00元**
(如有印装质量问题,我社负责调换)

# 前　言

搅拌摩擦焊的数值模拟涉及热力耦合、大变形、显微结构演变等,是较为复杂的力学问题和材料学问题,隶属于力学与材料学的学科交叉领域,在数值模拟方面具有挑战性。同时,基于搅拌摩擦焊发展出的搅拌摩擦点焊、搅拌摩擦加工以及搅拌摩擦增材制造等技术均具有广阔的应用前景,针对搅拌摩擦焊的数值研究对上述技术机理的理解和质量控制具有理论意义和工业应用方面的推动作用。

本书共7章,从5个方面阐释搅拌摩擦焊的数值模拟方法和由数值模拟得出的物理规律,第1章主要介绍搅拌摩擦焊的基本原理以及搅拌摩擦焊研究的主要进展;第2章主要介绍完成搅拌摩擦焊数值模拟所需的有限元技术基础理论和方法,包括弹性力学、变分原理和有限单元法基础,本构方程及求解,搅拌摩擦焊主要数值模型及网格处理技术;第3章主要介绍搅拌摩擦焊的传质与传热,阐释搅拌摩擦焊中热生成机理和材料流动机理以及焊接缺陷产生机理;第4章主要介绍搅拌摩擦焊焊接构件残余应力和残余变形的数值模拟,并进一步讨论复杂形式焊接构件的残余应力以及热处理工艺对焊接构件残余应力的影响;第5章主要介绍搅拌摩擦焊焊接构件疲劳寿命的计算方法,并讨论残余应力分布对焊接构件疲劳寿命的影响以及叶轮结构的裂纹扩展和概率失效;第6章主要介绍搅拌头受力的计算方法以及疲劳寿命预测的解析计算方法和有限元计算模型;第7章主要介绍搅拌摩擦焊晶粒尺寸计算的方法,并简单讨论焊接微结构演化对力学性能影响的计算方法。

本书的完成得益于作者所在研究团队自2003年以来对搅拌摩擦焊数值模拟持续不断的工作。与本书内容相关的科研工作,得到了国家自然科学基金(10802017、11172057、11572074)的持续资助,以及教育部新世纪优秀人才支持计划、中央高校基本科研业务费专项资金、国家重点基础研究发展(973)计划(2011CB013401)的资助,对此深表感谢;同时,对工业装备结构分析国家重点实验室的资助和支持也表示感谢。此外,在撰写本书过程中,研究生吴奇、葛芃、别俊、田宇、赵磊、万震宇、刘慧杨以及青年教师刘亚丽均为本书的完成提供了不同程度的帮助,在此对他们表示诚挚的感谢。

限于作者的学识和经验,书中难免存有不足,敬请读者批评指正。

作者

2015 年 12 月

于大连理工大学

# 目　　录

# 第1章 绪 论

搅拌摩擦焊(friction stir welding,FSW)技术是英国焊接研究所(The Welding Institute,TWI)于1991年发明的一种新型焊接工艺[1],具有接头性能好、低缺陷、高强度以及环保等特点,可以对多种熔化焊接性能差的金属进行焊接,尤其适用于航空航天以及船舶制造等领域。搅拌摩擦焊最初的目的是用于连接低熔点合金板材,如铝合金、镁合金等。与传统的焊接方法相比,它具有优质、低耗、焊接变形小和无污染等特点[2-10],具体表现为:①可焊接板材及多种接头形式(对接、角接、搭接和T形接头等),还可进行不同位置焊接;②可用于对使用熔焊连接有一定难度的材料,如铝合金、钛合金及铜铝等异种材料的连接;③焊缝质量高,接头中不发生热裂纹、气孔等缺陷,接头力学性能好;④焊接成本低,焊前设备要求低,允许接缝有薄氧化膜和附着杂质,不需要焊后处理,也不需要使用填充材料和保护气体等;⑤焊接过程安全性好,无熔化、无飞溅、无烟尘、低噪声,是一种环保型的绿色节能连接技术[11-18]。在搅拌摩擦焊过程中,一个带有肩台的柱形或锥形搅拌头不断旋转并插入焊接工件中,搅拌头和焊接工件之间的摩擦剪切阻力导致摩擦热的产生,并促使搅拌头临近区域的材料热塑化,当搅拌头进行移动时,搅拌头周围的热塑化材料由于搅拌头的作用而发生迁移,并在轴肩和工件之间产生的摩擦热以及锻压的共同作用下,形成致密的固相连接接头[19],如图1.1所示。在搅拌摩擦焊过程中,搅拌头旋转时线速度与搅拌头运动方向相同的一侧称为前进侧(advancing side),搅拌头旋转时线速度与搅拌头运动方向相反的一侧称为后退侧或返回侧(retreating side)。搅拌摩擦焊构件前进侧和后退侧具有不同的材料流动行为[20]。

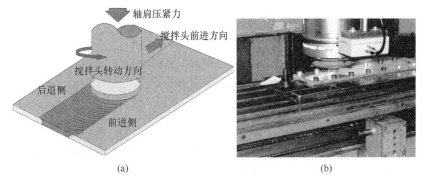

(a)                    (b)

图1.1 搅拌摩擦焊

通过搅拌摩擦焊,在焊接区域会形成几个较为明显的区域:搅拌区(stirring zone,SZ)、热力影响区(thermo-mechanically affected zone,TMAZ)、热影响区(heat affected zone,HAZ)和母材区(base metal zone,BZ),如图 1.2 所示,其中焊核区(nugget zone,NZ)在搅拌区内。在搅拌区会通过再结晶形成细小等轴晶粒,其具有良好的力学性能。

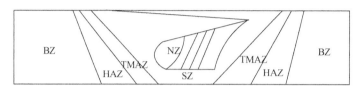

图 1.2　焊接区域示意图

搅拌摩擦焊工艺被认为是近二十几年来金属连接工艺中最重要的发明之一,由于其节能和环保的特点,被评定为一种绿色工艺[21]。同传统的焊接工艺相比,搅拌摩擦焊不需要使用保护气以及填充材料,而这些恰恰是熔化焊接中必须要考虑的问题。搅拌摩擦焊对材料的适应性也很强,几乎可以焊接所有类型的铝合金,另外,对于镁合金、锌合金、铜合金、铅合金、铝基复合材料、钛合金以及不锈钢等材料的板状构件对接也是优先选择的方法。同时,搅拌摩擦焊也可以实现异种材料之间的焊接[6,22-24]。当搅拌头偏离焊缝中心线一定距离时,也可以实现异种金属间的可靠连接[25]。异种金属间的连接会导致出现不规则的搅拌区形状[26]。

搅拌摩擦焊构件的焊接质量主要与搅拌摩擦焊的焊具及工艺参数有关,其中包括搅拌头的几何形状、旋转速度、焊接速度、焊具倾角、轴向压力等。搅拌头由轴肩和搅拌针构成,是搅拌摩擦焊的关键部件,其几何形状不仅直接影响搅拌焊接中的热输入方式,还会影响搅拌头附近的材料流动形式[4,27-29],因此如何选择合适的搅拌头以获得高质量搅拌摩擦焊接头是搅拌摩擦焊研究的重要方面。

## 1.1　搅拌摩擦焊研究进展

搅拌头是搅拌摩擦焊技术的核心。在搅拌摩擦焊生产中,搅拌头起到提供焊接热能量及带动母材流动的作用[30]。伴随着搅拌头的高速旋转,搅拌头长期处于与母材材料的摩擦作用力下,生产中需要经常更换搅拌头,以保证搅拌头表面的粗糙度,用以提供足够的摩擦热。因此,搅拌头表面常出现磨损严重的问题;除此之外,搅拌头也有可能出现断裂破坏的情况,这也同样与搅拌头的受力情况密切相关。因而在长期的摩擦力及压力作用下,搅拌头的疲劳性能是需要关注的。

在对搅拌头受力研究的过程中,研究者做了大量工作,他们认为搅拌头在焊接过程中将同时承受剪切及弯曲的组合作用力,搅拌针断面上的受力可能出现如图 1.3 所示三种形式。

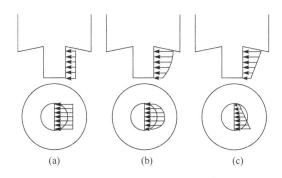

图 1.3 搅拌针的受力形式[31]

对搅拌头进行分析和设计,主要包括的设计参数和研究内容如图 1.4 所示。

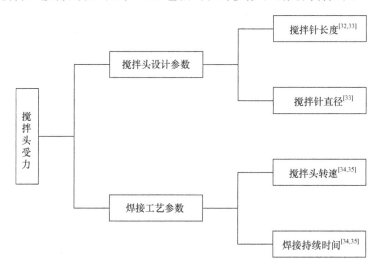

图 1.4 搅拌头设计参数与研究重点

Sorensen 等[31]认为,搅拌头的受力形式并不是如图 1.3 所展示的简单模型的分布函数,而是以上三种模型的组合形式,搅拌头所受纵向应力将沿着深度方向减小,但这种趋势存在临界值。若搅拌头长度小于这个临界值,搅拌针上的应力将呈现线性减小的趋势,若大于临界值,超过临界值的部分将保持临界值时的应力状态。Arora 等[36]采用黏塑性模型,对搅拌头受力进行分析,得到了搅拌头上剪切应力的变化规律,但并未发现存在临界值。Tozaki 等[32,33]在对搅拌摩擦点焊的研究中发现,搅拌针的长度对接头断裂模式和强度有明显影响,搅拌针长度是搅拌摩擦点焊的重要设计参数。

关于搅拌头的研究并不局限于搅拌头强度问题上,因为搅拌头在焊接过程中与母材材料发生剧烈摩擦而产生磨损现象,所以搅拌头在正常工作下的使用寿命也同样成为搅拌头研究的重点课题,具体如表 1.1 所示。

表 1.1　搅拌头磨损

| 搅拌头材料 | 搅拌头转速 $n/(r/min)$ | 搅拌头尺寸 | | 焊速 $v/(mm/min)$ | 磨损率 | 参考文献 |
|---|---|---|---|---|---|---|
| | | 搅拌针直径 $r_p/mm$ | 搅拌针长度 $h/mm$ | | | |
| 工具钢 H13/K390 (Cryo H13/K390) | 1200 | — | — | 50/100 | 0.014%/0.005% (0.01%/0.005%) | [34] |
| 油淬工具钢 | 1000 | 6.3 | — | 60/180/ 360/540 | 0.45%/0.31% /0.22%/0.19% | [35] |
| 油淬工具钢 | 1000/750/500 | 6.3 | 3.6 | 360 | 24%/20.5%/6% | [37] |
| WC-Co 硬质合金 | 1500/2000 | 6 | 5 | 25/50/100/150 | 11%~27% | [38] |
| GH4169 | 600 | 4.5 | 4.7 | 65 | 4.2% | [39] |

注:Cryo 为 Cryotreatment,即低温处理。

当所焊材料不同时,应选取合适的搅拌头材料,一是为了保证焊后接头的焊接质量,二是为了降低搅拌头的磨损,使之可以长期服役。研究表明,搅拌头在焊接初期会发生严重磨损,但磨损基本只发生在搅拌头的周向方向上,搅拌头长度、轴肩等部位磨损量极小[38]。这种磨损的原因基本可以归纳为以下几类:黏结磨损、氧化磨损、扩散磨损、磨料磨损。不同搅拌头材料及形状下,上述磨损量的贡献不尽相同[39]。随着焊接的进行,这种磨损将逐渐缓解,焊接距离达到某一个值时,搅拌头的磨损量趋近于零,此后的焊接过程中,搅拌头的工作状态将处于平稳,因此,在搅拌针形状设计上,应使得在旋转速度一定的情况下,在较短的时间内达到较高的焊接速度,尽量降低搅拌头的磨损[35,37]。为了进一步降低这种搅拌头的磨损量,研究者开始对各类焊接中的搅拌头材料进行研究。研究发现,如能对搅拌头进行焊前处理,磨损量也能出现相应程度的降低,如 Surekha 等[34]将 H13 工具钢进行焊前超低温冷处理,使得搅拌头材料发生相变,提高了搅拌头内的马氏体含量,从而提高了搅拌头的硬度,降低了搅拌头磨损量。

作为搅拌摩擦焊技术的核心,搅拌头的选材一直是研究人员关注的问题,在诸多研究中,人们发现对于不同的焊接材料,选择合适的搅拌头材料可以更好地保证焊接质量与焊接效率。在对以往研究成果及科研文献的回顾后,本章列举了部分搅拌头选材,如早期针对铝合金、镁合金[31,40,41]等轻质材料焊接,搅拌头多选择工具钢材料。工具钢材料易获取,切削加工性好,制作成本低,且在焊接中磨损程度低,可以保证较长的工作时间[42]。应用于航空航天领域的钛合金材料在进行搅拌摩擦焊过程中,多采用钨系列的搅拌头[43,44]。钨系列的合金钢搅拌头可以很好地保证焊接质量,满足如火箭、高空飞行器等特殊领域的装备需要。在对钛合金材料的焊接中,钨系列合金钢的磨损情况较其他材料搅拌头好,可以更好地重复使用。在钢铁等黑色金属焊接中,则主要采用聚晶立方氮化硼作为搅拌头材料[45,46]。而在金属基复合材料的焊接中,则大多应用 AISI 标准的强化工具钢作为搅拌头材料[47,48]。

因搅拌头在焊接中高速旋转带动焊接材料流动的特性,搅拌头形状对焊接质量的影响也同样是巨大的,采用不同形状的搅拌头进行焊接,母材区的焊后纹理、微观晶粒尺寸及焊后焊材力学性能的变化是复杂的。因此,对搅拌头形状的研究以及合理设计,也是确保搅拌摩擦焊质量的重要课题。

邹青峰等[49]研究了搅拌头形状对搅拌摩擦焊接头的组织结构与拉伸性能的影响,通过对原始柱形圆头搅拌头的搅拌针实施切削以改变搅拌头尺寸,并定义切边深度,考虑不同切边深度对试验结果的影响,发现搅拌头形状的选取对搅拌摩擦焊效果影响较大,切边深度的增大使得母材区的材料流动效果更好、塑性变形产热量升高,从而使得焊接质量得到明显提高。Ramanjaneyulu 等[50]同样针对切边问题对搅拌头形状的影响进行了研究,通过改变切边形貌,建立了五种不同形状的搅拌针,对 AA2014 铝合金平板进行搅拌摩擦焊连接并进行相关讨论,通过对接触部位形貌观测及显微镜下的影像观测,对比了搅拌头形貌对搅拌摩擦焊的影响,采用 INSTRON 1185 通用试验机对焊后平板进行试验,分析了由不同形状搅拌头焊接后材料前进侧、返回侧的硬度变化。Boz 等[51]也对搅拌头形状对焊接质量的影响做了相关研究,其工作中由不同形状搅拌头焊接成型的构件,其接头部位性能变化较为明显,材料硬度、微观组织结构等力学性能均因搅拌头形状的改变产生了变化。柯黎明[52]等也同样研究了搅拌头形状对焊接质量的影响,其工作中对带有正、反螺纹的搅拌针焊接效果进行试验,表征了不同形状搅拌针作用下母材焊接区内的材料流动规律。其结果表明,不同方向的螺纹使得焊区内材料出现相反的流动形式,导致焊核中心位置出现变化,同时得出结论:若采用带有正螺纹的搅拌针进行搅拌摩擦焊,则焊后裂纹易出现在焊缝下部,若采用带有负螺纹的搅拌针进行搅拌摩擦焊,则焊后裂纹易出现在焊缝上部。谢腾飞等[53]采用四种不同形状搅拌针对搅拌摩擦焊过程进行试验,在试验中观察焊接截面内 S 曲线的变化规律。试验表明,搅拌针的形状对焊接质量的影响是不可忽视的,搅拌针的形状极易影响搅拌区内材料的流动特性和材料的微观特性,搅拌针是否光滑、是否带有螺纹、带有什么形式的螺纹,都将引起搅拌区内材料流动规律的明显变化,选择合适的搅拌针形状是保证焊接质量不可或缺的工艺指标。姬书得等[54]对静止轴肩搅拌摩擦焊进行了研究,以搅拌头旋转频率为研究变量,试验分析了经静止轴肩搅拌头焊后的焊接接头的力学性能,发现静止轴肩搅拌摩擦焊接头的维氏硬度呈 W 形分布,最小值出现在前进侧的热影响区,接头的软化程度随搅拌头旋转频率的增大而增加,焊接接头的断裂位置位于热力影响区,断口呈韧性断裂。

焊接过程是一种高温过程,搅拌摩擦焊焊接温度虽较传统焊接方式的焊接温度低,但仍属于一种高温过程。因此,对搅拌摩擦焊温度场的研究是极为重要的。早在 1998 年,Tang[55]等就开始了对温度场的试验测量及规律研究,发现搅拌摩擦焊中,焊缝附近材料上任一点都将经历一个迅速升温、缓慢降温的温度时间历程,但与传统熔焊过程相比,最高焊接温度仅为材料熔点的 80%。当搅拌头转速处于较高水平时,搅拌头转速对焊接温度的增幅量明显降低,此时,再增大搅拌头转速并无太大意义。针对不同材料的搅拌摩擦焊温度场的几项工作如表 1.2 所示。

表 1.2 温度场

| 焊接材料 | 板厚 $t$/mm | 搅拌头转速 $n$/(r/min) | 搅拌头尺寸 | | | 焊速 $v$/(mm/min) | 焊接温度 $T$/℃ | 参考文献 |
| | | | 轴肩直径 $r_s$/mm | 搅拌针直径 $r_p$/mm | 搅拌针长度 $h$/mm | | | |
| --- | --- | --- | --- | --- | --- | --- | --- | --- |
| 6056 铝合金 | 3 | 1600~2000 | 13 | 5 | 2.6 | 700 | 299~531 | [56] |
| AA2014-T6 | 5 | 1000 | 12 | — | | 600 | 327~364 | [50] |
| 纯铝 | 4 | 1000 | 9/12/15 | 4 | — | 30 | 300~450 | [57] |
| 纯铜 C11000 | 3.1 | 400~1200 | 12 | 3 | 2.8 | 60 | 460~530 | [58] |

关于焊接构件的焊后残余应力场的研究,是搅拌摩擦焊研究的重点问题之一。针对不同材料的残余应力场研究的主要进展如表 1.3 所示。

表 1.3 残余应力

| 焊接材料 | 板厚 $t$/mm | 搅拌头转速 $n$/(r/min) | 焊速 $v$/(mm/min) | 最大残余应力值 $\sigma$/MPa | 参考文献 |
| --- | --- | --- | --- | --- | --- |
| AA2024-T3 | 7 | 360 | 198 | 90 | [59] |
| 2024-T4 | 3 | 475 | 300 | 164.5 | [60] |
| AA2024-T351 | 6.3 | 350 | 95 | 130 | [61] |
| AA2050-T851 | 15 | 280 | 200 | 135 | [62] |
| 6056 铝合金板 | 4 | — | — | 220 | [63] |
| 5086 铝 | 8 | 400 | 12 | 50 | [64] |
| AA5089-O 和 AA6061-T6 | 5 | 840/150 | 900/100 | 95 | [65] |
| 7050-T7451 和 2024-T351 | 25.4 | — | 50.8 | 18 | [66] |

人们在研究中发现,搅拌摩擦焊的焊后残余应力场基本与熔焊焊后残余应力场保持相似规律,即截面纵向残余应力相对横向残余应力较大[67],在分布规律上,

截面纵横两向残余应力均基本呈 M 形分布,但分布规律较熔焊有所区别,在深度方向上,搅拌摩擦焊焊接构件残余应力并不呈线性变化,是较为复杂的[63]。搅拌摩擦焊中若所焊构件为单一材料,则残余应力场中前进侧残余应力值将略高于返回侧残余应力值[59,60,62,64],若材料不同,则最大残余应力将产生在屈服强度或材料硬度较高的一侧[65,66]。而在关于残余应力场的研究中,研究人员发现若能在焊前对焊接构件进行拉伸处理,则焊后残余应力场将出现明显的变化,降低原本表现为拉应力的残余应力场[61]。

焊接材料硬度也是搅拌摩擦焊中值得关注的一个问题。搅拌摩擦焊构件横截面上焊核区材料较软,热影响区材料硬度逐渐增大,远离焊接位置的材料硬度与焊前相同[68,69],这被认为是焊接过程中热过程对焊材微结构的影响产生的。焊接过程中,焊核区内将经历热高温过程,使得材料内析出相完全溶解,材料硬度降到最低,此区域被称为软化区。在焊核区与热影响区的交接处析出相并未完全溶解,出现棒状体。再向远离焊缝方向观察,则在显微照片上能清晰地看到棒状体与针状体混杂的区域,此区域称为低硬度区,此区域内随着针状体密度的增加,材料硬度增大,逐渐与材料原始硬度水平相当。最后,在远离焊接区,材料微结构与焊前相比,并未出现明显变化,因此,材料硬度基本与焊前相同[68-71]。当然,微结构的变化规律与具体焊材相关。

搅拌摩擦焊作为一种连接技术,必然存在着连接构件接头部位的疲劳问题,焊接过程将材料加热至高温状态,并将其混合连接,不可避免地将破坏材料本身的抗疲劳性能,研究者就此问题进行了探讨,在搅拌摩擦焊技术中,影响焊接接头疲劳强度的因素主要有焊接工艺参数[72]、焊后表面及内部缺陷[73-75]、循环载荷应力比[76,77]等。基于以上几个因素,研究人员做了大量试验及数值模拟,经过与熔化极惰性气体保护焊(metal inert-gas welding,MIG)和非熔化极惰性气体钨极保护焊(tungsten inert gas welding,TIG)的对比发现,相对其他焊接方式,在低焊速下,搅拌摩擦焊的静强度和动强度明显高于其他两种焊接形式[72]。在对焊接接头疲劳性能影响因素中最常见的应为表面及内部缺陷,疲劳问题的核心内容即结构在循环载荷下的破坏问题,断裂力学中的裂纹与缺陷则为这种破坏问题的主要因素,在焊接过程中,由于材料的高温加热及冷却过程,不可避免地将出现局部缺陷,这样的缺陷就成为结构疲劳破坏的主导因素。在搅拌摩擦焊中也同样存在着这样的缺陷及微裂纹,如张丹丹等[74]在对 Al-Li 合金的焊接接头做疲劳试验分析时,则发现了倒钩式的缺陷,并伴有局部的微裂纹产生,这样的缺陷及微裂纹将大大降低材料的屈服强度和延伸率,继而降低结构的抗疲劳性能。杨新岐等[73]在试验中也发现了"吻接"缺陷,并认为这样的缺陷是降低搅拌摩擦焊接头疲劳性能的主要因素。Lomolino 等[75]认为焊后对接头位置做回火处理是降低焊接缺陷、提高焊接接头抗疲劳性能的重要途径。焊接结构的全寿命周期预测是一项系统性的工作,受多种因素影响,具有挑战性。

# 1.2　搅拌摩擦焊数值模拟研究进展

　　焊接过程中,热量的产生主要由搅拌头与焊接构件摩擦生热及材料塑性变形生热构成。其中,轴肩与构件接触摩擦力做功生热占绝大多数比例,是大多数模型中解析计算热输入的主要依据[78]。在搅拌头与焊接构件的接触定义上,通常采用如下几种接触类型:滑移接触、黏滞接触、滑移和黏滞混合接触,主要区别在于定义与搅拌头接触处的焊接构件材料运动速度与搅拌头速度的比值 $\delta$,若 $\delta$ 为 0,则为滑移接触类型;若 $\delta$ 为 1,则为黏滞接触类型;若 $\delta$ 介于 0～1,则为混合接触类型。不同的 $\delta$ 值选取,将会影响最终热输入量的计算[79]。

　　总结几种针对搅拌摩擦焊温度场的数值模型,如表 1.4 所示。

表 1.4　几种温度场计算模型

| 时间 | 计算对象 | 计算模型和工具 | 文献 |
|---|---|---|---|
| 2003 年 | 铝合金 | 三维固体有限元模型 | [80] |
| 2007 年 | 不锈钢 | 三维流体模型 | [81] |
| 2005 年 | 铝合金 | 三维流体模型/FLUENT | [82] |
| 2004 年 | 不锈钢 | 三维固体有限元模型/WELDSIM | [83] |
| 2006 年 | 铝合金 | 三维固体有限元模型/DEFORM | [84] |
| 2003 年 | 铝合金 | 三维固体有限元模型/ABAQUS | [85] |
| 2012 年 | 铝合金 | 三维固体有限元模型/COMSOL | [86] |
| 2006 年 | 铝合金 | 三维流体模型/半解析方法 | [87] |
| 2008 年 | 铝合金 | 三维固体有限元模型 | [88] |

　　材料流动对焊后形成的焊缝质量有重要影响,然而在搅拌摩擦焊过程中,材料流动十分复杂,受焊接参数、材料属性、搅拌头尺寸等多种因素影响。数值模型可以方便地研究多种参数对材料流动的影响。Tutunchilar 等[89]基于三维拉格朗日增量有限元模型,使用基于网格重剖分的商业软件 DEFORM-3D 模拟了搅拌摩擦加工(friction stir processing,FSP)过程,该数值模拟工作成功地预测了焊接缺陷种类形貌、温度场分布、等效应力应变和搅拌区的材料流动,中心区域、前进侧和后退侧的材料流动轨迹形貌可以依据跟踪材料物质点的方法得到。文中模拟结果显示,主要的材料流动过程发生在构件上表面前进侧;前进侧材料被拉伸旋转,造成了不对称的搅拌区域形貌。Zhang 等[90-92]基于任意拉格朗日-欧拉耦合模型开展了一系列研究传质传热和材料流动的工作。模拟过程中,跟踪材料物质点的流动

轨迹,较为可靠地反映了焊接过程中材料的流动。结果显示,材料流动规律在前进侧与返回侧有显著区别。在搅拌头前方的材料,会在搅拌头拉伸旋转作用下做绕针运动。而搅拌头后方材料将向下运动并最终进入焊后焊缝部位。对多种焊接参数和搅拌头尺寸对材料流动的影响也进行了讨论,结果表明:较大的旋转速度将明显增大材料物质点的流动速度,较大的搅拌头轴肩也将起到相同的作用。流体力学模型对于材料的流动预测具有较大的优势。Colegrove 等[93,94]建立了搅拌摩擦焊的二维和三维计算流体力学模型,重点研究了复杂搅拌头周围的材料流动情况。相关研究结果为优化搅拌头设计、焊接参数选择提供了参考。

　　焊接参数是直接影响搅拌摩擦焊各项性质的直接因素,焊接参数一般包括搅拌头转速、搅拌头行走速度、下压力和轴肩倾斜角。在数值模型中,可以方便地计算上述焊接参数变化所带来的影响,而不必进行大量的试验研究。Michopoulos 等[95]建立了搅拌摩擦焊的弹塑性有限元模型,并建立了焊接参数对焊后残余应变的灵敏度分析。张昭等[96]基于三维有限元模型,讨论了搅拌头转速与焊接行走速度对焊接质量的影响。模拟结果表明,较大的搅拌头转速和较小的搅拌头行走速度有利于提高焊接质量;在焊接过程中,等效塑性应变随转速的增加而增加,随搅拌头行走速度的增加而降低。Zhao 等[97]建立了一个联系多种焊接参数(搅拌针插入深度、焊速和转速)和三方向可控制轴力的经验关系模型,该工作给出了焊接过程中上述重要物理量间的动态关系。研究结果表明,焊接参数与三向轴力间符合非线性的动态关系,该结果也被作者试验证实。Gok 等[98]基于三维网格重剖分DEFORM 模型,研究了各种焊接参数对镁合金搅拌摩擦焊的影响。

　　搅拌摩擦焊的成败和焊后构件的焊接质量,与搅拌头息息相关。对于搅拌头的数值模拟研究工作,一直以来是搅拌摩擦焊研究中的重点内容之一。利用数值模拟技术,设计搅拌头的形貌和焊接参数,有利于提高焊接质量并延续搅拌头寿命。

　　Zhang 等[99,100]基于完全热力耦合的搅拌摩擦焊模型,研究了搅拌头形状对焊接温度场分布、材料塑性变形的影响,其结果表明搅拌区域随着搅拌头直径的增大而增大;在焊缝附近的搅拌区域,温度是控制晶粒长大的主要因素,但是在搅拌区外边缘,当等效应变和等效应变率值较低时,材料变形将比温度场分布更能影响材料的再结晶过程。Su 等[101]基于搅拌摩擦焊的流体力学模型,研究了两种搅拌针形貌(圆柱形、锥形)对焊后力学性能的影响,对总产热量、热流密度和温度场分布等进行了详细研究和讨论,其结果显示:锥形搅拌针与圆柱形搅拌针相比,具有更小的材料变形区域。Buffa 等[102]基于建立的三维搅拌摩擦焊有限元模型,研究了搅拌头几何形貌和焊接速度对焊后焊核区域晶粒尺寸和材料流动的影响,并进一步对搅拌头的形貌和焊速进行了优化设计。Aval 等[103,104]采用数值模拟和试验手段研究了 AA5086 铝合金的搅拌摩擦焊,分析了搅拌头形貌对构件力学性能的影响,其研究发现:带有 2°倾角的圆锥形搅拌头比圆柱形搅拌头产生的材料变形更显著,并且有利于提高焊后构件力学性能。Zhang 等[105]基于铝合金的搅拌摩擦焊计算流体力学模型,研究了多种焊接参数下搅拌针的受力问题,其研究结果表明,较大的转速和较低的焊速有利于减小搅拌针上的应力,且搅拌针上应力值分布在根部达到最大值,根部是危险截面,疲劳应力的时间变化,随匀速旋转而呈正弦函数规律。Biswas 等[106]采用有限元模拟研究了 6mm 厚 AA1100 铝合金板的搅拌摩擦焊,其研究结果表明:轴肩带有凹槽的锥形搅拌针更有利于该种材料的搅拌摩擦焊,并且搅拌针的直径应尽量小以避免焊接缺陷(wormhole defect)的产生。类似的研究搅拌头形貌对焊后构件力学性能影响的数值模拟工作,也被应用于AZ31 镁合金的搅拌摩擦焊中[107,108]。

搅拌头的疲劳破坏、磨损变形等对搅拌头的寿命有重要影响。搅拌头的磨损变形改变了搅拌头的几何形状,将降低焊后构件接头质量。当使用搅拌摩擦焊焊接硬质材料,如不锈钢、钛合金时,上述问题愈加明显。对此,许多数值模拟工作把搅拌头的疲劳、磨损和寿命等问题作为主要研究对象。DebRoy 等[109]建立了搅拌摩擦焊的三维传质传热模型,用于研究不锈钢材料搅拌摩擦焊过程中搅拌头的疲劳抵抗能力,使用累积损伤理论计算和分析搅拌头的破坏。他的研究表明了构件板厚、焊接速度、旋转速度、轴肩和搅拌针直径均会影响作用于搅拌头上的应力和温度历程;他基于建立的神经网络算法,计算了搅拌针上剪切应力与最大需用剪切应力的比值,并给出其与多种焊接参数的关系图。李秀娜等[110]应用数值模拟技术,基于改进的 Archard 理论建立搅拌头磨损模型,研究了搅拌摩擦焊过程中搅拌头的摩擦磨损规律及使用寿命。Arora 等[36]基于三维流体力学模型,计算了搅拌头上的横向焊接力和扭矩,并考虑了构件材料的温度-等效应变率相关的流变应力本构关系建立了计算模型,预测了 L80 不锈钢和 7075 铝合金在搅拌摩擦焊过程中其搅拌头的受力变形及疲劳失效,同时很好地预测了针上最大应力与各种焊接参数、搅拌头形貌的关系。Scutelnicu 等[111]开发了两种模型,模拟了传统搅拌摩擦焊和 TIG 辅助热源搅拌摩擦焊焊接金属铜的过程。当添加辅助热源后,研究发现了一系列优势,其中包括搅拌区域更快速和充分的塑性变形,降低了搅拌针的磨损和针上应力,提高了焊接速度,并增强了焊后接头质量等。Zhang 和 Wan[112]基于自适应网格重剖分技术,建立了 AZ91 镁合金搅拌摩擦焊模型,模拟了搅拌头的三维受力情况,其结果显示:搅拌头在焊接过程中三个方向的受力和温度场最大值均随焊接行走速度的增大而增大,随搅拌头转速的增大而减小;轴向压力是三个方向受力中最大的力,而由材料不均匀流动所产生的垂直于焊缝方向的力则是最小的。Ulysse 等[113]建立了薄板搅拌摩擦焊的三维黏塑性模型,并基于该模型分析了搅拌头受力与焊接参数的变化关系。

相关研究人员也提出了一些特殊种类的搅拌头,Buffa 等[114]利用试验和有限元数值两种手段,研究了有无搅拌针的特殊搅拌头构型对镁合金的焊接过程,以及对焊后的接头力学性能,如拉伸强度、断裂韧性等力学性能的影响。Mehta 等[115]利用有限元模型,计算了多边形搅拌头(三角形、矩形、五边形等)焊接铝合金板的各种物理场,并和圆形截面搅拌头做对比,利用解析方法计算了多边形搅拌头在焊接过程中经历的应力值、力矩值等力学参数,结果表明多边形的边数上升有利于减小搅拌针上的应力值。

焊后构件接头的性能是搅拌摩擦焊最为关心的问题,也是焊接成功与否的直接判断标准。焊后构件通常分为四个主要区域,即搅拌区、热力影响区、热影响区和母材区。大量试验和数值模拟工作,均以上述四个区域的微观组织、力学性能为研究对象。

焊后构件材料的晶粒尺寸分布,是搅拌摩擦焊工艺中较为关心的重要参数。基于数值模型计算焊接区域晶粒尺寸分布的工作总结在表 1.5 中。

表 1.5　晶粒尺寸预测数值模拟工作

| 材料 | 计算方法 | 区域 | 晶粒尺寸/$\mu m$ | 文献 |
|---|---|---|---|---|
| AA6061 | 经验公式 | 搅拌区 | 1.05～4.14 | [116] |
| AA5754 | 经验公式 | 搅拌区 | 1.10～1.51 | [116] |
| AA6061 | ABAQUS/元胞自动机 | 全区域 | SZ,10.0TMAZ,HAZ,10～28 | [117] |
| AA6061 | ABAQUS/元胞自动机 | 热力影响区,热影响区 | 10～28 | [117] |
| AZ31 | 经验公式 | 搅拌区 | — | [118] |
| AA5083 | 解析方法 | 搅拌区 | 0.3～1.0 | [119] |
| AZ31 | 光滑粒子流体动力学 | 搅拌区 | 4～12 | [120] |
| AE42 | 解有限差分方程 | 搅拌区 | 4.5～10.5(SPNC)/1.2～2.6(DPUSC) | [121] |
| AA7075 | DEFORM/CDRX 经验公式 | 搅拌区 | 3～7 | [122] |
| AA6082 | DEFORM/神经网络、经验公式 | 搅拌区 | 9～30 | [123,124] |
| AA6061 | ABAQUS/经验公式 | 搅拌区 | 5.7～10.8 | [125] |
| AA6061 | ABAQUS/经验公式 | 搅拌区 | 2.51～9.85 | [126] |
| AA6061 | ABAQUS/经验公式 | 搅拌区 | 1.9～6.5 | [127] |
| AA6082 | DEFORM/蒙特卡罗方法 | 全区域 | SZ,11.3TMAZ,46HAZ,110 | [128] |

焊后接头的力学性能主要有材料硬度、残余应力、接头拉伸强度、抗疲劳性能和抗腐蚀能力等。Woo 等[129]利用有限元模型建立了 AA6061 铝合金的搅拌摩擦焊温度场分布,并利用数值方法预测了焊接区域的最小硬度值位置,预测结果与试验测得的疲劳破坏位置吻合,验证了数值计算的可靠性。Zhang 等[130]建立了搅拌

摩擦焊的顺序热力耦合模型,讨论了焊接参数与热输入的关系,并计算了多种焊接尺寸对构件焊后残余应力的影响,其研究结果显示:较大的纵向宽度可以降低焊后残余变形。Javadi 等[64]利用 Taguchi 优化算法对 AA5086 铝合金搅拌摩擦焊焊后残余应力进行了优化,并发现焊接转速对温度场影响较大,故也会对焊后残余应力场有较大影响。Darvazi 等[131]利用 ABAQUS 软件建立了 304L 不锈钢的搅拌摩擦焊热力耦合模型,并研究了温度场历程和两侧不对称的纵向残余应力场,其研究结果显示:纵向拉伸残余应力场在焊缝两侧并不对称分布,不对称分布的主要原因是焊缝两侧不对称的温度场历程和搅拌头搅拌摩擦力场的影响。Jin 等[132]建立了铜质灌状结构搅拌摩擦焊的热力耦合模型,并研究了构件焊后的残余应力场分布,其模拟结果显示:对于薄壁铜质圆筒材料,焊后残余应力与圆筒圆周角有重要关系,且焊后残余应力场并不对称于焊缝,预测得到的应力场均小于 50MPa。Buffa 等[133]建立了 AA6060-T4 搅拌摩擦焊的三维有限元模型,很好地预测了残余应力场的分布,其结果与试验吻合得较好。

对于异种材料间的搅拌摩擦焊,研究表明其焊接接头往往具有特殊的微观结构和力学性能。针对异种材料搅拌摩擦焊的数值模拟目前处于初始阶段,需要解决异种金属间相互作用机理和融合机制,在数值模拟方面具有挑战性,需要对相关理论进行进一步完善。

## 参 考 文 献

[1] Thomas W M, Nicholas E D, Needham J C, et al. Friction Stir Welding: Great Britain, Patent Application No. 9125978. 8, 1991.

[2] Thomas W M, Johnson K I, Wiesner C S. Friction stir welding—Recent developments in tool and process technologies. Advanced Engineering Materials, 2003, 5(7): 485-490.

[3] Thomas W M, Nicholas E D. Friction stir welding for the transportation industries. Materials & Design, 1998, 18(4-6): 269-273.

[4] Squillace A, Defenzo A, Giorleo G, et al. A comparison between FSW and TIG welding techniques: Modifications of microstructure and pitting corrosion resistance in AA 2024-T3 butt joints. Journal of Materials Processing Technology, 2004, 152(1): 97-105.

[5] Berbon P B, Bingel W H, Mishra R S. Friction stir processing: A tool to homogenize nano-composite aluminum alloys. Scripta Materialia, 2001, 44(1): 61-66.

[6] Mishra R S, Ma Z Y, Charit I. Friction stir processing a novel technique for fabrication of surface composite. Materials Science and Engineering A, 2003, 341(1-2): 307-310.

[7] Su J Q, Nelson T W, Sterling C J. Friction stir processing of large-area bulk UFG aluminum alloys. Scripta Materialia, 2005, 52(2): 135-140.

[8] Mishra R S, Ma Z Y. Friction stir welding and processing. Materials Science and Engineering R, 2005, 50(1-2): 1-78.

[9] 柯黎明,邢丽,刘鸽平. 搅拌摩擦焊工艺及其应用. 焊接技术,2000,29(2):7,8.

[10] 傅志红,黄明辉,周鹏展. 搅拌摩擦焊及其研究现状. 焊接,2002,11:6-10.

[11] 王德庆,刘日明,丁成钢. 搅拌摩擦焊接技术的发展现状. 大连铁道学院学报,2002,23(1):75-78.

[12] 张华,林三宝,吴林. 搅拌摩擦焊研究进展及前景展望. 焊接学报,2003,24(3):91-95.

[13] 张华,林三宝,赵衍华. 搅拌摩擦焊在超塑性材料焊接及成形方面的应用. 电焊机,2004,34(1):27-30.

[14] 王文峰,董彦刚,王纯祥. 一种新型焊接工艺——搅拌摩擦焊. 电焊机,2004,34(1):15-18.

[15] 栾国红,郭德伦,张田仓. 铝合金的搅拌摩擦焊. 焊接技术,2003,32(1):1-4.

[16] 关桥,栾国红. 搅拌摩擦焊的现状与发展. 第十一次全国焊接会议,上海,2005,(1D):15-29.

[17] 关桥. 轻金属材料结构制造中的搅拌摩擦焊技术与焊接变形控制(上). 航空科学技术,2005,4:13-16.

[18] 栾国红,关桥. 高效、固相焊接新技术——搅拌摩擦焊. 电焊机,2005,35(9):8-13.

[19] 张昭. 搅拌摩擦焊接过程中材料行为及力学响应的数值模拟. 大连:大连理工大学博士学位论文,2006.

[20] 张昭,刘亚丽,陈金涛,等. 搅拌摩擦焊接过程中材料流动形式. 焊接学报,2007,28(11):17-21.

[21] 曹朝霞,刘书华,王德庆,等. 铝合金的搅拌摩擦焊工艺研究. 兵器材料科学与工程,2002,25(6):37-40.

[22] 王快社,王训宏,沈祥,等. MB3 镁合金与 1060 铝合金搅拌摩擦焊接研究. 热加工工艺,2005,9:29-31.

[23] Uzun H,Donne C D,Argagnotto A,et al. Friction stir welding of dissimilar Al 6013-T4 toX5CrNi18-10 stainless steel. Materials and Designs,2005,26:41-46.

[24] Srinivasan P B,Dietzel W,Zettler R,et al. Stress corrosion cracking susceptibility of friction stir welded AA7075-AA6056 dissimilar joint. Materials Science and Engineering,2005,A392:292-300.

[25] Yan J C,Xu Z W,Li Z Y,et al. Microstructure characteristics and performance of dissimilar welds between magnesium alloy and aluminum formed by friction stirring. Scripta Materialia,2005,53:585-589.

[26] Sato Y S,Park S H C,Michiuchi M,et al. Constitutional liquation during dissimilar friction stir welding of Al and Mg alloys. Scripta Materialia,2004,50:1233-1236.

[27] Lanciotti A,Vitali F. Characterisation of friction stir welded joints in aluminum alloy 6082-T6 plates. Welding International,2003,17(8):624-630.

[28] Colligan K. Material flow behavior during friction stir welding of aluminum. Welding Journal,1999,78(7):229-237.

[29] Thomas W M,Nicholas E D,Smith S D. Friction stir welding—tool developments. Aluminum,

2001:213-224.

[30] 郁炎,晏阳阳,高福洋. 国内外搅拌摩擦焊用搅拌头的研究现状及发展趋势. 材料开发与应用,2013,3:111-118.

[31] Sorensen C D, Stahl A L. Experimental measurements of load distributions on friction stir weld pin tools. Metallurgical and Materials Transactions B,2007,38(3):451-459.

[32] Tozaki Y, Uematsu Y, Tokaji K. Effect of tool geometry on microstructure and static strength in friction stir spot welded aluminium alloys. International Journal of Machine Tools and Manufacture,2007,47(15):2230-2236.

[33] Tozaki Y, Uematsu Y, Tokaji K. Effect of processing parameters on static strength of dissimilar friction stir spot welds between different aluminium alloys. Fatigue & Fracture of Engineering Materials & Structures,2007,30(2):143-148.

[34] Surekha K, Els-Botes A. Effect of cryotreatment on tool wear behaviour of bohler K390 and AISI H13 tool steel during friction stir welding of copper. Transactions of the Indian Institute of Metals,2012,65(3):259-264.

[35] Prado R A, Murr L E, Soto K F, et al. Self-optimization in tool wear for friction-stir welding of Al 6061+ 20% $Al_2O_3$ MMC. Materials Science and Engineering A,2003,349(1):156-165.

[36] Arora A, Mehta M, De A, et al. Load bearing capacity of tool pin during friction stir welding. The International Journal of Advanced Manufacturing Technology, 2012, 61(9-12): 911-920.

[37] Fernandez G J, Murr L E. Characterization of tool wear and weld optimization in the friction-stir welding of cast aluminum 359+ 20% SiC metal-matrix composite. Materials Characterization,2004,52(1):65-75.

[38] Liu H J, Feng J C, Fujii H, et al. Wear characteristics of a WC-Co tool in friction stir welding of AC4A+ 30vol% SiCp composite. International Journal of Machine Tools and Manufacture,2005,45(14):1635-1639.

[39] 赵旭东,傅应霞. 在铜合金搅拌摩擦焊过程中搅拌头磨损机理研究. 热加工工艺,2010, 11:170-172.

[40] Cao X, Jahazi M. Effect of tool rotational speed and probe length on lap joint quality of a friction stir welded magnesium alloy. Materials & Design,2011,32(1):1-11.

[41] Rodriguez N A, Almanza E, Alvarez C J, et al. Study of friction stir welded A319 and A413 aluminum casting alloys. Journal of Materials Science,2005,40(16):4307-4312.

[42] 丁文兵,童彦刚,朱飞,等. 搅拌摩擦焊搅拌头的研究现状. 激光杂志,2013,34(6):5-7.

[43] Reynolds A P, Hood E, Tang W. Texture in friction stir welds of Timetal 21S. Scripta Materialia, 2005,52(6):491-494.

[44] Zhou L, Liu H J, Liu P, et al. The stir zone microstructure and its formation mechanism in Ti-6Al-4V friction stir welds. Scripta Materialia,2009,61(6):596-599.

[45] Sato Y S, Yamanoi H, Kokawa H, et al. Microstructural evolution of ultrahigh carbon steel during friction stir welding. Scripta Materialia,2007,57(6):557-560.

[46] Sato Y S, Nelson T W, Sterling C J, et al. Microstructure and mechanical properties of friction stir welded SAF 2507 super duplex stainless steel. Materials Science and Engineering A, 2005, 397(1): 376-384.

[47] Prado R A, Murr L E, Shindo D J, et al. Tool wear in the friction-stir welding of aluminum alloy 6061+ 20% Al₂O₃: A preliminary study. Scripta Materialia, 2001, 45(1): 75-80.

[48] Shindo D J, Rivera A R, Murr L E. Shape optimization for tool wear in the friction-stir welding of cast AI359-20% SiC MMC. Journal of Materials Science, 2002, 37(23): 4999-5005.

[49] 邹青峰, 钱炜, 安丽, 等. 搅拌针形状对 2A14 铝合金搅拌摩擦焊接头组织和拉伸性能的影响. 机械工程材料, 2015, 39(5): 37-41.

[50] Ramanjaneyulu K, Reddy G M, Rao A V, et al. Structure-property correlation of AA2014 friction stir welds: Role of tool pin profile. Journal of Materials Engineering and Performance, 2013, 22(8): 2224-2240.

[51] Boz M, Kurt A. The influence of stirrer geometry on bonding and mechanical properties in friction stir welding process. Materials &Design, 2004, 25(4): 343-347.

[52] 柯黎明, 潘际銮, 邢丽, 等. 搅拌针形状对搅拌摩擦焊焊缝截面形貌的影响. 焊接学报, 2007, 28(5): 33-37.

[53] 谢腾飞, 邢丽, 柯黎明, 等. 搅拌针形状对搅拌摩擦焊焊缝 S 曲线形成的影响. 热加工工艺, 2008, 37(7): 64-67.

[54] 姬书得, 孟祥晨, 黄永宪, 等. 搅拌头旋转频率对静止轴肩搅拌摩擦焊接头力学性能的影响规律. 焊接学报, 2015, 36(1): 51-54.

[55] Tang W, Guo X, McClure J C, et al. Heat input and temperature distribution in friction stir welding. Journal of Materials Processing and Manufacturing Science, 1998, 7: 163-172.

[56] 鄢东洋, 史清宇, 吴爱萍, 等. 搅拌摩擦焊接过程的试验测量及分析. 焊接学报, 2010, 2: 67-70.

[57] 李敬勇, 亢晓亮, 赵阳阳. 搅拌头几何特征对搅拌摩擦焊试板温度场的影响. 航空材料学报, 2013, 33(1): 28-32.

[58] Hwang Y M, Fan P L, Lin C H. Experimental study on Friction Stir Welding of copper metals. Journal of Materials Processing Technology, 2010, 210(12): 1667-1672.

[59] Sutton M A, Reynolds A P, Wang D Q, et al. A study of residual stresses and microstructure in 2024-T3 aluminum friction stir butt welds. Journal of Engineering Materials and Technology, 2002, 124(2): 215-221.

[60] 李亭, 史清宇, 李红克, 等. 铝合金搅拌摩擦焊接头残余应力分布. 焊接学报, 2007, 28(6): 105-108.

[61] Staron P, Kocak M, Williams S, et al. Residual stress in friction stir-welded Al sheets. Physica B: Condensed Matter, 2004, 350(1): E491-E493.

[62] Pouget G, Reynolds A P. Residual stress and microstructure effects on fatigue crack growth in AA2050 friction stir welds. International Journal of Fatigue, 2008, 30(3): 463-472.

[63] 亚敏, 戴福隆. 搅拌摩擦焊接头残余应力的试验. 焊接学报, 2002, 23(5): 53-56.

[64] Javadi Y, Sadeghi S, Najafabadi M A. Taguchi optimization and ultrasonic measurement of residual stresses in the friction stir welding. Materials & Design, 2014, 55: 27-34.

[65] Aval H J, Serajzadeh S, Sakharova N A, et al. A study on microstructures and residual stress distributions in dissimilar friction-stir welding of AA5086-AA6061. Journal of Materials Science, 2012, 47(14): 5428-5437.

[66] Prime M B, Gnaupel-Herold T, Baumann J A, et al. Residual stress measurements in a thick, dissimilar aluminum alloy friction stir weld. Acta Materialia, 2006, 54(15): 4013-4021.

[67] Zhang Y, Sato Y S, Kokawa H, et al. Microstructural characteristics and mechanical properties of Ti-6Al-4V friction stir welds. Materials Science and Engineering A, 2008, 485: 448-455.

[68] Sato Y S, Kokawa H, Enomoto M, et al. Microstructural evolution of 6063 aluminum during friction-stir welding. Metallurgical and Materials Transactions A, 1999, 30(9): 2429-2437.

[69] Sato Y S, Kokawa H, Ikeda K, et al. Microtexture in the friction-stir weld of an aluminum alloy. Metallurgical and Materials Transactions A, 2001, 32(4): 941-948.

[70] Liu G, Murr L E, Niou C S, et al. Microstructural aspects of the friction-stir welding of 6061-T6 aluminum. Scripta Materialia, 1997, 37(3): 355-361.

[71] Benavides S, Li Y, Murr L E, et al. Low-temperature friction-stir welding of 2024 aluminum. Scripta Materialia, 1999, 41(8): 809-815.

[72] Ericsson M, Sandström R. Influence of welding speed on the fatigue of friction stir welds, and comparison with MIG and TIG. International Journal of Fatigue, 2003, 25 (12): 1379-1387.

[73] 杨新岐, 栾国红, 许海生, 等. 铝合金搅拌摩擦与 MIG 焊接接头疲劳性能对比试验. 焊接学报, 2006, 27(4): 1-4.

[74] 张丹丹, 曲文卿, 杨模聪, 等. Al-Li 合金搅拌摩擦焊搭接接头的疲劳性能. 北京航空航天大学学报, 2013, 5: 21.

[75] Lomolino S, Tovo R, Dos Santos J. On the fatigue behaviour and design curves of friction stir butt-welded Al alloys. International Journal of Fatigue, 2005, 27(3): 305-316.

[76] Dickerson T L, Przydatek J. Fatigue of friction stir welds in aluminium alloys that contain root flaws. International Journal of Fatigue, 2003, 25(12): 1399-1409.

[77] Zhang Z W, Zhang Z, Zhang H W. Effect of residual stress of friction stir welding on fatigue life of AA 2024-T351 joint. Proceedings of IMechE Part B: Journal of Engineering Manufacture, 2015, 229(11): 2021-2034.

[78] Neto D M, Neto P. Numerical modeling of friction stir welding process: A literature review. International Journal of Advanced Manufacturing Technology, 2013, 65(1-4): 115-126.

[79] Schmidt H, Hattel J. Modelling heat flow around tool probe in friction stir welding. Science & Technology of Welding & Joining, 2005, 10(2): 176-186.

[80] Khandkar M Z H, Khan J A, Reynolds A P. Prediction of temperature distribution and thermal history during friction stir welding: Input torque based model. Science & Technology of

Welding & Joining, 2003, 8(3):165-174.

[81] Nandan R, Roy G G, Lienert T J, et al. Three-dimensional heat and material flow during friction stir welding of mild steel. Acta Materialia, 2007, 55(3):883-895.

[82] Colegrove P A, Shercliff H R. 3-dimensional CFD modelling of flow round a threaded friction stir welding tool profile. Journal of Materials Processing Technology, 2005, 169(2): 320-327.

[83] Zhu X K, Chao Y J. Numerical simulation of transient temperature and residual stresses in friction stir welding of 304L stainless steel. Journal of Materials Processing Technology, 2004, 146(2):263-272.

[84] Buffa G, Hua J, Shivpuri R, et al. A continuum based fem model for friction stir welding-model development. Materials Science & Engineering A, 2006, 419:389-396.

[85] Chao Y J, Qi X, Tang W. Heat transfer in friction stir welding—experimental and numerical studies. Journal of Manufacturing Science & Engineering, 2003, 125(1):138-145.

[86] Roy B S, Saha S C, Barma J D. 3-D modeling & numerical simulation of friction stir welding process. Advanced Materials Research, 2012, 488-489:1189-1193.

[87] Heurtier P, Jones M J, Desrayaud C, et al. Mechanical and thermal modelling of friction stir welding. Journal of Materials Processing Technology, 2006, 171(3):348-357.

[88] Schmidt H B, Hattel J H. Thermal modelling of friction stir welding. Scripta Materialia, 2008, 58(5):332-337.

[89] Tutunchilar S, Haghpanahi M, Givi M K B, et al. Simulation of material flow in friction stir processing of a cast Al-Si alloy. Materials & Design, 2012, 40:415-426.

[90] Zhang Z, Chen J T. The simulation of material behaviors in friction stir welding process by using rate-dependent constitutive model. Journal of Materials Science, 2008, 43(1):222-232.

[91] 张洪武, 张昭, 陈金涛. 搅拌摩擦焊接过程的有限元模拟. 焊接学报, 2005, 26(9):13-18.

[92] Wang G, Zhu L L, Zhang Z. Modeling of material flow in friction stir welding process. China Welding, 2007, 16(3):63-70.

[93] Colegrove P A, Shercliff H R. Two-dimensional CFD modelling of flow round profiled FSW tooling. Science & Technology of Welding & Joining, 2004, 9(6):483-492.

[94] Colegrove P A, Shercliff H R. Experimental and numerical analysis of aluminium alloy 7075-T7351 friction stir welds. Science & Technology of Welding & Joining, 2003, 8(5): 360-368.

[95] Michopoulos J G, Lambrakos S, Iliopoulos A. Friction stir welding process parameter effects on workpiece warpage due to residual strains. American Society of Mechanical Engineers, 2011, 2:233-240.

[96] 张昭, 张洪武. 焊接参数对搅拌摩擦焊接质量的影响. 材料研究学报, 2006, 20(5): 504-512.

[97] Zhao X, Kalya P, Landers R G, et al. Empirical dynamic modeling of friction stir welding processes. Journal of Manufacturing Science & Engineering, 2009, 131:11-19.

[98] Gok K, Aydin M. Investigations of friction stir welding process using finite element method. International Journal of Advanced Manufacturing Technology, 2013, 68(1-4): 775-780.

[99] Zhang Z, Liu Y L, Chen J T. Effect of shoulder size on the temperature rise and the material deformation in friction stir welding. International Journal of Advanced Manufacturing Technology, 2009, 45(9-10): 889-895.

[100] 张昭, 刘会杰. 搅拌头形状对搅拌摩擦焊材料变形和温度场的影响. 焊接学报, 2011, 32 (3): 5-8.

[101] Su H, Wu C S, Bachmann M, et al. Numerical modeling for the effect of pin profiles on thermal and material flow characteristics in friction stir welding. Materials & Design, 2015, 77: 114-125.

[102] Buffa G, Hua J, Shivpuri R, et al. Design of the friction stir welding tool using the continuum based FEM model. Materials Science & Engineering A, 2006, 419(1-2): 381-388.

[103] Aval H J, Serajzadeh S, Kokabi A H. The influence of tool geometry on the thermomechanical andmicrostructural behaviour in friction stir welding of AA5086. Proceedings of the Institution of Mechanical Engineers Part C: Journal of Mechanical Engineering Science, 2011, 225(1): 1-16.

[104] Aval H J, Serajzadeh S, Kokabi A H. Evolution of microstructures and mechanical properties in similar and dissimilar friction stir welding of AA5086 and AA6061. Materials Science & Engineering A, 2011, 528(28): 8071-8083.

[105] Zhang Z, Wu Q. Analytical and numerical studies of fatigue stresses in friction stir welding. International Journal of Advanced Manufacturing Technology, 2015: 1-10.

[106] Biswas P. Effect of tool geometries on thermal history of FSW of AA1100. Welding Journal, 2011, 90(7): 129s-135s.

[107] Bruni C, Buffa G, D'Apolito L, et al. Tool geometry in friction stir welding of magnesium alloy sheets. Key Engineering Materials, 2009, 410-411: 555-562.

[108] Bruni C, Buffa G, Fratini L, et al. Friction stir welding of magnesium alloys under different process parameters. Materials Science Forum, 2010, 638-642: 3954-3959.

[109] Debroy T, Arora A. Tool durability maps for friction stir welding of an aluminium alloy. Proceedings of the Royal Society A Mathematical Physical & Engineering Sciences, 2012, 468(2147): 3552-3570.

[110] 李秀娜, 吴伟. 基于有限元搅拌头磨损机理研究. 热加工工艺, 2014, 7: 212-214.

[111] Scutelnicu E, Birsan D, Cojocaru R. Research on friction stir welding and tungsten inert gas assisted friction stir welding of copper. The 4th International Conference on Manufacturing Engineering, Quality and Production Systems, Barcelona, 2011: 97-102.

[112] Zhang Z, Wan Z Y. Predictions of tool forces in friction stir welding of AZ91 magnesium alloy. Science and Technology of Welding and Joining, 2012, 17: 495-500.

[113] Ulysse P. Three-dimensional modeling of the friction stir-welding process. International Journal of Machine Tools and Manufacture, 2002, 42: 1549-1557.

[114] Buffa G, Forcellese A, Fratini L, et al. Experimental and numerical analysis on FSWed magnesium alloy thin sheets obtained using "pin" and "pinless" tool. Key Engineering Materials, 2012, 504-506: 747-752.

[115] Mehta M, Reddy G M, Rao A V, et al. Numerical modeling of friction stir welding using the tools with polygonal pins. Defence Technology, 2015, 11(3): 229-236.

[116] Gerlich A, Yamamoto M, North T H. Strainrates and grain growth in Al 5754 and Al 6061 friction stir spot welds. Metallurgical & Materials Transactions A, 2007, 38(6): 1291-1302.

[117] Saluja R S, Narayanan R G, Das S. Cellular automata finite element (CAFE) model to predict the forming of friction stir welded blanks. Computational Materials Science, 2012, 58: 87-100.

[118] Chang C I, Lee C J, Huang J C. Relationship between grain size and Zener-Holloman parameter during friction stir processing in AZ31 Mg alloys. Scripta Materialia, 2004, 51(6): 509-514.

[119] Yazdipour A, Shafiei M A, Dehghani K. Modeling the microstructural evolution and effect of cooling rate on the nanograins formed during the friction stir processing of Al5083. Materials Science & Engineering A, 2009, 527(1-2): 192-197.

[120] Pan W, Li D, Tartakovsky A M, et al. A new smoothed particle hydrodynamics non-Newtonian model for friction stir welding: Process modeling and simulation of microstructure evolutionin a magnesium alloy. International Journal of Plasticity, 2013, 48(3): 189-204.

[121] Arora H S, Singh H, Dhindaw B K. Numerical simulation of temperature distribution using finite difference equations and estimation of the grain size during friction stir processing. Materials Science & Engineering A, 2012, 543: 231-242.

[122] Buffa G, Fratini L, Shivpuri R. CDRX modeling in friction stir welding of AA7075-T6 aluminum alloy: analytical approaches. Journal of Materials Processing Technology, 2007, 191: 356-359.

[123] Fratini L, Buffa G. CDRX modelling in friction stir welding of aluminium alloys. International Journal of Machine Tools & Manufacture, 2005, 45: 1188-1194.

[124] Fratini L, Buffa G, Palmeri D. Using a neural network for predicting the average grain size in friction stir welding processes. Computers & Structures, 2009, 87: 1166-1174.

[125] 张昭, 吴奇, 张洪武. 搅拌针对搅拌摩擦焊接搅拌区晶粒影响研究. 兵器材料科学与工程, 2014, 37(5): 32-35.

[126] 张昭, 吴奇. 基于材料流动轨迹的搅拌摩擦焊接晶粒及焊接区大小预测模型. 机械工程学报, 2015, 51(2): 43-48.

[127] 张昭, 吴奇, 张洪武. 转速对搅拌摩擦焊接搅拌区晶粒影响研究. 材料工程, 2015, 43(7): 1-7.

[128] 张昭, 吴奇, 万震宇, 等. 基于蒙特卡洛方法的搅拌摩擦焊晶粒生长模拟. 塑性工程学报, 2015, 22(4): 182-187.

[129] Woo W,Choo H,Withers P J,et al. Prediction of hardness minimum locations during natural aging in an aluminum alloy 6061-T6 friction stir weld. Journal Materials Science, 2009, 44:6302-6309.

[130] Zhang Z W,Zhang Z,Zhang H. Numerical investigations of size effects on residual states of friction stir weld. Proceedings of the Institution of Mechanical Engineers Part B:Journal of Engineering Manufacture,2014,228(4):572-581.

[131] Darvazi A R,Iranmanesh M. Prediction of asymmetric transient temperature and longitudinal residual stress in friction stir welding of 304L stainless steel. Materials & Design, 2014,55(6):812-820.

[132] Jin L Z,Sandstrom R. Numerical simulation of residual stresses for friction stir welds in copper canisters. Journal of Manufacturing Processes,2012,14(1):71-81.

[133] Buffa G,Ducato A,Fratini L. Numerical procedure for residual stresses prediction in friction stir welding. Finite Elements in Analysis & Design,2011,47(4):470-476.

# 第 2 章　有限元基础和数值模型

有限元方法是搅拌摩擦焊数值模拟的重要方法,在搅拌摩擦焊的传质传热、残余应力、搅拌头受力与疲劳等问题的研究中起到了重要作用。有限元的基本思想可以追溯到古代利用多边形逼近圆来求解圆的周长,而现代有限元的萌芽产生在 18 世纪末,欧拉在求解轴力杆平衡问题时用到了与现代有限元类似的方法[1]。1943 年,纽约大学 Courant[2]首次尝试使用定义三角形域上的分片连续函数和最小位能原理相结合求解 Sanit-Venant 扭转问题(variational methods for the solution of problems of equilibrium and vibration),这奠定了现代有限元的雏形。1956 年,Turner(波音公司工程师)、Clough(土木工程教授)、Martin(航空工程教授)以及 Topp(波音公司工程师)等四位研究者共同在航空科技期刊上发表了一篇采用有限元技术计算飞机机翼强度的论文,名为"Stiffness and deflection analysis of complex structures[3]",文中把这种解法称为刚性法(stiffness method),一般认为这是工程学界有限元法的开端。1960 年,美国加州大学伯克利分校的 Clough 教授在美国土木工程学会(ASCE)计算机会议上,发表另一篇名为"The finite element in plane stress analysis"的论文[4],将有限元的应用范围扩展到飞机以外的土木工程领域,同时有限元法(finite element method,FEM)的名称也第一次被正式提出。

自 1970 年以来,随着有限元理论的不断发展,形成了一系列著名的有限元商业软件,其中 ABAQUS、ANSYS、DEFORM、SYSWELD 等对近 20 年来搅拌摩擦焊的数值模拟研究起到了重要的推动作用。

## 2.1　弹性力学基础

弹性力学问题,就是在一定的已知条件下,运用数学方法求解弹性体内各点的应力分量($\sigma_x, \sigma_y, \sigma_z, \tau_{xy}, \tau_{yz}, \tau_{zx}$)、应变分量($\varepsilon_x, \varepsilon_y, \varepsilon_z, \gamma_{xy}, \gamma_{yz}, \gamma_{zx}$)和位移分量($u, v, w$)。由于空间力系最多只有六个平衡方程,不足以求出上述所有的未知量,所以,弹性力学问题都是超静定问题,需要综合静力、几何、物理三方面的条件,建立足够的补充方程,以求解全部未知量。

图 2.1 显示了一点处的应力状态,同一点处坐标系发生旋转时,应力的变换公式为[5]

$$
\begin{cases}
\sigma_{x'} = \sigma_x l_1^2 + \sigma_y m_1^2 + \sigma_z n_1^2 + 2\tau_{yz} m_1 n_1 + 2\tau_{zx} l_1 n_1 + 2\tau_{xy} l_1 m_1 \\
\sigma_{y'} = \sigma_x l_2^2 + \sigma_y m_2^2 + \sigma_z n_2^2 + 2\tau_{yz} m_2 n_2 + 2\tau_{zx} l_2 n_2 + 2\tau_{xy} l_2 m_2 \\
\sigma_{z'} = \sigma_x l_3^2 + \sigma_y m_3^2 + \sigma_z n_3^2 + 2\tau_{yz} m_3 n_3 + 2\tau_{zx} l_3 n_3 + 2\tau_{xy} l_3 m_3 \\
\tau_{x'y'} = \sigma_x l_1 l_2 + \sigma_y m_1 m_2 + \sigma_z n_1 n_2 + \tau_{yz}(m_1 n_2 + m_2 n_1) + \tau_{xz}(l_1 n_2 + l_2 n_1) + \tau_{xy}(l_1 m_2 + l_2 m_1) \\
\tau_{x'z'} = \sigma_x l_1 l_3 + \sigma_y m_1 m_3 + \sigma_z n_1 n_3 + \tau_{yz}(m_1 n_3 + m_3 n_1) + \tau_{xz}(l_1 n_3 + l_3 n_1) + \tau_{xy}(l_1 m_3 + l_3 m_1) \\
\tau_{y'z'} = \sigma_x l_2 l_3 + \sigma_y m_2 m_3 + \sigma_z n_2 n_3 + \tau_{yz}(m_2 n_3 + m_3 n_2) + \tau_{xz}(l_2 n_3 + l_3 n_2) + \tau_{xy}(l_2 m_3 + l_3 m_2) \\
\tau_{z'y'} = \tau_{y'z'} \\
\tau_{z'x'} = \tau_{x'z'} \\
\tau_{y'x'} = \tau_{x'y'}
\end{cases}
$$

$$(2.1)$$

式中，$l, m, n$ 为旋转后的坐标系与旋转前坐标系的方向余弦，如表 2.1 所示。

**表 2.1　方向余弦**

|  | $x$ | $y$ | $z$ |
|---|---|---|---|
| $x'$ | $l_1$ | $m_1$ | $n_1$ |
| $y'$ | $l_2$ | $m_2$ | $n_2$ |
| $z'$ | $l_3$ | $m_3$ | $n_3$ |

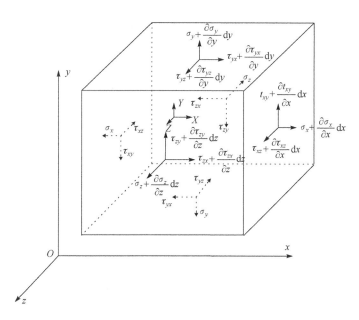

图 2.1　一点处的应力状态

弹性力学的基本方程包括平衡方程、几何方程、物理方程以及变形协调方程。

1) 平衡方程

图 2.1 所示一点要保持平衡状态,必然满足如下平衡方程,即

$$\begin{cases} \dfrac{\partial \sigma_x}{\partial x} + \dfrac{\partial \tau_{xy}}{\partial y} + \dfrac{\partial \tau_{xz}}{\partial z} + X = 0 \\[2mm] \dfrac{\partial \tau_{yx}}{\partial x} + \dfrac{\partial \sigma_y}{\partial y} + \dfrac{\partial \tau_{yz}}{\partial z} + Y = 0 \\[2mm] \dfrac{\partial \tau_{zx}}{\partial x} + \dfrac{\partial \tau_{zy}}{\partial y} + \dfrac{\partial \sigma_z}{\partial z} + Z = 0 \end{cases} \tag{2.2}$$

式中,$X, Y, Z$ 为体力。

将平衡方程写为张量形式为

$$\sigma_{ij,j} + f_i = 0 \tag{2.3}$$

力的边界条件为

$$\begin{cases} l\sigma_x + m\tau_{xy} + n\tau_{xz} = \overline{X} \\ l\tau_{yx} + m\sigma_y + n\tau_{yz} = \overline{Y} \\ l\tau_{zx} + m\tau_{zy} + n\sigma_z = \overline{Z} \end{cases} \tag{2.4}$$

位移边界条件为

$$\begin{cases} u = \overline{u} \\ v = \overline{v} \\ w = \overline{w} \end{cases} \tag{2.5}$$

2) 几何方程与变形协调方程

弹性体内的各点在弹性体变形过程中,位移分量与应变分量之间应该满足一定的关系以保证弹性体内各点位移和变形的连续性和协调性。

几何方程(柯西方程)为

$$\begin{cases} \varepsilon_x = \dfrac{\partial u}{\partial x}, \quad \varepsilon_y = \dfrac{\partial v}{\partial y}, \quad \varepsilon_z = \dfrac{\partial w}{\partial z} \\[2mm] \gamma_{xy} = \dfrac{\partial v}{\partial x} + \dfrac{\partial u}{\partial y}, \quad \gamma_{yz} = \dfrac{\partial w}{\partial y} + \dfrac{\partial v}{\partial z}, \quad \gamma_{zx} = \dfrac{\partial u}{\partial z} + \dfrac{\partial w}{\partial x} \end{cases} \tag{2.6}$$

写成张量形式为

$$\varepsilon_{ij} = \frac{1}{2}(u_{i,j} + u_{j,i}) \tag{2.7}$$

柯西方程包含 6 个方程和 3 个未知量,由于方程的数目超过了未知量的数目,解有可能是矛盾的。要使这个方程组不矛盾,需要使 6 个应变分量满足一定的条件,即变形协调条件

$$\begin{cases} \dfrac{\partial^2 \varepsilon_x}{\partial y^2} + \dfrac{\partial^2 \varepsilon_y}{\partial x^2} = \dfrac{\partial^2 \gamma_{xy}}{\partial x \partial y} \\[2mm] \dfrac{\partial^2 \varepsilon_y}{\partial z^2} + \dfrac{\partial^2 \varepsilon_z}{\partial y^2} = \dfrac{\partial^2 \gamma_{yz}}{\partial y \partial z} \\[2mm] \dfrac{\partial^2 \varepsilon_z}{\partial x^2} + \dfrac{\partial^2 \varepsilon_x}{\partial z^2} = \dfrac{\partial^2 \gamma_{xz}}{\partial x \partial z} \\[2mm] \dfrac{\partial}{\partial x}\left( -\dfrac{\partial \gamma_{yz}}{\partial x} + \dfrac{\partial \gamma_{xz}}{\partial y} + \dfrac{\partial \gamma_{xy}}{\partial z} \right) = 2\dfrac{\partial^2 \varepsilon_x}{\partial y \partial z} \\[2mm] \dfrac{\partial}{\partial y}\left( -\dfrac{\partial \gamma_{zx}}{\partial y} + \dfrac{\partial \gamma_{yz}}{\partial x} + \dfrac{\partial \gamma_{xy}}{\partial z} \right) = 2\dfrac{\partial^2 \varepsilon_y}{\partial x \partial z} \\[2mm] \dfrac{\partial}{\partial z}\left( -\dfrac{\partial \gamma_{xy}}{\partial z} + \dfrac{\partial \gamma_{yz}}{\partial x} + \dfrac{\partial \gamma_{zx}}{\partial y} \right) = 2\dfrac{\partial^2 \varepsilon_z}{\partial x \partial y} \end{cases} \tag{2.8}$$

上述方程组称为应变协调方程(圣维南方程),应变分量满足应变协调方程,是保证物体连续的必要条件。

3) 物理方程

物理方程为

$$\begin{cases} \sigma_x = \dfrac{E(1-\mu)}{(1+\mu)(1-2\mu)}\left( \varepsilon_x + \dfrac{\mu}{1-\mu}\varepsilon_y + \dfrac{\mu}{1-\mu}\varepsilon_z \right) \\[3mm] \sigma_y = \dfrac{E(1-\mu)}{(1+\mu)(1-2\mu)}\left( \varepsilon_y + \dfrac{\mu}{1-\mu}\varepsilon_x + \dfrac{\mu}{1-\mu}\varepsilon_z \right) \\[3mm] \sigma_z = \dfrac{E(1-\mu)}{(1+\mu)(1-2\mu)}\left( \varepsilon_z + \dfrac{\mu}{1-\mu}\varepsilon_y + \dfrac{\mu}{1-\mu}\varepsilon_x \right) \\[3mm] \tau_{xy} = \dfrac{E}{2(1+\mu)}\gamma_{xy} \\[3mm] \tau_{yz} = \dfrac{E}{2(1+\mu)}\gamma_{yz} \\[3mm] \tau_{zx} = \dfrac{E}{2(1+\mu)}\gamma_{zx} \end{cases} \tag{2.9}$$

可以写成矩阵形式为

$$\boldsymbol{\sigma} = \boldsymbol{D}\boldsymbol{\varepsilon} \tag{2.10}$$

$$\boldsymbol{\sigma} = \begin{bmatrix} \sigma_x & \sigma_y & \sigma_z & \tau_{xy} & \tau_{yz} & \tau_{zx} \end{bmatrix}^{\mathrm{T}} \tag{2.11}$$

$$\boldsymbol{\varepsilon} = \begin{bmatrix} \varepsilon_x & \varepsilon_y & \varepsilon_z & \gamma_{xy} & \gamma_{yz} & \gamma_{zx} \end{bmatrix}^{\mathrm{T}} \tag{2.12}$$

式中,$\boldsymbol{D}$ 为弹性矩阵,具体表达式为

$$D = \frac{E(1-\mu)}{(1+\mu)(1-2\mu)} \begin{bmatrix} 1 & \dfrac{\mu}{1-\mu} & \dfrac{\mu}{1-\mu} & 0 & 0 & 0 \\[2mm] \dfrac{\mu}{1-\mu} & 1 & \dfrac{\mu}{1-\mu} & 0 & 0 & 0 \\[2mm] \dfrac{\mu}{1-\mu} & \dfrac{\mu}{1-\mu} & 1 & 0 & 0 & 0 \\[2mm] 0 & 0 & 0 & \dfrac{1-2\mu}{2(1-\mu)} & 0 & 0 \\[2mm] 0 & 0 & 0 & 0 & \dfrac{1-2\mu}{2(1-\mu)} & 0 \\[2mm] 0 & 0 & 0 & 0 & 0 & \dfrac{1-2\mu}{2(1-\mu)} \end{bmatrix} \tag{2.13}$$

式中,$\lambda$ 和 $G$ 为拉梅常量,即

$$\lambda = \frac{E\mu}{(1+\mu)(1-2\mu)}, \quad G = \frac{E}{2(1+\mu)} \tag{2.14}$$

利用拉梅常量并代入上面的弹性矩阵的表达式,从而得到弹性矩阵的另外一种表达形式,即

$$D = \begin{bmatrix} \lambda+2G & \lambda & \lambda & 0 & 0 & 0 \\ \lambda & \lambda+2G & \lambda & 0 & 0 & 0 \\ \lambda & \lambda & \lambda+2G & 0 & 0 & 0 \\ 0 & 0 & 0 & G & 0 & 0 \\ 0 & 0 & 0 & 0 & G & 0 \\ 0 & 0 & 0 & 0 & 0 & G \end{bmatrix} \tag{2.15}$$

以上方程的具体推导见文献[1]和[2]。

## 2.2　变分原理基础

把一个力学问题用变分法转化为求泛函极值的问题,称为该问题的变分原理。

对于定义域 $\Omega$ 内的变量 $u$ 满足微分方程 $A(u)=0$,同时在边界 $\Gamma$ 上满足一定的边界条件 $B(u)=0$。作为一种近似方法,有限元中位移可以表示为离散形式,即

$$u \approx Na \tag{2.16}$$

式中,$N$ 为形函数。

在域内任一点,微分方程 $A(u)$ 都必须为零,因此,对于任意一组函数 $v = [v_1, v_2, \cdots]$,可以得到

$$\int_{\Omega} \boldsymbol{v}^{\mathrm{T}} A(u) \mathrm{d}\Omega = 0 \tag{2.17}$$

如果同时需要满足边界条件,对于任意的一组函数 $\bar{v}$,就要求

$$\int_{\Gamma} \bar{\boldsymbol{v}}^{\mathrm{T}} B(u) \mathrm{d}\Gamma = 0 \tag{2.18}$$

实际上,在域和边界上,有

$$\int_{\Omega} \boldsymbol{v}^{\mathrm{T}} A(u) \mathrm{d}\Omega + \int_{\Gamma} \bar{\boldsymbol{v}}^{\mathrm{T}} B(u) \mathrm{d}\Gamma = 0 \tag{2.19}$$

这个方程等效于上面的微分方程和边界条件。这个方程包含一个假设,即积分式是可积分的。

对式(2.19)进行分部积分,可以得到另外一种表达形式,即

$$\int_{\Omega} \boldsymbol{C}(\boldsymbol{v})^{\mathrm{T}} \boldsymbol{D}(\boldsymbol{u}) \mathrm{d}\Omega + \int_{\Gamma} \boldsymbol{E}(\bar{\boldsymbol{v}})^{\mathrm{T}} \boldsymbol{F}(\boldsymbol{u}) \mathrm{d}\Gamma = 0 \tag{2.20}$$

此时,算子包含的阶次较 $A$ 和 $B$ 低,这样,就可以用低阶连续性要求选择 $u$ 函数。与原始方程相比,此时的方程是求解原始方程的“弱形式”。

对任意给定的函数 $v$ 可以给出近似表达式

$$\begin{cases} \boldsymbol{v} = \sum \boldsymbol{w}_j \delta \boldsymbol{a}_j \\ \bar{\boldsymbol{v}} = \sum \bar{\boldsymbol{w}}_j \delta \boldsymbol{a}_j \end{cases} \tag{2.21}$$

式中,$\delta \boldsymbol{a}_j$ 是任意参数。

代入上面分部积分后的表达式,有

$$(\delta \boldsymbol{a}_j)^{\mathrm{T}} \left( \int_{\Omega} \boldsymbol{w}_j^{\mathrm{T}} A(Na) \mathrm{d}\Omega + \int_{\Gamma} \bar{\boldsymbol{w}}_j^{\mathrm{T}} B(Na) \mathrm{d}\Gamma \right) = 0 \tag{2.22}$$

考虑到 $\delta \boldsymbol{a}_j$ 的任意性,有

$$\int_{\Omega} \boldsymbol{w}_j^{\mathrm{T}} A(Na) \mathrm{d}\Omega + \int_{\Gamma} \bar{\boldsymbol{w}}_j^{\mathrm{T}} B(Na) \mathrm{d}\Gamma = 0 \tag{2.23}$$

由于采用了近似形式,所以这一方程会存在残值或者说是误差,所以该积分称为残值的加权积分,这种方法称为加权残值法,$w_j$ 称为加权函数,其存在不同的函数选择,常见的有如下几种。

(1) 配点法。取 $w_j = \delta_j$,当 $x \neq x_j$,$y \neq y_j$ 时,$w_j = 0$,同时

$$\int_{\Omega} w_j \mathrm{d}\Omega = I$$

(2) 子域配点法。在域 $\Omega$ 内,$w_j = \boldsymbol{I}$,而在其他区域,$w_j = 0$。

(3) 伽辽金法。将近似解的试探函数取为权函数,$w_j = N_j$,采用这种方法经常会得到对称矩阵,因此,在有限元方法中,几乎都是使用这一方法。

对于一般的三维连续体问题,有

$$A = \begin{bmatrix} \dfrac{\partial \sigma_x}{\partial x} + \dfrac{\partial \tau_{xy}}{\partial y} + \dfrac{\partial \tau_{xz}}{\partial z} \\[2mm] \dfrac{\partial \tau_{yx}}{\partial x} + \dfrac{\partial \sigma_y}{\partial y} + \dfrac{\partial \tau_{yz}}{\partial z} \\[2mm] \dfrac{\partial \tau_{zx}}{\partial x} + \dfrac{\partial \tau_{zy}}{\partial y} + \dfrac{\partial \sigma_z}{\partial z} \end{bmatrix} + \begin{bmatrix} b_x \\ b_y \\ b_z \end{bmatrix} = 0 \qquad (2.24)$$

$$\boldsymbol{v} = \delta \boldsymbol{u} = \begin{bmatrix} \delta u & \delta v & \delta w \end{bmatrix}^{\mathrm{T}} \qquad (2.25)$$

考虑到边界条件,进行分部积分,得

$$\int_{\Omega} (\delta \boldsymbol{\varepsilon})^{\mathrm{T}} \sigma \mathrm{d}\Omega - \int_{\Omega} (\delta \boldsymbol{u})^{\mathrm{T}} b \mathrm{d}\Omega - \int_{\Gamma} (\delta \boldsymbol{u})^{\mathrm{T}} t \mathrm{d}\Gamma = 0 \qquad (2.26)$$

式中,$t$ 为表面力。由此可以看出,虚功方程是平衡方程的"弱形式"。

弹性体是一个特殊的质点系,与理论力学的虚位移原理不同:首先,弹性体在变形过程中,质点之间有相对位移,从而内力要做功。这样,将虚位移原理应用于弹性体内时,必须计入内力在虚位移上所做的功;其次,所设定的虚位移在满足边界上的约束条件的同时,还要满足弹性体内的连续条件。

设弹性体在外力作用下处于平衡状态,其体积力分量为 $X, Y, Z$,其表面力分量为 $\overline{X}, \overline{Y}, \overline{Z}$,弹性体的真实位移分量为 $u, v, w$,满足平衡条件和边界条件。假定这些位移分量发生了一组虚位移 $\delta u, \delta v, \delta w$,则弹性体上的外力在虚位移上所做的虚功为

$$\iiint (X\delta u + Y\delta v + Z\delta w) \mathrm{d}V + \iint (\overline{X}\delta u + \overline{Y}\delta v + \overline{Z}\delta w) \mathrm{d}S \qquad (2.27)$$

在不计发生虚位移过程中的热量交换和动能改变的前提下,弹性体中内力在虚位移上所做的虚功,其数值上等于弹性体内应变能在虚位移上的增量,即

$$W_i = -\delta U_i \qquad (2.28)$$

由于在变形增加时,内力做负功反抗变形,所以,内力虚功应等于虚应变能的负值,即

$$W_i = -\delta U_i = -\iiint (\sigma_x \delta \varepsilon_x + \sigma_y \delta \varepsilon_y + \sigma_z \delta \varepsilon_z + \tau_{xy} \delta \gamma_{xy} + \tau_{yz} \delta \gamma_{yz} + \tau_{zx} \delta \gamma_{zx}) \mathrm{d}V$$

$$(2.29)$$

当弹性体处于平衡状态时,作用于该弹性体上的外力及内力在任意虚位移上的虚功之和为零,即

$$\iiint (X\delta u + Y\delta v + Z\delta w) \mathrm{d}V + \iint (\overline{X}\delta u + \overline{Y}\delta v + \overline{Z}\delta w) \mathrm{d}S$$

$$- \iiint (\sigma_x \delta \varepsilon_x + \sigma_y \delta \varepsilon_y + \sigma_z \delta \varepsilon_z + \tau_{xy} \delta \gamma_{xy} + \tau_{yz} \delta \gamma_{yz} + \tau_{zx} \delta \gamma_{zx}) \mathrm{d}V = 0 \quad (2.30)$$

这就是位移变分方程或拉格朗日变分方程。

$$\iiint (X\delta u + Y\delta v + Z\delta w)\,\mathrm{d}V + \iint (\overline{X}\delta u + \overline{Y}\delta v + \overline{Z}\delta w)\,\mathrm{d}S$$

$$= \iiint (\sigma_x \delta\varepsilon_x + \sigma_y \delta\varepsilon_y + \sigma_z \delta\varepsilon_z + \tau_{xy}\delta\gamma_{xy} + \tau_{yz}\delta\gamma_{yz} + \tau_{zx}\delta\gamma_{zx})\,\mathrm{d}V \quad (2.31)$$

式(2.31)称为虚功方程:处于平衡状态的弹性体在虚位移过程中,外力在虚位移的虚功等于应力在虚应变上的虚功——虚功原理。

$$\delta U = \iiint (X\delta u + Y\delta v + Z\delta w)\,\mathrm{d}V + \iint (\overline{X}\delta u + \overline{Y}\delta v + \overline{Z}\delta w)\,\mathrm{d}S \quad (2.32)$$

注意到虚位移是可能意义上的微小位移,因此,在发生虚位移的过程中,体积力和表面力的大小和方向均可看成不变,只是作用点发生了变化,即

$$\delta U = \delta\left[\iiint (Xu + Yv + Zw)\,\mathrm{d}V + \iint (\overline{X}u + \overline{Y}v + \overline{Z}w)\,\mathrm{d}S\right] \quad (2.33)$$

令

$$V = -\left[\iiint (Xu + Yv + Zw)\,\mathrm{d}V + \iint (\overline{X}u + \overline{Y}v + \overline{Z}w)\,\mathrm{d}S\right] \quad (2.34)$$

式中,$V$ 称为外力势能。在取 $u,v,w$ 为零时作为初始零势能状态,外力势能就等于外力在实际位移上所做功的负值。

弹性体的应变能和外力势能之和称为弹性体的总势能,即

$$\Pi = U + V \quad (2.35)$$

$$\delta\Pi = \delta(U + V) = 0 \quad (2.36)$$

在系统处于平衡状态时,其中真实位移使总势能取得极值;若考虑该式的二阶变分,则可以证明,对于稳定平衡状态,这个极值就是最小值。这就是弹性力学中经常用到的最小势能原理。即弹性体处于平衡状态时,在适合已知位移边界条件的一切可能的位移中,实际发生的真实位移使总势能取极小值。

一个泛函 $\Pi$ 包含了问题全域的积分,在用假设的模型和与其相关的自由度表示场量进行积分后,问题就转变为有限自由度的问题。经典的瑞雷-里兹法就是将无限自由度的问题转换为有限自由度问题进行求解,由瑞雷在 1870 年研究振动问题时提出,里兹在 1909 年进行了归纳[6]。大连理工大学钟万勰院士在 1985 年提出了参变量变分原理,并加以应用,突破了原有经典变分原理的局限性,引入了现代控制论中的极值变分思想,这在文献[7]和[8]中有详细描述。

## 2.3　有限元基础

### 2.3.1　三角形单元

#### 1. 平面应力问题

对于平面应力问题,物体在一个坐标方向上的尺寸,远远小于另外两个坐标方

向上的尺寸,在薄板状结构的两侧面上无表面载荷和集中载荷,而作用于边缘的表面力平行于板面,体积力也平行于板面且沿厚度方向不发生变化。此时,应力分量简化为三个,应变分量简化为三个,位移分量简化为两个。

$$\boldsymbol{\sigma} = \{\sigma_x \quad \sigma_y \quad \tau_{xy}\}^{\mathrm{T}} \tag{2.37}$$

$$\boldsymbol{\varepsilon} = \{\varepsilon_x \quad \varepsilon_y \quad \gamma_{xy}\}^{\mathrm{T}} \tag{2.38}$$

$$\varepsilon_z = -\frac{\mu}{E}(\sigma_x + \sigma_y) \tag{2.39}$$

此时,平面应力问题的广义胡克定律可以重写为

$$\begin{cases} \varepsilon_x = \dfrac{1}{E}(\sigma_x - \mu\sigma_y) \\[2mm] \varepsilon_y = \dfrac{1}{E}(\sigma_y - \mu\sigma_x) \\[2mm] \gamma_{xy} = \dfrac{1}{G}\tau_{xy} = \dfrac{2(1+\mu)}{E}\tau_{xy} \end{cases} \tag{2.40}$$

写为应力的形式为

$$\begin{Bmatrix} \sigma_x \\ \sigma_y \\ \tau_{xy} \end{Bmatrix} = \frac{E}{1-\mu^2} \begin{bmatrix} 1 & \mu & 0 \\ \mu & 1 & 0 \\ 0 & 0 & \dfrac{1-\mu}{2} \end{bmatrix} \begin{Bmatrix} \varepsilon_x \\ \varepsilon_y \\ \gamma_{xy} \end{Bmatrix} \tag{2.41}$$

此时,三个应变分量依然由几何方程确定,即

$$\begin{Bmatrix} \varepsilon_x \\ \varepsilon_y \\ \gamma_{xy} \end{Bmatrix} = \begin{Bmatrix} \dfrac{\partial u}{\partial x} \\[2mm] \dfrac{\partial v}{\partial y} \\[2mm] \dfrac{\partial u}{\partial y} + \dfrac{\partial v}{\partial x} \end{Bmatrix} \tag{2.42}$$

### 2. 平面应变问题

对于平面应变问题,弹性体沿一个坐标方向上的尺寸远大于另外两个坐标方向上的尺寸,且所有垂直于 $z$ 轴的横截面处处相同,位移约束和支撑条件也相同。表面力和体积力均垂直于 $z$ 轴,且分布规律不随 $z$ 发生变化。

$$\begin{Bmatrix} \sigma_x \\ \sigma_y \\ \tau_{xy} \end{Bmatrix} = \frac{E(1-\mu)}{(1+\mu)(1-2\mu)} \begin{bmatrix} 1 & \dfrac{\mu}{1-\mu} & 0 \\[2mm] \dfrac{\mu}{1-\mu} & 1 & 0 \\[2mm] 0 & 0 & \dfrac{1-2\mu}{2(1-\mu)} \end{bmatrix} \begin{Bmatrix} \varepsilon_x \\ \varepsilon_y \\ \gamma_{xy} \end{Bmatrix} \tag{2.43}$$

由于第三个方向应变为零，$\varepsilon_z = 0$，所以，必然在这个方向存在应力，即

$$\sigma_z = \mu(\sigma_x + \sigma_y) \tag{2.44}$$

3. 位移函数

单元内的位移函数 $u(x,y)$，$v(x,y)$ 用多项式近似，多项式阶次越高，与真实位移的近似程度就越好，但是同时会增加计算的复杂性。如果多项式阶次过低，有可能不满足单调收敛性的要求，导致计算错误。要满足单调收敛性，单元的位移模式就应该是完备的（单元的位移函数满足刚体位移和常应变状态）和协调的（单元内部和相邻单元之间边界上位移连续）。

如图 2.2 所示的三角形单元，假定单元的位移模式为

$$\begin{cases} u(x,y) = \alpha_1 + \alpha_2 x + \alpha_3 y \\ v(x,y) = \alpha_4 + \alpha_5 x + \alpha_6 y \end{cases} \tag{2.45}$$

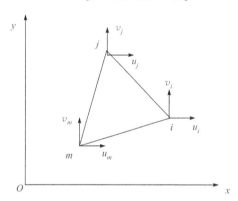

图 2.2　三角形单元

单元刚体运动的时候，应变等于零：

$$\begin{cases} \varepsilon_x = \dfrac{\partial u}{\partial x} = \alpha_2 = 0 \\[2mm] \varepsilon_y = \dfrac{\partial v}{\partial y} = \alpha_6 = 0 \\[2mm] \gamma_{xy} = \dfrac{\partial v}{\partial x} + \dfrac{\partial u}{\partial y} = \alpha_5 + \alpha_3 = 0 \end{cases} \tag{2.46}$$

$$\begin{cases} u(x,y) = \alpha_1 - \dfrac{\alpha_5 - \alpha_3}{2} y \\[2mm] v(x,y) = \alpha_2 + \dfrac{\alpha_5 - \alpha_3}{2} x \end{cases} \tag{2.47}$$

三角形单元绕 $z$ 轴进行刚体转动，角度为 $\omega_0$，有

$$\begin{cases} u' = -r\omega_0\sin\theta = -\omega_0 y \\ v' = r\omega_0\cos\theta = \omega_0 x \end{cases} \quad (2.48)$$

考虑到有刚体位移情况,则

$$\begin{cases} u = u_0 - \omega_0 y \\ v = v_0 + \omega_0 x \end{cases} \quad (2.49)$$

这说明线性位移模式完全允许单元做刚体运动。由几何方程可知,应变为常量,因此满足常应变条件。

由于选取的位移模式是线性的,如图 2.3 所示的单元公共边界上位移为

$$\begin{cases} u(s) = as + b \\ v(s) = cs + d \end{cases} \quad (2.50)$$

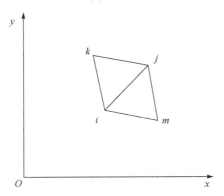

图 2.3　三角形单元公共边界

显然,$u_i, u_j, v_i, v_j$ 可以唯一确定上面的参数 $a, b, c, d$。为了将位移的广义坐标表达式转换为节点的位移值表达式,将三个节点的位移代入上述位移表达式,有

$$\begin{cases} u_i = \alpha_1 + \alpha_2 x_i + \alpha_3 y_i \\ v_i = \alpha_4 + \alpha_5 x_i + \alpha_6 y_i \\ u_j = \alpha_1 + \alpha_2 x_j + \alpha_3 y_j \\ v_j = \alpha_4 + \alpha_5 x_j + \alpha_6 y_j \\ u_m = \alpha_1 + \alpha_2 x_m + \alpha_3 y_m \\ v_m = \alpha_4 + \alpha_5 x_m + \alpha_6 y_m \end{cases} \quad (2.51)$$

$$\begin{cases} \begin{Bmatrix} u_i \\ u_j \\ u_m \end{Bmatrix} = \begin{bmatrix} 1 & x_i & y_i \\ 1 & x_j & y_j \\ 1 & x_m & y_m \end{bmatrix} \begin{bmatrix} \alpha_1 \\ \alpha_2 \\ \alpha_3 \end{bmatrix} \\ \begin{Bmatrix} v_i \\ v_j \\ v_m \end{Bmatrix} = \begin{bmatrix} 1 & x_i & y_i \\ 1 & x_j & y_j \\ 1 & x_m & y_m \end{bmatrix} \begin{bmatrix} \alpha_4 \\ \alpha_5 \\ \alpha_6 \end{bmatrix} \end{cases} \quad (2.52)$$

$$
\begin{cases}
\begin{bmatrix} \alpha_1 \\ \alpha_2 \\ \alpha_3 \end{bmatrix} = \begin{bmatrix} 1 & x_i & y_i \\ 1 & x_j & y_j \\ 1 & x_m & y_m \end{bmatrix}^{-1} \begin{Bmatrix} u_i \\ u_j \\ u_m \end{Bmatrix} \\[6mm]
\begin{bmatrix} \alpha_4 \\ \alpha_5 \\ \alpha_6 \end{bmatrix} = \begin{bmatrix} 1 & x_i & y_i \\ 1 & x_j & y_j \\ 1 & x_m & y_m \end{bmatrix}^{-1} \begin{Bmatrix} v_i \\ v_j \\ v_m \end{Bmatrix}
\end{cases}
\tag{2.53}
$$

$$
2\Delta = \begin{vmatrix} 1 & x_i & y_i \\ 1 & x_j & y_j \\ 1 & x_m & y_m \end{vmatrix}
\tag{2.54}
$$

式中, $\Delta$ 是三角形 $ijm$ 的面积。

$$
\begin{cases}
a_i = \begin{vmatrix} x_j & y_j \\ x_m & y_m \end{vmatrix} \\[4mm]
b_i = -\begin{vmatrix} 1 & y_j \\ 1 & y_m \end{vmatrix}, \quad i,j,m \text{ 轮换} \\[4mm]
c_i = \begin{vmatrix} 1 & x_j \\ 1 & x_m \end{vmatrix}
\end{cases}
\tag{2.55}
$$

$$
\begin{Bmatrix} \alpha_1 \\ \alpha_2 \\ \alpha_3 \end{Bmatrix} = \frac{1}{2\Delta} \begin{bmatrix} a_i & a_j & a_m \\ b_i & b_j & b_m \\ c_i & c_j & c_m \end{bmatrix}
\tag{2.56}
$$

$$
\begin{Bmatrix} \alpha_4 \\ \alpha_5 \\ \alpha_6 \end{Bmatrix} = \frac{1}{2\Delta} \begin{bmatrix} a_i & a_j & a_m \\ b_i & b_j & b_m \\ c_i & c_j & c_m \end{bmatrix}
\tag{2.57}
$$

$$
\begin{cases}
u = \dfrac{1}{2\Delta} \left[ (a_i + b_i x + c_i y) u_i + (a_j + b_j x + c_j y) u_j + (a_m + b_m x + c_m y) u_m \right] \\[3mm]
v = \dfrac{1}{2\Delta} \left[ (a_i + b_i x + c_i y) v_i + (a_j + b_j x + c_j y) v_j + (a_m + b_m x + c_m y) v_m \right]
\end{cases}
\tag{2.58}
$$

$$
\{f\} = \begin{Bmatrix} u \\ v \end{Bmatrix} = \begin{bmatrix} N_i & 0 & N_j & 0 & N_m & 0 \\ 0 & N_i & 0 & N_j & 0 & N_m \end{bmatrix} \begin{bmatrix} u_i & u_j & v_i & v_j & u_m & v_m \end{bmatrix}^{\mathrm{T}}
\tag{2.59}
$$

$$
N_i = \frac{1}{2\Delta} (a_i + b_i x + c_i y)
\tag{2.60}
$$

$$2\Delta = \begin{vmatrix} 1 & x_i & y_i \\ 1 & x_j & y_j \\ 1 & x_m & y_m \end{vmatrix} \tag{2.61}$$

式中，$a_i$，$b_i$，$c_i$ 为第一行各元素的代数余子式；$a_j$，$b_j$，$c_j$ 为第二行各元素的代数余子式；$a_m$，$b_m$，$c_m$ 为第三行各元素的代数余子式。

形函数具有三个主要性质：①在单元内任一点三个形函数之和等于 1；②形函数 $N_i$ 在 $i$ 节点的函数值等于 1，在 $j$ 节点及 $m$ 节点的函数值为 0；③三角形单元 $ijm$ 在 $ij$ 边上的形函数与第三个顶点坐标无关。

下面介绍面积坐标，如图 2.4 所示，其定义为

$$L_i = \frac{\Delta_i}{\Delta}, \quad L_j = \frac{\Delta_j}{\Delta}, \quad L_m = \frac{\Delta_m}{\Delta} \tag{2.62}$$

显然，与 $jm$ 平行的每根直线上的点，具有相同的 $L_i$ 值。

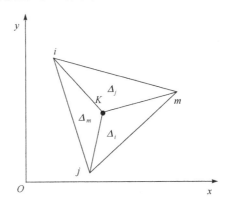

图 2.4　三角形单元面积坐标

由三角形面积的表达式

$$\begin{cases} \Delta_i = \dfrac{1}{2} \begin{vmatrix} 1 & x & y \\ 1 & x_j & y_j \\ 1 & x_m & y_m \end{vmatrix} = \dfrac{1}{2}(a_i + b_i x + c_i y) \\[4mm] \Delta_j = \dfrac{1}{2}(a_j + b_j x + c_j y) \\[2mm] \Delta_m = \dfrac{1}{2}(a_m + b_m x + c_m y) \end{cases} \tag{2.63}$$

可以得到

$$\begin{cases} L_i = \dfrac{1}{2\Delta}(a_i + b_i x + c_i y) \\[2mm] L_j = \dfrac{1}{2\Delta}(a_j + b_j x + c_j y) \\[2mm] L_m = \dfrac{1}{2\Delta}(a_m + b_m x + c_m y) \end{cases} \tag{2.64}$$

面积坐标与对应形函数具有相同的表达式,即

$$x_i L_i + x_j L_j + x_m L_m$$
$$= \frac{1}{2\Delta}((x_i a_i + x_j a_j + x_m a_m) + (x_i b_i + x_j b_j + x_m b_m)x$$
$$+ (x_i c_i + x_j c_j + x_m c_m)y)$$
$$= x \tag{2.65}$$

同理,有

$$y_i L_i + y_j L_j + y_m L_m = y \tag{2.66}$$

$$L_i + L_j + L_m = 1 \tag{2.67}$$

以上三式即面积坐标和直角坐标的转换公式。写成矩阵形式为

$$\begin{Bmatrix} L_i \\ L_j \\ L_m \end{Bmatrix} = \frac{1}{2\Delta} \begin{bmatrix} a_i & b_i & c_i \\ a_j & b_j & b_j \\ a_m & b_m & c_m \end{bmatrix} \begin{Bmatrix} 1 \\ x \\ y \end{Bmatrix} \tag{2.68}$$

$$\begin{Bmatrix} 1 \\ x \\ y \end{Bmatrix} = \begin{bmatrix} 1 & 1 & 1 \\ x_i & x_j & x_m \\ y_i & y_j & y_m \end{bmatrix} \begin{Bmatrix} L_i \\ L_j \\ L_m \end{Bmatrix} \tag{2.69}$$

求面积坐标的幂函数在三角形单元和三角形边上的积分时,有以下公式

$$\begin{cases} \iint_{\Delta} L_i^{\alpha} L_j^{\beta} L_m^{\gamma} \mathrm{d}x\mathrm{d}y = \dfrac{\alpha!\beta!\gamma!}{(\alpha+\beta+\gamma+2)!}2\Delta \\[3mm] \displaystyle\int_l L_i^{\alpha} L_j^{\beta} \mathrm{d}s = \dfrac{\alpha!\beta!}{(\alpha+\beta+1)!}l \end{cases} \tag{2.70}$$

求解三角形单元的应变和应力,有

$$\begin{cases} \varepsilon_x = \dfrac{\partial u}{\partial x} = \dfrac{\partial N_i}{\partial x}u_i + \dfrac{\partial N_j}{\partial x}u_j + \dfrac{\partial N_m}{\partial x}u_m \\[3mm] \varepsilon_y = \dfrac{\partial v}{\partial y} = \dfrac{\partial N_i}{\partial y}v_i + \dfrac{\partial N_j}{\partial y}v_j + \dfrac{\partial N_m}{\partial y}v_m \\[3mm] \gamma_{xy} = \dfrac{\partial v}{\partial x} + \dfrac{\partial u}{\partial y} = \left(\dfrac{\partial N_i}{\partial y}u_i + \dfrac{\partial N_j}{\partial y}u_j + \dfrac{\partial N_m}{\partial y}u_m\right) + \left(\dfrac{\partial N_i}{\partial x}v_i + \dfrac{\partial N_j}{\partial x}v_j + \dfrac{\partial N_m}{\partial x}v_m\right) \end{cases}$$
$$\tag{2.71}$$

$$\frac{\partial N_i}{\partial x} = \frac{b_i}{2\Delta}, \quad \frac{\partial N_i}{\partial y} = \frac{c_i}{2\Delta}, \quad i = i, j, m \tag{2.72}$$

$$\begin{Bmatrix} \varepsilon_x \\ \varepsilon_y \\ \gamma_{xy} \end{Bmatrix} = \frac{1}{2\Delta} \begin{bmatrix} b_i & 0 & b_j & 0 & b_m & 0 \\ 0 & c_i & 0 & c_j & 0 & c_m \\ c_i & b_i & c_j & b_j & c_m & b_m \end{bmatrix} \begin{bmatrix} u_i \\ v_i \\ u_j \\ v_j \\ u_m \\ v_m \end{bmatrix} \tag{2.73}$$

写为矩阵的形式为

$$\boldsymbol{\varepsilon} = \boldsymbol{B} \boldsymbol{\delta}^e \tag{2.74}$$

将应变矩阵 $\boldsymbol{B}$ 写成分块矩阵的形式，有

$$\boldsymbol{B} = \begin{bmatrix} B_i & B_j & B_m \end{bmatrix} \tag{2.75}$$

式中

$$\boldsymbol{B}_i = \frac{1}{2\Delta} \begin{bmatrix} b_i & 0 \\ 0 & c_i \\ c_i & b_i \end{bmatrix}, \quad i = i, j, m \tag{2.76}$$

代入物理方程，得

$$\boldsymbol{\sigma} = \boldsymbol{D} \boldsymbol{\varepsilon} = \boldsymbol{D} \boldsymbol{B} \boldsymbol{\delta}^e \tag{2.77}$$

式中，$\boldsymbol{DB}$ 称为应力矩阵 $\boldsymbol{S}$，即

$$\boldsymbol{S} = \boldsymbol{DB} = \begin{bmatrix} S_i & S_j & S_m \end{bmatrix}$$

$$= \frac{E}{1-\mu^2} \begin{bmatrix} 1 & \mu & 0 \\ \mu & 1 & 0 \\ 0 & 0 & \frac{1-\mu}{2} \end{bmatrix} \frac{1}{2\Delta} \begin{bmatrix} b_i & 0 & b_j & 0 & b_m & 0 \\ 0 & c_i & 0 & c_j & 0 & c_m \\ c_i & b_i & c_j & b_j & c_m & b_m \end{bmatrix}$$

$$= \frac{E}{2(1-\mu^2)\Delta} \begin{bmatrix} b_i & \mu c_i & b_j & \mu c_j & b_m & \mu c_m \\ \mu b_i & c_i & \mu b_j & c_j & \mu b_m & c_m \\ \frac{1-\mu}{2} c_i & \frac{1-\mu}{2} b_i & \frac{1-\mu}{2} c_j & \frac{1-\mu}{2} b_j & \frac{1-\mu}{2} c_m & \frac{1-\mu}{2} b_m \end{bmatrix} \tag{2.78}$$

对于上述提到的平面应变问题，采用以下表达式进行对应替换，可以得到平面应变问题的应力矩阵表达式，即

$$E \Rightarrow \frac{E}{1-\mu^2} \tag{2.79}$$

$$\mu \Rightarrow \frac{\mu}{1-\mu} \tag{2.80}$$

$$S_i = \frac{E(1-\mu)}{2(1+\mu)(1-2\mu)\Delta} \begin{bmatrix} b_i & \dfrac{\mu}{(1-\mu)}c_i \\[2ex] \dfrac{\mu}{(1-\mu)}b_i & c_i \\[2ex] \dfrac{1-2\mu}{2(1-\mu)}c_i & \dfrac{1-2\mu}{2(1-\mu)}b_i \end{bmatrix} \tag{2.81}$$

**4. 单元刚度矩阵**

下面推导单元的刚度矩阵。

外力所做的虚功为

$$\delta W = (\boldsymbol{\delta}^{*e})^{\mathrm{T}} \boldsymbol{F}^e \tag{2.82}$$

虚应变为

$$\boldsymbol{\varepsilon}^* = \boldsymbol{B}\boldsymbol{\delta}^{*e} \tag{2.83}$$

虚应变能为

$$\iint_A \boldsymbol{\varepsilon}^{*\mathrm{T}} \boldsymbol{\sigma} t \, \mathrm{d}x\mathrm{d}y = \iint_A (\boldsymbol{B}\boldsymbol{\delta}^{*e})^{\mathrm{T}} (\boldsymbol{DB}\boldsymbol{\delta}^e) t \, \mathrm{d}x\mathrm{d}y$$

$$= (\boldsymbol{\delta}^{*e})^{\mathrm{T}} \iint_A \boldsymbol{B}^{\mathrm{T}} \boldsymbol{DB} t \, \mathrm{d}x\mathrm{d}y \boldsymbol{\delta}^e \tag{2.84}$$

根据虚功原理,外力虚功等于虚应变能,有

$$(\boldsymbol{\delta}^{*e})^{\mathrm{T}} \boldsymbol{F}^e = (\boldsymbol{\delta}^{*e})^{\mathrm{T}} \iint_A \boldsymbol{B}^{\mathrm{T}} \boldsymbol{DB} t \, \mathrm{d}x\mathrm{d}y \boldsymbol{\delta}^e \tag{2.85}$$

得到单元的刚度矩阵为

$$[k]^e = \iint_A \boldsymbol{B}^{\mathrm{T}} \boldsymbol{DB} t \, \mathrm{d}x\mathrm{d}y \tag{2.86}$$

则得到

$$\boldsymbol{F}^e = [k]^e \boldsymbol{\delta}^e \tag{2.87}$$

**5. 载荷列阵**

下面介绍非节点载荷向节点的移置。

载荷的移置遵循静力等效的原则:所谓静力等效是指原载荷与节点载荷在任意虚位移上所做的虚功相等。在一定的位移模式下,这样移置的结果是唯一的。

假定单元承受一个集中力 $\boldsymbol{P}_c$,$\boldsymbol{P}_c = \{P_{cx}, P_{cy}\}^{\mathrm{T}}$,将其移置到单元节点 $i$、$j$、$m$ 上,$\boldsymbol{F}_c^e = [F_{cxi}, F_{cyi}, F_{cxj}, F_{cyj}, F_{cxm}, F_{cym}]^{\mathrm{T}}$,写成分块的形式 $\boldsymbol{F}_c^e = [F_{ci}, F_{cj}, F_{cm}]^{\mathrm{T}}$。

单元发生虚位移时,有

$$\begin{cases} \boldsymbol{f}^{*\mathrm{T}} \boldsymbol{P}_c = (\boldsymbol{\delta}^{*e})^{\mathrm{T}} \boldsymbol{F}_c^e \\ (\boldsymbol{N}\boldsymbol{\delta}^{*e})^{\mathrm{T}} \boldsymbol{P}_c = (\boldsymbol{\delta}^{*e})^{\mathrm{T}} \boldsymbol{N}^{\mathrm{T}} \boldsymbol{P}_c = (\boldsymbol{\delta}^{*e})^{\mathrm{T}} \boldsymbol{F}_c^e \\ \boldsymbol{F}_c^e = \boldsymbol{N}^{\mathrm{T}} \boldsymbol{P}_c \end{cases} \tag{2.88}$$

一般情况下,集中力基本上都直接作用在节点上,不需要移置。对于面力,如图 2.5 所示。

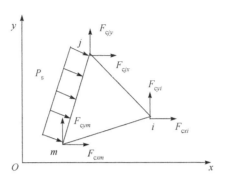

图 2.5　三角形单元节点均布载荷

$$\begin{cases} P_{sx} = P_s \sin\alpha = \dfrac{P_s}{l}(y_i - y_j) = \dfrac{P_s b_m}{l} \\[2mm] P_{sy} = -P_s \cos\alpha = -\dfrac{P_s}{l}(x_i - x_j) = \dfrac{P_s c_m}{l} \end{cases} \tag{2.89}$$

$$\boldsymbol{P}_s = \begin{bmatrix} P_{sx} & P_{sy} \end{bmatrix} = \begin{bmatrix} \dfrac{P_s b_m}{l} & \dfrac{P_s c_m}{l} \end{bmatrix} \tag{2.90}$$

$$\begin{cases} (\boldsymbol{\delta}^{*e})^{\mathrm{T}} \boldsymbol{F}_s^e = \displaystyle\int_l \boldsymbol{f}^{*\mathrm{T}} \boldsymbol{P}_s t \mathrm{d}s = (\boldsymbol{\delta}^{*e})^{\mathrm{T}} \displaystyle\int_l \boldsymbol{N}^{\mathrm{T}} \boldsymbol{P}_s t \mathrm{d}s \\[2mm] \boldsymbol{F}_s^e = \displaystyle\int_l \boldsymbol{N}^{\mathrm{T}} \boldsymbol{P}_s t \mathrm{d}s \end{cases} \tag{2.91}$$

$$\begin{cases} N_i = L_i = \dfrac{\Delta_{pjm}}{\Delta_{ijm}} = \dfrac{l-s}{l} = 1 - \dfrac{s}{l} \\[2mm] N_j = L_j = \dfrac{\Delta_{pim}}{\Delta_{ijm}} = \dfrac{s}{l} \end{cases} \tag{2.92}$$

$$\begin{cases} \boldsymbol{F}_{si} = \displaystyle\int_l N_i \begin{Bmatrix} P_{sx} \\ P_{sy} \end{Bmatrix} t \mathrm{d}s = \displaystyle\int_l \left(1 - \dfrac{s}{l}\right) \dfrac{P_s}{l} \begin{Bmatrix} b_m \\ c_m \end{Bmatrix} t \mathrm{d}s = \dfrac{P_s t}{2} \begin{Bmatrix} b_m \\ c_m \end{Bmatrix} \\[3mm] \boldsymbol{F}_{sj} = \displaystyle\int_l N_j \begin{Bmatrix} P_{sx} \\ P_{sy} \end{Bmatrix} t \mathrm{d}s = \displaystyle\int_l \left(\dfrac{s}{l}\right) \dfrac{P_s}{l} \begin{Bmatrix} b_m \\ c_m \end{Bmatrix} t \mathrm{d}s = \dfrac{P_s t}{2} \begin{Bmatrix} b_m \\ c_m \end{Bmatrix} \\[3mm] \boldsymbol{F}_{sm} = \begin{Bmatrix} 0 \\ 0 \end{Bmatrix} \end{cases} \tag{2.93}$$

对于非均布的载荷情况,如图 2.6 所示。

$$\begin{cases} \boldsymbol{P}_s = P_{si}L_i + P_{sj}L_j \\[2mm] \boldsymbol{P}_s = \begin{Bmatrix} P_{sx} \\ P_{sy} \end{Bmatrix} = (P_{si}L_i + P_{sj}L_j)\begin{Bmatrix} b_m \\ c_m \end{Bmatrix}\dfrac{1}{l} \\[4mm] \boldsymbol{F}_s^e = \displaystyle\int_l \boldsymbol{N}^{\mathrm{T}}(P_{si}L_i + P_{sj}L_j)\,\mathrm{d}s \begin{Bmatrix} b_m \\ c_m \end{Bmatrix}\dfrac{t}{l} \end{cases} \tag{2.94}$$

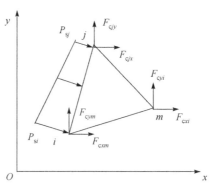

图 2.6　三角形单元非均布的载荷情况

由此可以得到

$$\boldsymbol{F}_s^e = \frac{t}{6}\begin{Bmatrix} (2P_{si}+P_{sj})b_m \\ (2P_{si}+P_{sj})c_m \\ (P_{si}+2P_{sj})b_m \\ (P_{si}+2P_{sj})c_m \\ 0 \\ 0 \end{Bmatrix} \tag{2.95}$$

若 $P_{si}=P_{sj}=P_s$，则

$$\boldsymbol{F}_s^e = \frac{P_s t}{2}\begin{Bmatrix} b_m \\ c_m \\ b_m \\ c_m \\ 0 \\ 0 \end{Bmatrix} \tag{2.96}$$

若 $P_{si}=0, P_{sj}=P_s$，则

$$\boldsymbol{F}_s^e = \begin{bmatrix} \dfrac{P_s t}{6}b_m & \dfrac{P_s t}{6}c_m & \dfrac{P_s t}{3}b_m & \dfrac{P_s t}{3}c_m & 0 & 0 \end{bmatrix}^{\mathrm{T}} \tag{2.97}$$

对于体力

$$\begin{cases} \boldsymbol{P}_{\mathrm{v}} = \begin{bmatrix} 0 & -\rho \end{bmatrix}^{\mathrm{T}} \\[2mm] \boldsymbol{F}_{\mathrm{v}}^{\mathrm{e}} = \displaystyle\int_A N^{\mathrm{T}} P_{\mathrm{v}} t \mathrm{d}x \mathrm{d}y \\[3mm] \boldsymbol{F}_{\mathrm{v}i}^{\mathrm{e}} = \begin{Bmatrix} F_{\mathrm{v}xi} \\ F_{\mathrm{v}yi} \end{Bmatrix} = \displaystyle\int_A N_i \begin{Bmatrix} 0 \\ -\rho \end{Bmatrix} t \mathrm{d}x \mathrm{d}y \\[3mm] \quad = \begin{Bmatrix} 0 \\ -\displaystyle\int_A N_i \rho t \mathrm{d}x \mathrm{d}y \end{Bmatrix} \displaystyle\int_A N_i \rho t \mathrm{d}x \mathrm{d}y \\[3mm] \quad = \rho t \displaystyle\int_A N_i \mathrm{d}x \mathrm{d}y \\[3mm] \quad = \rho t \dfrac{1!0!0!}{(1+0+0+2)!} 2\Delta \\[3mm] \quad = \dfrac{1}{3} \rho t \Delta \end{cases} \tag{2.98}$$

$$\boldsymbol{F}_{\mathrm{v}}^{\mathrm{e}} = -\frac{1}{3} \rho t \Delta \begin{bmatrix} 0 & 1 & 0 & 1 & 0 & 1 \end{bmatrix}^{\mathrm{T}} \tag{2.99}$$

下面介绍整体载荷列向量,以图 2.7 为例,在外载荷的作用下,结构的每个节点会产生对应的节点力 $(X_i, Y_i)(i=1,2,3,4,5)$,以 $(U_i^j, V_i^j)(j=1,2,3,4)$ 代表 $j$ 单元在 $i$ 点处的节点力,则有

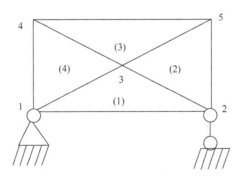

图 2.7　三角形单元实例

$$\begin{cases} U_1^1 + U_1^4 = X_1, & V_1^1 + V_1^4 = Y_1 \\[1mm] U_2^1 + U_2^2 = X_2, & V_1^1 + V_1^2 = Y_2 \\[1mm] U_3^1 + U_3^2 + U_3^3 + U_3^4 = X_3, & V_3^1 + V_3^2 + V_3^3 + V_3^4 = Y_3 \\[1mm] U_4^3 + U_4^4 = X_4, & V_4^3 + V_4^4 = Y_4 \\[1mm] U_5^2 + U_5^3 = X_5, & V_5^2 + V_5^3 = Y_5 \end{cases} \tag{2.100}$$

写成矩阵的形式,即可得到外载荷列阵的表达形式为

$$
\left\{\begin{array}{c} U_1 \\ V_1 \\ U_2 \\ V_2 \\ U_3 \\ V_3 \\ 0 \\ 0 \\ 0 \\ 0 \end{array}\right\}^{(1)} +
\left\{\begin{array}{c} 0 \\ 0 \\ U_2 \\ V_2 \\ U_3 \\ V_3 \\ 0 \\ 0 \\ U_5 \\ V_5 \end{array}\right\}^{(2)} +
\left\{\begin{array}{c} 0 \\ 0 \\ 0 \\ 0 \\ U_3 \\ V_3 \\ U_4 \\ V_4 \\ U_5 \\ V_5 \end{array}\right\}^{(3)} +
\left\{\begin{array}{c} U_1 \\ V_1 \\ 0 \\ 0 \\ U_3 \\ V_3 \\ U_4 \\ V_4 \\ 0 \\ 0 \end{array}\right\}^{(4)} =
\left\{\begin{array}{c} X_1 \\ Y_1 \\ X_2 \\ Y_2 \\ X_3 \\ Y_3 \\ X_4 \\ Y_4 \\ X_5 \\ Y_5 \end{array}\right\}
\tag{2.101}
$$

**6. 总刚集成**

利用表 2.2,并将刚度矩阵分块表示,则有

$$
\boldsymbol{K} = \sum_{e=1}^{4} [k]^e
$$

$$
= \begin{bmatrix}
k_{11}^{(1)+(4)} & k_{12}^{(1)} & k_{13}^{(1)+(4)} & k_{14}^{(4)} & 0 \\
k_{21}^{(1)} & k_{22}^{(1)+(2)} & k_{23}^{(1)+(2)} & 0 & k_{25}^{(2)} \\
k_{31}^{(1)+(4)} & k_{32}^{(1)+(2)} & k_{33}^{(1)+(2)+(3)+(4)} & k_{34}^{(3)+(4)} & k_{35}^{(2)+(3)} \\
k_{41}^{(4)} & 0 & k_{43}^{(3)+(4)} & k_{44}^{(3)+(4)} & k_{45}^{(3)} \\
0 & k_{52}^{(2)} & k_{53}^{(2)+(3)} & k_{54}^{(3)} & k_{55}^{(2)+(3)}
\end{bmatrix}
\tag{2.102}
$$

$$
\boldsymbol{K}_{rs} = \sum_{e=1}^{4} [k_{rs}^e]_{2\times2}
\tag{2.103}
$$

$$
\boldsymbol{K}_{rs} = \sum_{e=1}^{4} [k_{rs}^e]_{2\times2}, \quad r,s = 1,2,3,4,5
\tag{2.104}
$$

**表 2.2　刚度矩阵分块**

| 单元 | (1) | (2) | (3) | (4) |
|---|---|---|---|---|
| 节点 | 1 2 3 | 2 5 3 | 3 5 4 | 1 3 4 |
| 单元刚度 | $\begin{bmatrix} k_{11} & k_{12} & k_{13} \\ k_{21} & k_{22} & k_{23} \\ k_{31} & k_{32} & k_{33} \end{bmatrix}$ | $\begin{bmatrix} k_{22} & k_{25} & k_{23} \\ k_{52} & k_{55} & k_{53} \\ k_{32} & k_{35} & k_{33} \end{bmatrix}$ | $\begin{bmatrix} k_{33} & k_{35} & k_{34} \\ k_{53} & k_{55} & k_{54} \\ k_{43} & k_{45} & k_{44} \end{bmatrix}$ | $\begin{bmatrix} k_{11} & k_{13} & k_{14} \\ k_{31} & k_{33} & k_{34} \\ k_{41} & k_{43} & k_{44} \end{bmatrix}$ |

(1) 当 $r=s$ 时,主对角线上整体刚度矩阵元素由共用该节点的单刚元素相加而成。

（2）当 $r \neq s$ 时，若 $r$、$s$ 属于同一单元的节点号，则整体刚度矩阵元素由共用该节点的单刚元素相加而成。

（3）当 $r \neq s$ 时，若 $r$、$s$ 不属于同一单元的节点号，则整刚元素等于零。

由于在有限元网格划分中，单元和节点的数量很多，自然不在同一单元的 $r$、$s$ 节点很多，导致整体刚度矩阵中的零元素很多，成为稀疏矩阵。

### 2.3.2　矩形单元

对于矩形单元，每个节点有 2 个自由度，所以单元共有 8 个自由度（图 2.8）。假定单元的局部编号为 1～4，局部坐标为 $\xi$ 和 $\eta$，4 个节点的坐标表示为 $-a \leqslant x \leqslant a$，$-b \leqslant y \leqslant b$；$-1 \leqslant \xi \leqslant 1$，$-1 \leqslant \eta \leqslant 1$，$\xi$ 和 $\eta$ 也称为单元的自然坐标。

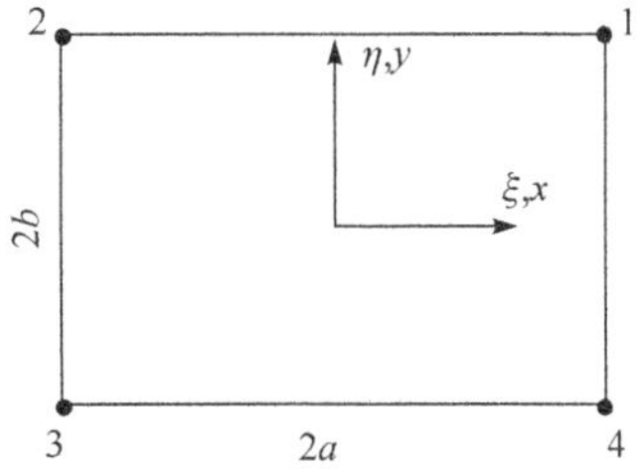

由于单元有 4 个节点，一共有 8 个自由度，所以其广义坐标数应取为 8，有

图 2.8　矩形单元（线性）

$$\boldsymbol{\beta} = [\begin{matrix} \beta_1 & \beta_2 & \beta_3 & \beta_4 & \beta_5 & \beta_6 & \beta_7 & \beta_8 \end{matrix}]^{\mathrm{T}} \tag{2.105}$$

$x$ 和 $y$ 方向各取 4 项多项式，即

$$\boldsymbol{\phi} = [\begin{matrix} 1 & x & y & xy \end{matrix}] \tag{2.106}$$

单元 4 个节点坐标为

$$\boldsymbol{a}^{\mathrm{e}} = [\begin{matrix} u_1 & v_1 & u_2 & v_2 & u_3 & v_3 & u_4 & v_4 \end{matrix}]^{\mathrm{T}} \tag{2.107}$$

定义

$$\bar{\boldsymbol{A}} = \begin{bmatrix} 1 & x_1 & y_1 & x_1 y_1 \\ 1 & x_2 & y_2 & x_2 y_2 \\ 1 & x_3 & y_3 & x_3 y_3 \\ 1 & x_4 & y_4 & x_4 y_4 \end{bmatrix} \tag{2.108}$$

则

$$\boldsymbol{a}^{\mathrm{e}} = \begin{bmatrix} \bar{A} & \\ & \bar{A} \end{bmatrix} \boldsymbol{\beta} \tag{2.109}$$

通过上述方程，可以解出系数 $\beta$。与三角形单元的推导类似，通过 $\beta$ 就可以将位移表示为离散的形式，即

$$u = \sum_{i=1}^{4} N_i u_i \tag{2.110}$$

$$v = \sum_{i=1}^{4} N_i v_i \tag{2.111}$$

通过两个坐标系的变化，将 $x$ 和 $y$ 坐标转换为自然坐标 $\xi$ 和 $\eta$，$\xi = x/a$，$\eta = y/b$，得

$$\begin{cases} N_1 = \dfrac{1}{4}(1+\xi)(1+\eta) \\[2mm] N_2 = \dfrac{1}{4}(1-\xi)(1+\eta) \\[2mm] N_3 = \dfrac{1}{4}(1-\xi)(1-\eta) \\[2mm] N_4 = \dfrac{1}{4}(1+\xi)(1-\eta) \end{cases} \qquad (2.112)$$

单元自然坐标的原点取在单元重心 $(x_0,y_0)$ 处。如果整体坐标原点与单元重心不重合,则需要进行坐标变换,即

$$x = x_0 + a\xi \qquad (2.113)$$
$$y = y_0 + b\eta \qquad (2.114)$$

这时,形函数可以重新写为

$$N_i = \frac{1}{4}(1+\xi_0)(1+\eta_0) \qquad (2.115)$$

式中,$\xi_0 = \xi\xi_i$,$\eta_0 = \eta\eta_i$ $(i=1\sim4)$。

以上假定形函数在边界上的变化是线性的,对于二次的情况,如图 2.9 所示,角节点的形函数为

$$N_i = \frac{1}{4}(1+\xi_0)(1+\eta_0)(\xi_0+\eta_0-1) \qquad (2.116)$$

边上节点

$$\xi_i = 0, \quad N_i = \frac{1}{2}(1-\xi^2)(1+\eta_0) \qquad (2.117)$$

$$\eta_i = 0, \quad N_i = \frac{1}{2}(1+\xi_0)(1-\eta^2) \qquad (2.118)$$

对于三次的情况,如图 2.10 所示。

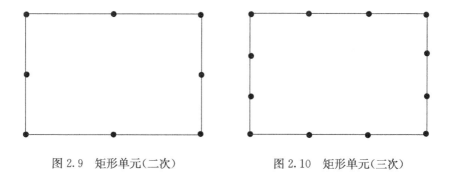

图 2.9　矩形单元(二次)　　　　　　图 2.10　矩形单元(三次)

在角上的节点,有

$$N_i = \frac{1}{32}(1+\xi_0)(1+\eta_0)\left[-10+9(\xi^2+\eta^2)\right] \tag{2.119}$$

在边上的节点,有

$$N_i = \frac{9}{32}(1+\xi_0)(1-\eta^2)(1+9\eta_0) \tag{2.120}$$

对于四边形等参元,单元刚度矩阵中的应变矩阵 $\boldsymbol{B}$ 不再是常数,因此不能直接获得 $\int_V \boldsymbol{B}^\mathrm{T}\boldsymbol{DB}\,\mathrm{d}V$ 的计算结果,需要采用必要的数值积分方法。对于一个积分表达式,$\int_a^b F(\xi)\,\mathrm{d}\xi$,可以构造一个多项式 $\psi(\xi)$,使其在 $\xi_i$ 上有 $\psi(\xi_i)=F(\xi_i)$,从而利用近似函数的积分 $\int_a^b \psi(\xi)\,\mathrm{d}\xi$ 来替代原来的积分式 $\int_a^b F(\xi)\,\mathrm{d}\xi$,$\xi_i$ 称为积分点。按照积分点位置的不同,可以确立不同的积分方案。

### 2.3.3　四面体单元

在四面体单元中,每个节点有 3 个自由度,即

$$\boldsymbol{u}=\begin{bmatrix} u & v & w \end{bmatrix}^\mathrm{T} \tag{2.121}$$

单元中包含 4 个节点,因此,单元一共有 12 个自由度。同样,假定位移为线性变化,则

$$u_i=\alpha_1+\alpha_2 x_i+\alpha_3 y_i+\alpha_4 z_i \tag{2.122}$$

显然,可以求出系数 $\alpha_i$。

注意到

$$6V=\begin{vmatrix} 1 & x_i & y_i & z_i \\ 1 & x_j & y_j & z_j \\ 1 & x_m & y_m & z_m \\ 1 & x_l & y_l & z_l \end{vmatrix} \tag{2.123}$$

式中,$V$ 表示四面体单元的体积。

定义式(2.123)的代数余子式,有

$$a_i=\begin{vmatrix} x_j & y_j & z_j \\ x_m & y_m & z_m \\ x_l & y_l & z_l \end{vmatrix} \tag{2.124}$$

$$b_i=-\begin{vmatrix} 1 & y_j & z_j \\ 1 & y_m & z_m \\ 1 & y_l & z_l \end{vmatrix} \tag{2.125}$$

$$c_i = -\begin{vmatrix} x_j & 1 & z_j \\ x_m & 1 & z_m \\ x_l & 1 & z_l \end{vmatrix} \tag{2.126}$$

$$d_i = -\begin{vmatrix} x_j & y_j & 1 \\ x_m & y_m & 1 \\ x_l & y_l & 1 \end{vmatrix} \tag{2.127}$$

其他系数可以通过轮换得到。

单元的位移场由 12 个位移分量来决定,即

$$\boldsymbol{u} = \begin{bmatrix} \boldsymbol{I}N_i & \boldsymbol{I}N_j & \boldsymbol{I}N_m & \boldsymbol{I}N_l \end{bmatrix} \boldsymbol{a}^e = \boldsymbol{N}\boldsymbol{a}^e \tag{2.128}$$

$$N_i = \frac{1}{6V}(a_i + b_i x + c_i y + d_i z) \tag{2.129}$$

由此,可以得到应变矩阵

$$B_i = \begin{bmatrix} \dfrac{\partial N_i}{\partial x} & 0 & 0 \\ 0 & \dfrac{\partial N_i}{\partial y} & 0 \\ 0 & 0 & \dfrac{\partial N_i}{\partial z} \\ \dfrac{\partial N_i}{\partial y} & \dfrac{\partial N_i}{\partial x} & 0 \\ 0 & \dfrac{\partial N_i}{\partial z} & \dfrac{\partial N_i}{\partial y} \\ \dfrac{\partial N_i}{\partial z} & 0 & \dfrac{\partial N_i}{\partial x} \end{bmatrix} = \frac{1}{6V}\begin{bmatrix} b_i & 0 & 0 \\ 0 & c_i & 0 \\ 0 & 0 & d_i \\ c_i & b_i & 0 \\ 0 & d_i & c_i \\ d_i & 0 & b_i \end{bmatrix} \tag{2.130}$$

通过轮换得到其他子矩阵,

$$\boldsymbol{\varepsilon} = \boldsymbol{B}\boldsymbol{a}^e = \begin{bmatrix} B_i & B_j & B_m & B_l \end{bmatrix} \boldsymbol{a}^e \tag{2.131}$$

和三角形单元一样,四面体单元为常应变单元,刚度矩阵不需要积分,则

$$K_{ij}^e = \boldsymbol{B}_i^{\mathrm{T}} \boldsymbol{D} \boldsymbol{B}_j \boldsymbol{V}^e \tag{2.132}$$

基于自适应网格重剖分的 FSW 模型通常采用四面体网格作为初始网格和更新网格,如图 2.11 所示。

### 2.3.4 六面体单元

与四边形等参单元类似,六面体单元也分为线性单元、二阶单元和三阶单元。线性单元有 8 个节点,形函数表示为

图 2.11　搅拌摩擦焊四面体单元模型[9]

$$N_i = \frac{1}{8}(1+\xi_0)(1+\eta_0)(1+\zeta_0) \tag{2.133}$$

二阶单元有 20 个节点,角节点的形函数为

$$N_i = \frac{1}{8}(1+\xi_0)(1+\eta_0)(1+\zeta_0)(\xi_0+\eta_0+\zeta_0-2) \tag{2.134}$$

边上节点的形函数为

$$N_i = \frac{1}{4}(1-\xi^2)(1+\eta_0)(1+\zeta_0) \tag{2.135}$$

三阶单元有 32 个节点,角节点的形函数为

$$N_i = \frac{1}{64}(1+\xi_0)(1+\eta_0)(1+\zeta_0)[9(\xi^2+\eta^2+\zeta^2)-19] \tag{2.136}$$

边上节点的形函数为

$$N_i = \frac{9}{64}(1-\xi^2)(1+9\xi_0)(1+\eta_0)(1+\zeta_0) \tag{2.137}$$

基于任意欧拉和拉格朗日网格技术的 FSW 模型通常采用六面体网格进行网格划分和网格控制,如图 2.12 所示。

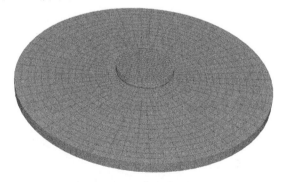

图 2.12　搅拌摩擦焊六面体单元模型[10]

### 2.3.5　数值积分

1. Newton-Cotes 积分

在 Newton-Cotes 积分中,积分点采用等间距布置。近似多项式可以采用拉格朗日多项式来表示,并使 $\psi(\xi_i)=F(\xi_i)$,则

$$\psi(\xi) = \sum_{i=1}^{n} l_i^{(n-1)}(\xi)F(\xi_i) \tag{2.138}$$

式中,$l_i^{(n-1)}(\xi)$ 为拉格朗日插值函数,即

$$l_i^{(n-1)}(\xi) = \frac{(\xi-\xi_1)(\xi-\xi_2)\cdots(\xi-\xi_{i-1})(\xi-\xi_{i+1})\cdots(\xi-\xi_n)}{(\xi_i-\xi_1)(\xi_i-\xi_2)\cdots(\xi_i-\xi_{i-1})(\xi_i-\xi_{i+1})\cdots(\xi_i-\xi_n)} \tag{2.139}$$

由于 $l_i(\xi_j)=\delta_{ij}$,所以 $\psi(\xi_i)=F(\xi_i)$,则

$$\begin{aligned}
\int_a^b \psi(\xi)\mathrm{d}\xi &= \int_a^b \sum_{i=1}^n l_i^{(n-1)}(\xi)F(\xi_i)\mathrm{d}\xi \\
&= \sum_{i=1}^n \int_a^b l_i^{(n-1)}(\xi)\mathrm{d}\xi F(\xi_i)
\end{aligned} \tag{2.140}$$

令

$$H_i = \int_a^b l_i^{(n-1)}(\xi)\mathrm{d}\xi \tag{2.141}$$

称为积分的权系数,简称权,至于积分点的位置和个数有关,而与被积函数无关。

此时有

$$\int_a^b \psi(\xi)\mathrm{d}\xi = \sum_{i=1}^n H_i F(\xi_i) \tag{2.142}$$

2. Gauss 积分

在有限元软件中,Gauss 积分更为常见。在此积分方案中,积分点不再是等间距分布,其位置需要预先确定,定义多项式

$$P(\xi) = \prod_{j=1}^n (\xi-\xi_j) \tag{2.143}$$

由下面的条件决定积分点位置,即

$$\int_a^b \xi_i P(\xi)\mathrm{d}\xi = 0 \tag{2.144}$$

显然,在积分点上,$P(\xi_i)=0$。下面直接给出 Gauss 积分的表达式,即

$$\int_a^b F(\xi)\mathrm{d}\xi = \sum_{i=1}^n H_i F(\xi_i) \tag{2.145}$$

式中,$H_i$ 为权系数。

表 2.3 给出积分点的位置和权系数的数值。

**表 2.3　Gauss 积分点位置和权系数[8]**

| 积分点个数 | 积分点位置 | 权系数 |
|---|---|---|
| 1 | 0.000 000 000 000 000 | 2.000 000 000 000 000 |
| 2 | ±0.577 350 269 189 626 | 1.000 000 000 000 000 |
| 3 | ±0.774 596 669 241 483 | 0.555 555 555 555 556 |
|   | 0.000 000 000 000 000 | 0.888 888 888 888 889 |
| 4 | ±0.861 136 311 594 053 | 0.347 854 845 137 454 |
|   | ±0.339 981 043 584 856 | 0.652 145 154 862 546 |

# 2.4　本 构 方 程

## 2.4.1　非率相关本构模型[1,11-13]

对于各向同性理想弹塑性材料,屈服准则为

$$f(\sigma_{ij}, k_0) = 0 \qquad (2.146)$$

式中,$\sigma_{ij}$ 为应力;$k_0$ 为给定的材料参数。从几何的角度,式(2.146)表示九维应力空间的一个超曲面,称为屈服面。对于金属材料,通常采用的屈服条件有 von Mises 和 Tresca 两种。

### 1. von Mises 屈服条件

对于弹性-理想塑性材料,有

$$F(\sigma_{ij}, k_0) = f(\sigma_{ij}) - k_0 = 0 \qquad (2.147)$$

式中,$f(\sigma_{ij}) = \dfrac{1}{2} s_{ij} s_{ij}$,$k_0 = \sigma_{s0}^2$,$s_{ij} = \sigma_{ij} - \sigma_m \delta_{ij}$,$\sigma_m = \dfrac{1}{3}(\sigma_{11} + \sigma_{22} + \sigma_{33})$,这里,$\sigma_{s0}$ 为初始屈服应力,$s_{ij}$ 为应力偏张量,$\delta_{ij}$ 为 Kronecker delta 符号。

式(2.147)也可以表示为

$$F(\sigma_{ij}, \sigma_{s0}) = \frac{1}{6}\left[(\sigma_1 - \sigma_2)^2 + (\sigma_2 - \sigma_3)^2 + (\sigma_3 - \sigma_1)^2\right] - \frac{1}{3}\sigma_{s0}^2 = 0 \quad (2.148)$$

式中,$\sigma_1, \sigma_2, \sigma_3$ 表示三个主应力。

### 2. Tresca 屈服条件

Tresca 屈服条件具有如下表达式,即

$$F(\sigma_{ij}, \sigma_{s0}) = \left[(\sigma_1 - \sigma_2)^2 - \sigma_{s0}^2\right]\left[(\sigma_2 - \sigma_3)^2 - \sigma_{s0}^2\right]\left[(\sigma_3 - \sigma_1)^2 - \sigma_{s0}^2\right] = 0$$

$$(2.149)$$

从几何的角度看,式(2.149)表示一个在主应力空间内以 $\sigma_1 = \sigma_2 = \sigma_3$ 为轴线并内接

von Mises 圆柱面的一个正六棱柱体,在 π 平面上则表示内接 von Mises 圆的一个正六边形,如图 2.13 所示。显然,使用 Tresca 屈服条件偏于保守,但是总体上两种屈服条件相差不大,但是由于 Tresca 屈服面在棱边处的法向导数不存在,而法向导数决定塑性变形的方向,所以,在通常的计算中,经常采用 von Mises 屈服条件。

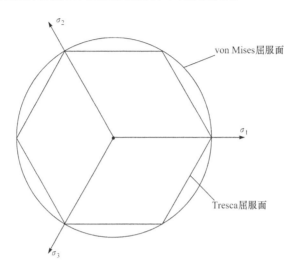

图 2.13　π 平面上的屈服轨迹

对于理想弹塑性材料,因为不存在硬化效应,所以后继屈服面和初始屈服面始终是重合的,但是对于硬化材料,后继屈服面显然不同于初始屈服面,通常采用的硬化规则有三种,即各向同性硬化规则、运动硬化规则和混合硬化规则。

**1. 各向同性硬化规则**

当材料进入塑性变形以后,加载曲面在各个方向均匀扩张,但是其形状、加载曲面的中心以及其在应力空间中的方位均保持不变。对于 von Mises 屈服条件,各向同性硬化的后继屈服函数可以表示为

$$F(s_{ij}, \sigma_s) = \frac{1}{2} s_{ij} s_{ij} - \frac{1}{3} \sigma_s^2(\bar{\varepsilon}_p) \tag{2.150}$$

式中,当前屈服应力 $\sigma_s$ 是等效塑性应变 $\bar{\varepsilon}_p$ 的函数。等效塑性应变的定义为

$$\bar{\varepsilon}_p = \int \left( \frac{2}{3} \mathrm{d}\varepsilon_{ij}^p \, \mathrm{d}\varepsilon_{ij}^p \right)^{1/2} \tag{2.151}$$

**2. 运动硬化规则**

当材料进入塑性以后,加载曲面在应力空间做刚体移动,但是加载面形状、大小以及方位均保持不变。运动硬化材料的后继屈服函数可以表示为

$$f(\sigma_{ij}, \alpha_{ij}, k_0) = 0 \tag{2.152}$$

式中,$\alpha_{ij}$ 为背应力,表示加载曲面的中心。

根据背应力的不同规定,运动硬化法则可以分为 Prager 运动硬化和 Zeigler 运动硬化。

1) Prager 运动硬化

Prager 运动硬化规定加载面中心的移动是沿着表征当前状态的应力点的法线方向,其后继屈服函数可以表示为

$$f(\sigma_{ij}, \alpha_{ij}, \sigma_{s0}) = \frac{1}{2}(s_{ij} - \alpha_{ij})(s_{ij} - \alpha_{ij}) - \frac{1}{3}\sigma_{s0}^2 \tag{2.153}$$

Prager 硬化法则通常仅适用于九维应力空间,这是因为此时初始屈服面和后继屈服面保持着形式上的一致性[11]。

2) Zeigler 运动硬化

Zeigler 运动硬化规定加载曲面沿着联结其中心和当前应力点的向量方向移动,其后继屈服函数表示为

$$f(\sigma_{ij}, \bar{\alpha}_{ij}, \sigma_{s0}) = \frac{1}{2}(s_{ij} - \bar{\alpha}_{ij})(s_{ij} - \bar{\alpha}_{ij}) - \frac{1}{3}\sigma_{s0}^2 \tag{2.154}$$

在单向加载的情况下,运动硬化法则和各向同性硬化法则是等价的。

3. 混合硬化规则

为了适应材料一般硬化特性的要求,可以同时考虑各向同性硬化和运动硬化两种法则,将塑性应变分为共线的两部分,即

$$d\varepsilon_{ij}^p = d\varepsilon_{ij}^{p(i)} + d\varepsilon_{ij}^{p(k)} \tag{2.155}$$

式中,$d\varepsilon_{ij}^{p(i)}$ 表示与各向同性硬化法则相关联的塑性应变增量;$d\varepsilon_{ij}^{p(k)}$ 表示与运动硬化法则相对应的塑性应变增量,定义为

$$d\varepsilon_{ij}^{p(i)} = M d\varepsilon_{ij}^p, \quad d\varepsilon_{ij}^{p(k)} = (1-M) d\varepsilon_{ij}^p \tag{2.156}$$

式中,$-1 \leqslant M \leqslant 1$,称为混合硬化参数;$M < 0$ 表示材料出现软化的情况。

混合硬化法则的后继屈服函数可以表示为

$$f(\sigma_{ij}, \bar{\alpha}_{ij}, \sigma_s) = \frac{1}{2}(s_{ij} - \bar{\alpha}_{ij})(s_{ij} - \bar{\alpha}_{ij}) - \frac{1}{3}\bar{\sigma}_s^2(\bar{\varepsilon}_p, M) \tag{2.157}$$

在一般情况下,有

$$\bar{\sigma}_s(\bar{\varepsilon}_p, M) = \sigma_{s0} + \int M d\sigma_s(\bar{\varepsilon}_p) \tag{2.158}$$

混合硬化法则主要用于反向加载和循环载荷的情况,值得注意的是,混合硬化参数不一定保持为常数,其大小由加载面的直径确定。

为了确定材料塑性应变增量各个分量之间的相互关系,需要给定材料的流动法则。假定经过应力空间的任何一点必有一个塑性势面,即

$$g(\sigma, \varepsilon_p, k) \in C^0 \tag{2.159}$$

经过该点的塑性应变增量与塑性势面之间满足如下正交关系,即

$$d\varepsilon_p = d\lambda \frac{\partial g}{\partial \sigma} \tag{2.160}$$

式中,$\lambda$ 为待定的塑性流动比例因子,称为流动参数,满足非负条件

$$\begin{cases} \lambda \geqslant 0, & f(\sigma, \varepsilon_p, k) = 0 \\ \lambda = 0, & f(\sigma, \varepsilon_p, k) < 0 \end{cases} \tag{2.161}$$

对于由 $m_f$ 个光滑塑性势面构成的非正则塑性势面,流动法则成为

$$d\varepsilon_p = \sum_{i=1}^{m_f} \lambda_i \frac{\partial g_i}{\partial \sigma} \tag{2.162}$$

$$\begin{cases} \lambda_i \geqslant 0, & f_i = 0 \\ \lambda_i = 0, & f_i < 0 \end{cases}, \quad i = 1, 2, 3, \cdots, m_f \tag{2.163}$$

式(2.163)说明,在塑性势面的交点处,塑性应变增量是有关各个面上的塑性应变增量的线性组合。

对于非率相关材料本构模型,材料的流动方向与屈服面的法线方向一致,即

$$\frac{\partial g_i}{\partial \sigma} = c_i \frac{\partial f_i}{\partial \sigma} \tag{2.164}$$

式中,$c_i$ 是一个标量,这一模型被称为相关联的流动塑性模型。

对于相关联的塑性模型,层错运动是构成材料塑性流动的基本原因,并且任一点的塑性应变率没有突变。当然,对于由于摩擦机理而产生非弹性变形的材料,相关联的塑性流动是不精确的,材料的流动方向与屈服面的法线方向不一致。非法线方向的流动问题大致可以分为三种情况。

(1) 塑性势面与屈服面不重合的非关联流动问题。这一问题的产生通常是为了和试验结果相比较而消除了部分膨胀之后引起的非法线流动。

(2) 弹塑性耦合引起的非法线流动问题。弹性模量随塑性应变的变化而发生改变的现象称为弹塑性耦合。

(3) 物体接触时的非法向滑动问题。层状材料以及岩石软弱夹层、解理面、裂隙等都与接触问题一样,发生相互滑动时的方向是非法向的。

在求解中,应满足以下方程,即

$$\Delta \tilde{\boldsymbol{\sigma}}_\sigma = -\boldsymbol{D}^{el} : \Delta \tilde{\boldsymbol{\varepsilon}}_\varepsilon \tag{2.165}$$

式中,$\Delta \tilde{\boldsymbol{\sigma}}_\sigma$ 为应力修正;$\Delta \tilde{\boldsymbol{\varepsilon}}_\varepsilon$ 为对应变的修正;$\boldsymbol{D}^{el}$ 为切向弹性矩阵;":"表示张量的双点乘。

考虑塑性硬化,有

$$\Delta H_a = \Delta \lambda_i h_{ia}(\boldsymbol{\sigma}, T, H_\beta) \tag{2.166}$$

式中,$H_a$ 为硬化参数,引入下标 $\alpha$ 是为了说明可能存在多个硬化参数的情况;$h_{ia}$ 是对应 $H_a$ 的率形式的硬化规律;$T$ 为温度。

假设为等温情况，可以得到以下方程，即

$$\Delta \widetilde{H}_a = h_{ia} \Delta \widetilde{\lambda}_i + \Delta \lambda_i \left( \frac{\partial h_{ai}}{\partial \boldsymbol{\sigma}} : \Delta \widetilde{\boldsymbol{\sigma}}_\sigma + \frac{\partial h_{ia}}{\partial H_\beta} \Delta \widetilde{H}_\beta \right) \tag{2.167}$$

式中，$\Delta \widetilde{H}_a$ 是对 $\Delta H_a$ 的修正；$\Delta \widetilde{\lambda}_i$ 是对 $\Delta \lambda_i$ 的修正。

在具体求解中，只有所求的解被找到的时候流动规则才能得到精确满足，以公式形式表示为

$$\Delta \widetilde{\boldsymbol{\varepsilon}}_\varepsilon - \widetilde{\Delta} \frac{\partial g}{\partial \boldsymbol{\sigma}} - \Delta \lambda \left( \frac{\partial^2 g}{\partial \boldsymbol{\sigma} \partial \boldsymbol{\sigma}} : \Delta \widetilde{\boldsymbol{\sigma}}_\sigma + \frac{\partial^2 g}{\partial \boldsymbol{\sigma} \partial H_a} \Delta \widetilde{H}_a \right) = \Delta \lambda \frac{\partial g}{\partial \boldsymbol{\sigma}} - \Delta \boldsymbol{\varepsilon}^{pl} \tag{2.168}$$

### 2.4.2 率相关本构模型

经典的 von Mises 模型的一般化形式[14]为

$$f = \bar{\sigma} - \sigma_0 - \eta (\varepsilon^p)^n (\dot{\varepsilon}^p)^m = 0 \tag{2.169}$$

式中，$\sigma_0$ 为初始屈服应力；$m$ 为黏性指数；$\eta$ 为黏性系数。

当 $\eta = 0$ 时，方程则转化为理想弹塑性模型。对于黏性指数 $m = 0$ 的情形，则可以得到应变率硬化/软化模型

$$f = \bar{\sigma} - \sigma_0 - \eta (\dot{\varepsilon}^p)^m = 0 \tag{2.170}$$

式中，$m$ 为黏性指数；$\eta > 0$ 表示应变硬化，$\eta < 0$ 表示应变软化。在有限元计算中，考虑应变率软化将导致材料更容易发生变形，从而导致相同情况下，软化模型中的塑性应变大于硬化模型[15]。

相对于率无关模型，率相关模型的有效应力不再必须小于或者等于初始屈服应力，由 von Mises 条件定义加载函数为

$$f(\sigma) = \bar{\sigma} - \sigma_0 \tag{2.171}$$

式中，$\bar{\sigma}$ 为等效应力，$\bar{\sigma} = \sqrt{(3/2) \boldsymbol{\sigma}' : \boldsymbol{\sigma}'}$。

对于 Perzyna 模型，流动规律为

$$\dot{\boldsymbol{\varepsilon}}^{vp} = \gamma \frac{\partial f(\boldsymbol{\sigma})}{\partial \boldsymbol{\sigma}} \tag{2.172}$$

式中，$\gamma$ 为滑动率，且

$$\gamma = \frac{\langle f(\sigma) \rangle}{\eta} \tag{2.173}$$

式中，$\langle x \rangle$ 为 MacAuley 括号，$\langle x \rangle = 1/2(x + |x|)$。

弹性性质张量不受塑性变形影响，根据胡克定律并考虑热应变，有

$$d\sigma_{ij} = C_{ijkl} \left( d\varepsilon_{kl} - d\varepsilon_{kl}^p - d\varepsilon_{kl}^T - \frac{dC_{ijkl}^{-1}}{dT} \sigma_{kl} \right) dT \tag{2.174}$$

式中，$C_{ijkl}$ 为材料的弹性常数张量，对于高温传热问题，有 $C_{ijkl} = C_{ijkl}(T)$ 称为温度的函数；$d\varepsilon_{ij}^T$ 为热应变。

对于 Perzyna 模型，有

$$\sigma = \sigma_0 \left[ 1 + \left( \frac{\dot{\varepsilon}^{\text{vp}}}{\zeta} \right)^m \right] \tag{2.175}$$

式中，$\sigma_0$ 为初始屈服应力；$\zeta$ 为黏性参数。取 $m = 1$，则有

$$\sigma_{\text{ex}} = \eta \dot{\varepsilon}^{\text{vp}} \tag{2.176}$$

其中，$\sigma_{\text{ex}}$ 为黏塑性模型的附加应力。$\eta$ 和 $\zeta$ 的关系为

$$\eta = \frac{\sigma_0}{\zeta^m} \tag{2.177}$$

### 2.4.3 Perzyna 模型

引入自由能密度的定义[16]为

$$\psi(\boldsymbol{\varepsilon}_e, \boldsymbol{\kappa}_a) = \frac{1}{2} \boldsymbol{\varepsilon}_e : \boldsymbol{E}_e : \boldsymbol{\varepsilon}_e + \frac{1}{2} \sum_{\alpha, \beta} \boldsymbol{H}_{\alpha\beta} \boldsymbol{\kappa}_\alpha \boldsymbol{\kappa}_\beta \tag{2.178}$$

式中，$\boldsymbol{E}_e$ 为弹性刚度模量，是正定的；$\boldsymbol{H}_{\alpha\beta}$ 为硬化模量矩阵，也是正定的；$\boldsymbol{\varepsilon}_e = \boldsymbol{\varepsilon} - \boldsymbol{\varepsilon}_p$，$\boldsymbol{\varepsilon}_p$ 和 $\boldsymbol{\kappa}_\alpha$ 为内变量，分别对应塑性变形和材料硬化/软化变量。

显然，存在如下关系，即

$$\boldsymbol{\sigma} = \frac{\partial \psi}{\partial \boldsymbol{\varepsilon}} = \boldsymbol{E}_e : \boldsymbol{\varepsilon}_e \tag{2.179}$$

$$D_d = \boldsymbol{\sigma} : \dot{\boldsymbol{\varepsilon}}_p + \sum_\alpha K_\alpha \dot{\kappa}_\alpha \tag{2.180}$$

式中，$D_d$ 表示耗散率；$K_\alpha$ 表示材料硬化/软化，和内变量 $\kappa_\alpha$ 是功共轭的，因此有

$$K_\alpha = -\frac{\partial \psi}{\partial \kappa_\alpha} = -\sum_\beta H_{\alpha\beta} \kappa_\beta \tag{2.181}$$

引入耗散势 $F$，对于非关联的塑性流动，有

$$\dot{\boldsymbol{\varepsilon}}_p = \frac{1}{t_r} \phi(F) \frac{\partial F}{\partial \boldsymbol{\sigma}} \tag{2.182}$$

$$\dot{\kappa}_\alpha = \frac{1}{t_r} \phi(F) \frac{\partial F}{\partial \kappa_\alpha} \tag{2.183}$$

式中，$t_r$ 为弛豫时间，其定义为 $t_r = \eta/E$，其中 $\eta$ 为黏性系数；$\phi(F)$ 为一个单调增加的过应力函数，且为无量纲。显然，有如下关系成立，即

$$\begin{cases} \phi(F) > 0, & \dfrac{\mathrm{d}\phi}{\mathrm{d}F} > 0, & F > 0 \\ \phi(F) = 0, & F = 0 \end{cases} \tag{2.184}$$

由此，可以得到率相关材料本构关系的率形式为

$$\dot{\boldsymbol{\sigma}} + \frac{1}{t_r} \phi(F) \boldsymbol{E}_e : \frac{\partial F}{\partial \boldsymbol{\sigma}} = \boldsymbol{E}_e : \dot{\boldsymbol{\varepsilon}} \tag{2.185}$$

$$\dot{K}_\alpha + \frac{1}{t_r} \phi(F) \sum_\beta H_{\alpha\beta} \frac{\partial F}{\partial \kappa_\alpha} = 0, \quad \alpha = 1, 2, 3, \cdots \tag{2.186}$$

当迟豫时间 $t_r$ 趋向于零时,显然过应力函数 $\phi$ 也必须趋向于零,因此 $F=0$,由此可以得到非率相关材料的本构模型。此时,定义 $\dot{\lambda}=\phi/t_r>0$,有

$$\dot{\boldsymbol{\varepsilon}}_p=\dot{\lambda}\frac{\partial F}{\partial \boldsymbol{\sigma}} \tag{2.187}$$

此时得到的流动法则同非率相关的情况。互补性条件为

$$\dot{\lambda}\geqslant 0,\quad F\leqslant 0,\quad \dot{\lambda}F=0 \tag{2.188}$$

式(2.188)即相关联塑性流动情况的 Kuhn-Tucker 条件。

## 2.4.4　Duvaut-Lion 模型

Duvaut-Lion 模型和 Perzyna 模型相类似,但是流动规则和硬化规则需要重新定义[17],流动法则为

$$\dot{\boldsymbol{\varepsilon}}_p=\frac{1}{t_r}\phi(r)(\boldsymbol{E}_e)^{-1}:(\boldsymbol{\sigma}-\boldsymbol{\sigma}_s) \tag{2.189}$$

硬化法则为

$$\dot{\kappa}_\alpha=\frac{1}{t_r}\phi(r)\sum_\beta (H_{\alpha\beta})^{-1}(K_\beta-K_\beta^s) \tag{2.190}$$

式中

$$r=E_c(\boldsymbol{\sigma}-\boldsymbol{\sigma}_s,K_\alpha-K_\alpha^s) \tag{2.191}$$

$$\boldsymbol{\sigma}_s=\boldsymbol{\sigma}-\lambda_s E_e\frac{\partial F(\boldsymbol{\sigma}_s,K_\alpha^s)}{\partial \boldsymbol{\sigma}} \tag{2.192}$$

$$K_\alpha^s=K_\alpha-\lambda_s\sum_\beta H_{\alpha\beta}\frac{\partial F(\boldsymbol{\sigma}_s,K_\gamma^s)}{\partial K_\beta} \tag{2.193}$$

$$\lambda_s\geqslant 0,\quad F(\boldsymbol{\sigma}_s,K_\alpha^s)\leqslant 0,\quad \lambda_s F(\boldsymbol{\sigma}_s,K_\alpha^s)=0 \tag{2.194}$$

由流动法则和硬化规律,可以得到率形式的本构方程为

$$\dot{\boldsymbol{\sigma}}+\frac{1}{t_r}\phi(r)(\boldsymbol{\sigma}-\boldsymbol{\sigma}_s)=\boldsymbol{E}_e:\dot{\boldsymbol{\varepsilon}} \tag{2.195}$$

$$\dot{K}_\alpha+\frac{1}{t_r}\phi(r)(K_\alpha-K_\alpha^s)=0 \tag{2.196}$$

显然,对于惩罚参数 $t_r$ 趋向于零,可以得到非率相关的塑性模型,定义 $\phi(r)=1$,则可以得到经典的 Duvaut-Lions 模型。

## 2.4.5　Cowper-Symonds 过应力模型

大部分金属在分析中均可以使用 Cowper-Symonds 模型

$$\dot{\bar{\varepsilon}}_p=C\left(\frac{\sigma_c}{\sigma_0}-1\right)^m \tag{2.197}$$

式中,$\sigma_c(\dot{\bar{\varepsilon}}_p)$ 为当前屈服应力;$\sigma_0$ 为初始屈服应力;$m$ 为黏性指数;$C$ 为给定的材

料参数,可以是温度的函数。对于大应变率情况,取 $C=5.13\times10^{9}$, $n=10.95$ 是比较合理的[18]。

此时,可以定义过应力为

$$d=<\sigma_{c}-\sigma_{0}> \tag{2.198}$$

在率相关塑性模型中,塑性率参数可以作为应力和内变量的经验公式给出,对于典型的过应力模型,给出同样形式的塑性流动法则,即

$$\dot{\boldsymbol{\varepsilon}}_{p}=\dot{\lambda}r(\boldsymbol{\sigma},\boldsymbol{q}) \tag{2.199}$$

式中,$\boldsymbol{q}$ 为内变量,有

$$\dot{\boldsymbol{q}}=\dot{\lambda}\boldsymbol{h} \tag{2.200}$$

### 2.4.6　图形返回算法[17]

对于弹塑性问题,本构方程的一般化形式可以总结为

$$\dot{\varepsilon}=\nabla^{s}(\Delta\dot{u}) \tag{2.201}$$

$$\dot{\varepsilon}^{p}=\dot{\lambda}r(\sigma,q) \tag{2.202}$$

$$q=-\dot{\lambda}h(\sigma,q) \tag{2.203}$$

初始条件条件为

$$(\varepsilon,\varepsilon_{p},q)_{t=t_{n}}=\{\varepsilon_{n},\varepsilon_{n}^{p},q_{n}\} \tag{2.204}$$

对于理想黏塑性模型,在应力空间近点投影算法的几何插值如图 2.14 所示。首先给出弹性预测的试应力,若为塑性加载,则有

$$\Delta\gamma=\gamma\Delta t>0 \tag{2.205}$$

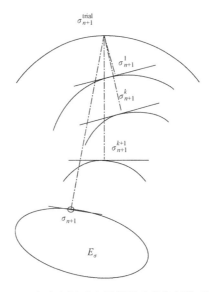

图 2.14　应力空间近点投影算法几何插值示意图

则可以定义残差

$$\boldsymbol{R}_{n+1} = -\boldsymbol{\varepsilon}_{n+1}^{\mathrm{p}} + \boldsymbol{\varepsilon}_n^{\mathrm{p}} + \Delta\gamma_{n+1}\nabla f_{n+1} \tag{2.206}$$

式中

$$f_{n+1} = f(\sigma_{n+1}) \tag{2.207}$$

由于在图形返回阶段，$\varepsilon_{n+1}$ 是固定不变的，所以有

$$\Delta\boldsymbol{\varepsilon}_{n+1}^{\mathrm{p}(k)} = -\boldsymbol{C}^{-1} : \Delta\boldsymbol{\sigma}_{n+1}^{(k)} \tag{2.208}$$

对式(2.206)和式(2.207)进行线性化，可以得到

$$\frac{\partial \boldsymbol{R}_{n+1}}{\partial \boldsymbol{\sigma}_{n+1}} = [\boldsymbol{C}^{-1} + \Delta\gamma_{n+1}\nabla^2 f_{n+1}] + \frac{\Delta t}{\eta}[\nabla f_{n+1} \otimes \nabla f_{n+1}] \tag{2.209}$$

$$f_{n+1}^{(k)} + \nabla f_{n+1}^{(k)} : \Delta\boldsymbol{\sigma}_{n+1}^{(k)} = 0 \tag{2.210}$$

定义 Hessian 矩阵

$$[\boldsymbol{\varXi}_{n+1}^{(k)}]^{-1} = \boldsymbol{C}^{-1} + \Delta\gamma_{n+1}^{(k)}\nabla^2 f(\boldsymbol{\sigma}_{n+1}^{(k)}) \tag{2.211}$$

则有

$$\Delta\boldsymbol{\varepsilon}_{n+1}^{\mathrm{vp}(k)} = \boldsymbol{C}^{-1} : \left[ [\boldsymbol{\varXi}_{n+1}^{\mathrm{vp}}]^{-1} + \frac{\Delta t}{\eta}\nabla f_{n+1}^{\mathrm{vp}} \otimes \nabla f_{n+1}^{\mathrm{vp}} \right]^{-1} : \boldsymbol{R}_{n+1}^{\mathrm{vp}} \tag{2.212}$$

由此，则可以更新 $\varepsilon^{\mathrm{vp}}$，直到塑性应变的残差小于某个特定的数值。

Johnson-Cook 也经常被用于模拟搅拌摩擦焊过程中的材料行为[19]，即

$$\sigma_y = [A + B(\varepsilon^{pl})n]\left(1 + Cln\frac{\dot{\varepsilon}^{pl}}{\dot{\varepsilon}_0}\right)\left[1 - \left(\frac{T - T_{\mathrm{ref}}}{T_m - T_{\mathrm{ref}}}\right)^m\right] \tag{2.213}$$

式中，$\sigma_y$ 为屈服应力；$\varepsilon^{pl}$ 为等效塑性应变；$\dfrac{\dot{\varepsilon}^{pl}}{\dot{\varepsilon}_0}$ 为无量纲塑性应变率，且通常情况下 $\dot{\varepsilon}_0 = 1\mathrm{s}^{-1}$；$T_m$ 为材料熔点温度；$T_{\mathrm{ref}}$ 为参考温度（环境温度）；$A, B, C, n, m$ 为材料常数。

在搅拌摩擦焊的自适应网格重剖分模型中，更多的是使用 Arrhenius 方程描述在高温下合金应变率、流应力与温度之间的关系，即

$$\dot{\varepsilon} = A[\sinh(\alpha\bar{\sigma})]^n \mathrm{e}^{-\Delta H/(RT_{\mathrm{abs}})} \tag{2.214}$$

式中，$\bar{\sigma}$ 为等效应力；$\dot{\varepsilon}$ 为有效应变率；$\Delta H$ 为热变形中镁的活化能；$T_{\mathrm{abs}}$ 为绝对温度；$R$ 为气体常数；$A$、$\alpha$、$n$ 为材料常数。

## 2.5　数　值　模　型

### 2.5.1　移动热源模型

目前采用移动热源方法可以模拟搅拌摩擦焊过程中的温度场变化，有限元网格通常采用在焊缝附近进行局部加密，以保证求解的精度。图 2.15 为移动热源模型有限元网格图。

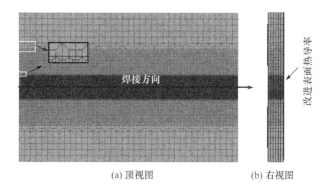

(a) 顶视图　　　　　　　　　(b) 右视图

图 2.15　移动热源模型有限元网格图

在文献[20]中给出了四种热源的对比与讨论。

1. 面热源模型

只考虑轴肩与构件之间的摩擦生热,热流密度可表示为[21]

$$q_s(r) = \frac{3Q_{tot}r}{2\pi(R_0^3 - R_1^3)}, \quad R_1 \leqslant r \leqslant R_0 \tag{2.215}$$

式中,$q_s(r)$ 为热流密度;$Q_{tot}$ 为热输入功率;$R_0$ 为轴肩半径;$R_1$ 为搅拌针半径。为了在式(2.215)中考虑搅拌针与构件的摩擦生热,分析时假定 $R_1 = 0$。

2. 面-体热源模型

在数值模拟中,热量分布在搅拌头轴间和搅拌针两个区域,分别用面热源和体热源进行模拟。热源计算公式可表示为[21]

$$q_s(r) = \frac{3Q_s r}{2\pi(R_0^3 - R_1^3)}, \quad R_1 \leqslant r \leqslant R_0 \tag{2.216}$$

$$q_p = \frac{Q_p}{\pi R_1^2 H}, \quad r \leqslant R_1 \tag{2.217}$$

式中,$Q_s = 0.75Q_{tot}$,$Q_p = 0.25Q_{tot}$,$Q_{tot}$ 为焊接热输入功率;$H$ 为搅拌针高度;$q_p$ 为体热源,在搅拌针上均匀分布,数值计算过程中处理为材料内部热源。

3. 自适应面热源模型

假定搅拌头与材料无相对滑移,材料跟随搅拌头塑性流动,材料剪切流变应力为搅拌头与构件之间的剪切应力。按照 Mises 准则,屈服极限 $\tau_s = \sigma_s/\sqrt{3}$。焊接过程中伴随有温度的变化,接触剪切应力可表示为[23]

$$\tau_{contact} = \tau_s(T) = \sigma_s(T)/\sqrt{3} \tag{2.218}$$

则距离搅拌头轴线距离为 $r$ 处的热流密度可表示为

$$q_s(r) = \frac{r\omega\sigma_s(T)}{\sqrt{3}}, \quad R_1 \leqslant r \leqslant R_0 \tag{2.219}$$

### 4. 自适应面-体热源模型

距离热源中心 $r$ 处热流密度可根据式(2.215)和式(2.219)计算得到,若不同热源形式计算得到的热流密度相同,则通过式(2.215)和式(2.219)可以得到[24]

$$Q_{tot} = \frac{2\pi\omega}{3\sqrt{3}}\sigma_s(T)(R_0^3 - R_1^3) \tag{2.220}$$

搅拌针产生的热量占总热量的 25%,可得

$$Q_p = 0.25Q_{tot} \tag{2.221}$$

则搅拌针热流密度为

$$q_p(r) = \frac{Q_p}{\pi R_1^2 H} \tag{2.222}$$

当使用螺纹型搅拌针时,搅拌针的产热包括对材料剪切做功,螺纹表面摩擦做功,搅拌针表面摩擦做功。这三项总和可以由式(2.223)表示[25],即

$$Q_{pin} = \zeta(2\pi r_0 h)\bar{Y}\frac{V_m}{\sqrt{3}} + \zeta\frac{(2\pi r_0 h)\mu\bar{Y}V_{r0}}{\sqrt{3(1+\mu^2)}} + \frac{4\mu F_p V_m\cos\theta}{\pi} \tag{2.223}$$

式中

$$\theta = 90° - \lambda - \arctan\mu \tag{2.224}$$

$$V_m = \frac{\sin\lambda}{\sin(180° - \theta - \lambda)}v_0 \tag{2.225}$$

$$V_{r0} = \frac{\sin\theta}{\sin(180° - \theta - \lambda)}v_0 \tag{2.226}$$

$$v_0 = r_0\omega \tag{2.227}$$

式中,$h$ 为工件厚度;$\bar{Y}$ 为材料平均剪切应力;$F_p$ 为焊接过程中搅拌针平移产生的压力;$\lambda$ 为搅拌针螺旋角;$v_0$ 为搅拌针的线速度。如果只计算式(2.223)右端第一项,则退化为无螺纹的柱形搅拌针。

当使用锥形搅拌针时,轴肩和搅拌针的热输入量都会产生变化,此时轴肩与工件产生的热为[26]

$$Q(\alpha) = \frac{4\pi\omega\mu F\left[R^3 - \left(R_0 + \frac{L\tan\alpha}{2}\right)^3\right]}{3R^2} \tag{2.228}$$

式中,$\alpha$ 为锥角;$R_0$ 为搅拌针长度方向中部截面的半径;$L$ 为搅拌针长度;$R$ 为轴肩半径;$F$ 为轴肩肩台表面受到的轴向力,方向垂直于工件。在搅拌针的产热包括搅

拌针侧面和底面做功,其总和可以表示为[23]

$$Q_{\text{pin}} = \pi\omega\mu\sigma_z \left( \frac{L^3 \tan^2\alpha}{12\cos\alpha} + \frac{R_0^2 L}{\cos\alpha} \right) + \frac{4\pi\mu F \left( R_0 - \dfrac{L}{2}\tan\alpha \right)^3 \omega}{3R^2} \qquad (2.229)$$

式中,$\sigma_z$ 为搅拌针侧面承受的应力。

瞬态温度场与稳态温度场主要的差别是瞬态温度场的场函数温度不仅是空间域的函数,而且还是时间域的函数,即

$$C\dot{T} + KT = P \qquad (2.230)$$

式中,$C$ 为热容矩阵,有

$$C_{ij} = \sum_e \int_{\Omega^e} \rho c N_i N_j \mathrm{d}\Omega \qquad (2.231)$$

$$K_{ij} = \sum_e \int_{\Omega_e} \left( k_x \frac{\partial N_i}{\partial x} \frac{\partial N_j}{\partial x} + k_y \frac{\partial N_i}{\partial y} \frac{\partial N_j}{\partial y} \right) \mathrm{d}\Omega + \sum_e \int_{\Gamma_3} (h N_i N_j) \mathrm{d}\Gamma \qquad (2.232)$$

$$P_i = \sum_e \int_{\Gamma_2} N_i q \mathrm{d}\Gamma + \sum_e \int_{\Gamma_3} N_i h T_a \mathrm{d}\Gamma + \sum_e \int_{\Omega} N_i \rho Q \mathrm{d}\Omega \qquad (2.233)$$

假定时间步长为 $\Delta t$,时刻 $t$ 的温度 $T_t$ 和时刻 $t + \Delta t$ 的温度 $T_{t+\Delta}$ 的关系表述为

$$T_{t+\Delta} = T_t + \left[ (1-\theta)\dot{T}_t + \theta \dot{T}_{t+\Delta} \right] \Delta t \qquad (2.234)$$

式中,$\theta$ 为算法参数。$\theta = 0$ 时称为向前差分法或者 Euler 法,为显式条件稳定算法;$\theta = 0.5$ 时称为中心差分算法,或者 Grand-Nicolson 格式,为隐式无条件稳定。$\theta = 2/3$ 时称为 Galerkin 法,为隐式算法;$\theta = 1$ 时为向后差分,属于隐式算法。

由此导出时间域的积分格式为

$$\left( \frac{1}{\Delta t} C + \theta K \right) T_{t+\Delta} = \left[ \frac{1}{\Delta t} C - (1-\theta) K \right] T_t + (1-\theta) P_t + \theta P_{t+\Delta} \qquad (2.235)$$

在网格足够密的情况下,采用一致/协调热容阵,计算结果比采用集中热容矩阵更为精确,但是采用集中热容矩阵能够提高计算的效率。

当 $K$ 和 $C$ 不依赖于问题 $T$ 时,方程的稳定极限为

$$\Delta t_{\text{cr}} = \frac{2}{(1-2\theta)\lambda_{\max}} \qquad (2.236)$$

式中,$\lambda_{\max}$ 为系统的最大特征值。当 $\theta = 0$ 时,$\Delta t$ 必须小于 $2/\lambda_{\max}$,这和动力学的稳定极限是一致的。当 $\theta$ 为 0.5 或者更大时,方法是无条件稳定的。

### 2.5.2　顺序热力耦合模型

通过移动热源获得的温度场,将温度场转换为热载荷,进行热力耦合分析计算,这时的模型称为顺序热力耦合模型,该模型适用于搅拌摩擦焊构件残余状态的

数值模拟。

焊接过程中伴随着剧烈的温度变化,需要考虑材料的非线性性质。应力与应变表现为非线性关系,但是在一个微小的应变增量步内应力和应变可以看成线性关系,应变增量可表示为[27]

$$d\boldsymbol{\varepsilon} = d\boldsymbol{\varepsilon}_e + d\boldsymbol{\varepsilon}_{e,T} + d\boldsymbol{\varepsilon}_p + d\boldsymbol{\varepsilon}_T \qquad (2.237)$$

式中,$d\boldsymbol{\varepsilon}_e$ 为弹性应变增量;$d\boldsymbol{\varepsilon}_{e,T}$ 为材料温度效应引起的应变增量;$d\boldsymbol{\varepsilon}_p$ 为塑性应变增量;$d\boldsymbol{\varepsilon}_T$ 为温度变化引起的应变增量,且有[27]

$$d\boldsymbol{\varepsilon}_{e,T} = \frac{\partial \boldsymbol{D}_e^{-1}}{\partial T} \boldsymbol{\sigma} dT \qquad (2.238)$$

$$d\boldsymbol{\varepsilon}_T = \boldsymbol{a} dT \qquad (2.239)$$

式中,$\boldsymbol{a}$ 为热膨胀系数矩阵。

焊接过程中,材料不仅经历弹塑性变形,而且伴随着温度的变化,则屈服函数是应力和温度的函数,可表示为[28]

$$F = F(\boldsymbol{\sigma}, T) \qquad (2.240)$$

对方程(2.240)中的 $F$ 求微分,可得

$$dF = \left(\frac{\partial F}{\partial \boldsymbol{\sigma}}\right)^T d\boldsymbol{\sigma} + \frac{\partial F}{\partial T} dT \qquad (2.241)$$

当塑性变形增量较小时,塑性应变能应保持不变[29],即

$$\left(\frac{\partial F}{\partial \boldsymbol{\sigma}}\right)^T \{d\boldsymbol{\sigma}\} + \frac{\partial F}{\partial T} dT = 0 \qquad (2.242)$$

对方程(2.237)进行整理,材料弹性应变增量可表示为

$$d\boldsymbol{\varepsilon}_e = d\boldsymbol{\varepsilon} - d\boldsymbol{\varepsilon}_{e,T} - d\boldsymbol{\varepsilon}_p - d\boldsymbol{\varepsilon}_T \qquad (2.243)$$

根据弹性材料应力应变胡克定律,应力增量可表示为

$$d\boldsymbol{\sigma} = \boldsymbol{D}_e d\boldsymbol{\varepsilon}^e = \boldsymbol{D}_e (d\boldsymbol{\varepsilon} - d\boldsymbol{\varepsilon}_{e,T} - d\boldsymbol{\varepsilon}_T - d\boldsymbol{\varepsilon}_p) \qquad (2.244)$$

将方程(2.243)代入方程(2.44),可得

$$\left(\frac{\partial F}{\partial \boldsymbol{\sigma}}\right)^T \boldsymbol{D}_e (d\boldsymbol{\varepsilon} - d\boldsymbol{\varepsilon}_{e,T} - d\boldsymbol{\varepsilon}_T - d\boldsymbol{\varepsilon}_p) + \frac{\partial F}{\partial T} dT = 0 \qquad (2.245)$$

塑性应变增量可表示为[11]

$$d\boldsymbol{\varepsilon}_p = d\lambda \frac{\partial F}{\partial \boldsymbol{\sigma}} \qquad (2.246)$$

式中,$d\lambda$ 为非负的比例系数。将式(2.246)代入方程(2.245),对方程进行整理,$d\lambda$ 可表示为

$$d\lambda = \left[\left(\frac{\partial F}{\partial \boldsymbol{\sigma}}\right)^T \boldsymbol{D}_e (d\boldsymbol{\varepsilon} - d\boldsymbol{\varepsilon}_{e,T} - d\boldsymbol{\varepsilon}_T) + \frac{\partial F}{\partial T} dT\right] \Big/ \left[\left(\frac{\partial F}{\partial \boldsymbol{\sigma}}\right)^T \boldsymbol{D}_e \frac{\partial F}{\partial \boldsymbol{\sigma}}\right] \qquad (2.247)$$

将方程(2.238)和方程(2.239)代入方程(2.247),可得

$$d\lambda = \left[ \left( \frac{\partial F}{\partial \boldsymbol{\sigma}} \right)^{\mathrm{T}} \boldsymbol{D}_{\mathrm{e}} \left( d\boldsymbol{\varepsilon} - \frac{\partial \boldsymbol{D}_{\mathrm{e}}^{-1}}{\partial T} \boldsymbol{\sigma} dT - \boldsymbol{a} dT \right) + \frac{\partial F}{\partial T} dT \right] \Big/ \left[ \left( \frac{\partial F}{\partial \boldsymbol{\sigma}} \right)^{\mathrm{T}} \boldsymbol{D}_{\mathrm{e}} \frac{\partial F}{\partial \boldsymbol{\sigma}} \right]$$

$$(2.248)$$

将方程(2.238)、方程(2.239)和方程(2.246)代入方程(2.244),并考虑 $d\lambda$ 方程(2.248),可得

$$d\boldsymbol{\sigma} = \boldsymbol{D}_{\mathrm{e}} d\boldsymbol{\varepsilon} - \boldsymbol{D}_{\mathrm{e}} \left( \frac{\partial \boldsymbol{D}_{\mathrm{e}}^{-1}}{\partial T} \boldsymbol{\sigma} dT + \boldsymbol{a} dT \right)$$

$$- \boldsymbol{D}_{\mathrm{e}} \frac{\partial F}{\partial \boldsymbol{\sigma}} \left( \left( \frac{\partial F}{\partial \boldsymbol{\sigma}} \right)^{\mathrm{T}} \boldsymbol{D}_{\mathrm{e}} \left( d\boldsymbol{\varepsilon} - \frac{\partial \boldsymbol{D}_{\mathrm{e}}^{-1}}{\partial T} \boldsymbol{\sigma} dT - \boldsymbol{a} dT \right) + \frac{\partial F}{\partial T} dT \right) \Big/ \left[ \left( \frac{\partial F}{\partial \boldsymbol{\sigma}} \right)^{\mathrm{T}} \boldsymbol{D}_{\mathrm{e}} \frac{\partial F}{\partial \boldsymbol{\sigma}} \right]$$

$$(2.249)$$

整理式(2.249)可得

$$d\boldsymbol{\sigma} = \boldsymbol{D}_{\mathrm{e}} d\boldsymbol{\varepsilon} - \boldsymbol{D}_{\mathrm{e}} \left( \frac{\partial \boldsymbol{D}_{\mathrm{e}}^{-1}}{\partial T} \boldsymbol{\sigma} dT + \boldsymbol{a} dT \right) - \boldsymbol{D}_{\mathrm{e}} \frac{\partial F}{\partial \boldsymbol{\sigma}} \left( \frac{\partial F}{\partial \boldsymbol{\sigma}} \right)^{\mathrm{T}} \boldsymbol{D}_{\mathrm{e}} d\boldsymbol{\varepsilon} \Big/ \left[ \left( \frac{\partial F}{\partial \boldsymbol{\sigma}} \right)^{\mathrm{T}} \boldsymbol{D}_{\mathrm{e}} \frac{\partial F}{\partial \boldsymbol{\sigma}} \right]$$

$$+ \boldsymbol{D}_{\mathrm{e}} \frac{\partial F}{\partial \boldsymbol{\sigma}} \left( \frac{\partial F}{\partial \boldsymbol{\sigma}} \right)^{\mathrm{T}} \boldsymbol{D}_{\mathrm{e}} \left( \frac{\partial \boldsymbol{D}_{\mathrm{e}}^{-1}}{\partial T} \boldsymbol{\sigma} dT + \boldsymbol{a} dT \right) \Big/ \left[ \left( \frac{\partial F}{\partial \boldsymbol{\sigma}} \right)^{\mathrm{T}} \boldsymbol{D}_{\mathrm{e}} \frac{\partial F}{\partial \boldsymbol{\sigma}} \right]$$

$$- \boldsymbol{D}_{\mathrm{e}} \frac{\partial F}{\partial \boldsymbol{\sigma}} \frac{\partial F}{\partial T} dT \Big/ \left[ \left( \frac{\partial F}{\partial \boldsymbol{\sigma}} \right)^{\mathrm{T}} \boldsymbol{D}_{\mathrm{e}} \frac{\partial F}{\partial \boldsymbol{\sigma}} \right]$$

$$(2.250)$$

定义 $\boldsymbol{D}_{\mathrm{p}}$ 为塑性矩阵,表示为[27]

$$\boldsymbol{D}_{\mathrm{p}} = \boldsymbol{D}_{\mathrm{e}} \frac{\partial F}{\partial \boldsymbol{\sigma}} \left( \frac{\partial F}{\partial \boldsymbol{\sigma}} \right)^{\mathrm{T}} \boldsymbol{D}_{\mathrm{e}} \Big/ \left[ \left( \frac{\partial F}{\partial \boldsymbol{\sigma}} \right)^{\mathrm{T}} \boldsymbol{D}_{\mathrm{e}} \frac{\partial F}{\partial \boldsymbol{\sigma}} \right]$$

$$(2.251)$$

将方程(2.251)代入方程(2.250),可得

$$d\boldsymbol{\sigma} = \boldsymbol{D}_{\mathrm{e}} d\boldsymbol{\varepsilon} - \boldsymbol{D}_{\mathrm{e}} \left( \frac{\partial \boldsymbol{D}_{\mathrm{e}}^{-1}}{\partial T} \boldsymbol{\sigma} dT + \boldsymbol{a} dT \right) - \boldsymbol{D}_{\mathrm{p}} d\boldsymbol{\varepsilon}$$

$$+ \boldsymbol{D}_{\mathrm{p}} \left( \frac{\partial \boldsymbol{D}_{\mathrm{e}}^{-1}}{\partial T} \boldsymbol{\sigma} dT + \boldsymbol{a} dT \right) - \boldsymbol{D}_{\mathrm{e}} \frac{\partial F}{\partial \boldsymbol{\sigma}} \frac{\partial F}{\partial T} dT \Big/ \left[ \left( \frac{\partial F}{\partial \boldsymbol{\sigma}} \right)^{\mathrm{T}} \boldsymbol{D}_{\mathrm{e}} \frac{\partial F}{\partial \boldsymbol{\sigma}} \right]$$

$$(2.252)$$

定义 $\boldsymbol{D}_{\mathrm{ep}}$ 为弹塑性矩阵,表示为[11]

$$\boldsymbol{D}_{\mathrm{ep}} = \boldsymbol{D}_{\mathrm{e}} - \boldsymbol{D}_{\mathrm{p}}$$

$$(2.253)$$

热弹塑性本构方程可表示为[27]

$$d\boldsymbol{\sigma} = \boldsymbol{D}_{\mathrm{ep}} d\boldsymbol{\varepsilon} - \boldsymbol{D}_{\mathrm{ep}} \left( \frac{\partial \boldsymbol{D}_{\mathrm{e}}^{-1}}{\partial T} \boldsymbol{\sigma} dT + \boldsymbol{a} dT \right) - \boldsymbol{D}_{\mathrm{e}} \frac{\partial F}{\partial \boldsymbol{\sigma}} \frac{\partial F}{\partial T} dT \Big/ \left[ \left( \frac{\partial F}{\partial \boldsymbol{\sigma}} \right)^{\mathrm{T}} \boldsymbol{D}_{\mathrm{e}} \frac{\partial F}{\partial \boldsymbol{\sigma}} \right] \quad (2.254)$$

建立材料热弹塑性问题的有限元格式,首先要将结构离散为有限个单元,在单元内部,位移增量可表示为[11]

$$\Delta \boldsymbol{u} = \boldsymbol{N} \Delta \boldsymbol{a}^{\mathrm{e}}$$

$$(2.255)$$

式中,$\boldsymbol{N}$ 为插值函数矩阵;$\Delta \boldsymbol{a}^{\mathrm{e}}$ 为单元节点位移增量列阵。

在单元内部,应变增量可以由节点位移表示,由几何方程 $\boldsymbol{\varepsilon} = \boldsymbol{Lu}$ 和方程(2.255)可以得到[11]

$$\Delta \boldsymbol{\varepsilon} = \boldsymbol{L} \Delta \boldsymbol{u} = \boldsymbol{L} \boldsymbol{N} \Delta \boldsymbol{a}^{\mathrm{e}} = \boldsymbol{B} \Delta \boldsymbol{a}^{\mathrm{e}} \tag{2.256}$$

式中，$\boldsymbol{B}$ 为应变矩阵。

本构方程(2.256)给出了应力增量和应变增量之间的关系，为了进一步推导出其有限元格式方程，将方程(2.256)写成如下形式[27]，即

$$\Delta \boldsymbol{\sigma} = \boldsymbol{D}_{\mathrm{ep}} (\Delta \boldsymbol{\varepsilon} - \Delta \boldsymbol{\varepsilon}^{\mathrm{T}}) = \boldsymbol{D}_{\mathrm{ep}} \Delta \boldsymbol{\varepsilon}' \tag{2.257}$$

式中

$$\Delta \boldsymbol{\varepsilon}' = \Delta \boldsymbol{\varepsilon} - \Delta \boldsymbol{\varepsilon}^{\mathrm{T}} \tag{2.258}$$

$$\Delta \boldsymbol{\varepsilon}^{\mathrm{T}} = \frac{\partial \boldsymbol{D}_{\mathrm{e}}^{-1}}{\partial T} \boldsymbol{\sigma} \Delta T + a \Delta T + \boldsymbol{D}_{\mathrm{ep}}^{-1} \boldsymbol{D}_{\mathrm{e}} \frac{\partial F}{\partial \boldsymbol{\sigma}} \frac{\partial F}{\partial T} \Delta T \Big/ \left[ \left( \frac{\partial F}{\partial \boldsymbol{\sigma}} \right)^{\mathrm{T}} \boldsymbol{D}_{\mathrm{e}} \frac{\partial F}{\partial \boldsymbol{\sigma}} \right] \tag{2.259}$$

在单元内，应变能增量可表示为[27]

$$\Delta U = \frac{1}{2} \int_{\Omega} (\Delta \boldsymbol{\varepsilon}')^{\mathrm{T}} \Delta \boldsymbol{\sigma} \mathrm{d} \Omega \tag{2.260}$$

将方程(2.257)和方程(2.258)代入方程(2.260)，可得

$$\Delta U = \frac{1}{2} (\Delta \boldsymbol{a}^{\mathrm{e}})^{\mathrm{T}} \int_{\Omega} \boldsymbol{B}^{\mathrm{T}} \boldsymbol{D}_{\mathrm{ep}} \boldsymbol{B} \mathrm{d} \Omega \Delta \boldsymbol{a}^{\mathrm{e}} - (\Delta \boldsymbol{a}^{\mathrm{e}})^{\mathrm{T}} \int_{\Omega} \boldsymbol{B}^{\mathrm{T}} \boldsymbol{D}_{\mathrm{ep}} \Delta \boldsymbol{\varepsilon}^{\mathrm{T}} \mathrm{d} \Omega$$
$$+ \frac{1}{2} \int_{\Omega} (\Delta \boldsymbol{\varepsilon}^{\mathrm{T}})^{\mathrm{T}} \boldsymbol{D}_{\mathrm{ep}} \Delta \boldsymbol{\varepsilon}^{\mathrm{T}} \mathrm{d} \Omega \tag{2.261}$$

作用在单元上的外力势能增量可表示为[27]

$$\Delta W = - \int_{\Omega} \Delta \boldsymbol{u} \Delta \boldsymbol{f} \mathrm{d} \Omega - \int_{S} \Delta \boldsymbol{u} \Delta \boldsymbol{T} \mathrm{d} S$$
$$= - (\Delta \boldsymbol{a}^{\mathrm{e}})^{\mathrm{T}} \int_{\Omega} \boldsymbol{N}^{\mathrm{T}} \Delta \boldsymbol{f} \mathrm{d} \Omega - (\Delta \boldsymbol{a}^{\mathrm{e}})^{\mathrm{T}} \int_{\Omega} \boldsymbol{N}^{\mathrm{T}} \Delta \boldsymbol{T} \mathrm{d} S \tag{2.262}$$

式中，$\Delta \boldsymbol{f}$ 为体力增量；$\Delta \boldsymbol{T}$ 为面力增量。

利用最小势能原理建立单元的有限元方程，势能增量可表示为[11]

$$\Delta \Pi = \Delta U + \Delta W \tag{2.263}$$

将方程(2.261)和方程(2.262)代入式(2.263)，并对方程进行变分，可得[27]

$$\frac{\partial \Delta \Pi}{\partial \Delta \boldsymbol{a}^{\mathrm{e}}} = \int_{\Omega} \boldsymbol{B}^{\mathrm{T}} \boldsymbol{D}_{\mathrm{ep}} \boldsymbol{B} \mathrm{d} \Omega \boldsymbol{a}^{\mathrm{e}} - \int_{\Omega} \boldsymbol{B}^{\mathrm{T}} \boldsymbol{D}_{\mathrm{ep}} \Delta \boldsymbol{\varepsilon}^{\mathrm{T}} \mathrm{d} \Omega$$
$$- \int_{\Omega} \boldsymbol{N}^{\mathrm{T}} \Delta \boldsymbol{f} \mathrm{d} \Omega - \int_{\Omega} \boldsymbol{N}^{\mathrm{T}} \Delta \boldsymbol{T} \mathrm{d} S = 0 \tag{2.264}$$

对式(2.264)进行整理，可得到单元的有限元求解方程

$$\boldsymbol{K}^{\mathrm{e}} \Delta \boldsymbol{a}^{\mathrm{e}} = \Delta \boldsymbol{F}^{\mathrm{e}} \tag{2.265}$$

式中，$\boldsymbol{K}^{\mathrm{e}}$ 为弹塑性刚度矩阵，可表示为

$$\boldsymbol{K}^{\mathrm{e}} = \int_{\Omega} \boldsymbol{B}^{\mathrm{T}} \boldsymbol{D}_{\mathrm{ep}} \boldsymbol{B} \mathrm{d} \Omega \tag{2.266}$$

$\Delta \boldsymbol{F}^{\mathrm{e}}$ 为载荷增量列阵，其中包括力的变化引起的载荷增量 $\Delta \boldsymbol{F}_M^{\mathrm{e}}$ 和温度变化引起的温度载荷增量 $\Delta \boldsymbol{F}_T^{\mathrm{e}}$，可表示为

$$\Delta \boldsymbol{F}^{e} = \Delta \boldsymbol{F}^{e}_{M} + \Delta \boldsymbol{F}^{e}_{T} \tag{2.267}$$

式中

$$\Delta \boldsymbol{F}^{e}_{M} = \int_{\Omega} \boldsymbol{N}^{T} \Delta \boldsymbol{f} d\Omega - \int_{\Omega} \boldsymbol{N}^{T} \Delta \boldsymbol{T} dS \tag{2.268}$$

$$\Delta \boldsymbol{F}^{e}_{T} = \int_{\Omega} \boldsymbol{B}^{T} \boldsymbol{D}_{ep} \left( \frac{\partial \boldsymbol{D}_{e}^{-1}}{\partial T} \boldsymbol{\sigma} \Delta T + \boldsymbol{a} \Delta T + \boldsymbol{D}_{ep}^{-1} \boldsymbol{D}_{e} \frac{\partial F}{\partial \boldsymbol{\sigma}} \frac{\partial F}{\partial T} \Delta T \Big/ \left[ \left( \frac{\partial F}{\partial \boldsymbol{\sigma}} \right)^{T} \boldsymbol{D}_{e} \frac{\partial F}{\partial \boldsymbol{\sigma}} \right) d\Omega \right] \tag{2.269}$$

把单元的有限元求解方程进行组装,可以得到整体结构的有限元求解方程

$$\boldsymbol{K} \Delta \boldsymbol{a} = \Delta \boldsymbol{F} \tag{2.270}$$

式中,$\boldsymbol{K}$ 为整体结构刚度矩阵;$\Delta \boldsymbol{a}$ 为结构节点位移增量列阵;$\Delta \boldsymbol{F}$ 为结构节点载荷增量列阵。

运用 Newton-Raphson 方法对方程组(2.270)进行求解。在 $t + \Delta t$ 时刻,方程(2.270)可重新写为[11]

$$^{t+\Delta t} \boldsymbol{K}^{(n)} \Delta \boldsymbol{a}^{(n)} = \Delta \boldsymbol{F}^{(n)}, \quad n = 0,1,2,\cdots \tag{2.271}$$

式中,$n$ 为迭代次数,且有

$$^{t+\Delta t} \boldsymbol{K}^{(n)} = \sum_{e} \int_{\Omega_{e}} \boldsymbol{B}^{T} (^{t+\Delta t} \boldsymbol{D}_{ep}^{(n)}) \boldsymbol{B} d\Omega \tag{2.272}$$

$$\Delta \boldsymbol{F}^{(n)} = {}^{t+\Delta t} \boldsymbol{F} - \sum_{e} \int_{\Omega_{e}} \boldsymbol{B}^{T} (^{t+\Delta t} \boldsymbol{\sigma}^{(n)}) d\Omega \tag{2.273}$$

通过方程(2.272)和方程(2.273)可以计算刚度矩阵和载荷列阵,求解方程(2.271)可以得到第 $n$ 次迭代步的位移增量

$$\Delta \boldsymbol{a}(n) = (^{t+\Delta t} \boldsymbol{K}^{(n)})^{-1} \Delta \boldsymbol{F}^{(n)} \tag{2.274}$$

于是有

$$^{t+\Delta t} \boldsymbol{a}^{(n+1)} = {}^{t+\Delta t} \boldsymbol{a}^{n} + \Delta \boldsymbol{a}^{n} \tag{2.275}$$

通过式(2.275)计算得到位移增量,即可通过相应关系求得应变增量及应力增量,进而得到此次迭代步的应变和应力,进入下一个迭代步。

### 2.5.3　欧拉模型和任意拉格朗日-欧拉模型

ALE 网格模型中焊接构件的边界条件如图 2.16 所示,在边界处为欧拉网格,用以定义入口和出口流动,等效为搅拌头反方向的平移,除流动方向,欧拉边界的其他运动均要被固定。在欧拉边界内部,采用 ALE 网格控制。

图 2.17 所示为 ALE 模型的网格控制图,在搅拌摩擦焊数值模拟中,需要将搅拌头-焊接构件接触面法向方向的网格设置为拉格朗日型,而切向和内部垂直方向设置为欧拉型,在 ALE 模型和欧拉模型中,欧拉型网格需要设置网格约束,将网格点在给定方向上固定,以保证网格不会出现缠绕和畸变。

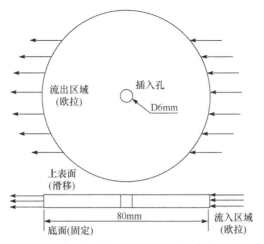

图 2.16　ALE 网格模型边界条件

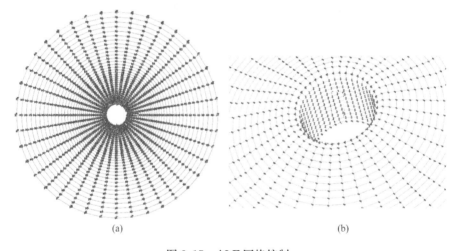

图 2.17　ALE 网格控制

### 1. 欧拉网格[30]

在欧拉格式中,不存在未变形时的初始构型,因此,不能将运动像拉格朗日格式一样表示为参考坐标的函数。在欧拉格式中,节点在空间固定,相关变量是空间坐标 $x$ 和时间 $t$ 的函数。对应于欧拉格式的控制方程如下:

连续方程

$$\frac{\partial \rho}{\partial t}+\frac{\partial (\rho v)}{\partial x}=0 \qquad (2.276)$$

动量方程

$$\rho\left(\frac{\partial v}{\partial t}+v\,\frac{\partial v}{\partial x}\right)=\frac{\partial \sigma}{\partial x}+\rho b \qquad (2.277)$$

应变度量

$$D_x = v_{,x} \tag{2.278}$$

率相关本构方程为

$$\frac{D\sigma}{Dt} = \sigma_{,t}(x,t) + \sigma_{,x}(x,t)v(x,t) = S_t^{\sigma D} \tag{2.279}$$

由连续方程和密度试函数 $\rho(x,t)$ 的变分函数 $\delta\rho(x)$ 可以得到连续方程的弱形式为

$$\int_{x_a}^{x_b} \delta\rho(\rho_{,t} + (\rho v)_{,x}) \mathrm{d}x = 0 \tag{2.280}$$

同理可以得到本构方程的弱形式为

$$\int_{x_a}^{x_b} [\sigma_{,t}(x,t) + \sigma_{,x}(x,t)v(x,t) - S_t^{\sigma D}] \mathrm{d}x = 0 \tag{2.281}$$

同理也可以得到动量方程的弱形式为

$$\int_{x_a}^{x_b} \left[ \delta v_{,x} A\sigma - \delta v \left( \rho A b - \rho A \frac{Dv}{Dt} \right) \right] \mathrm{d}x - \delta v A \, \bar{t}_x |_\Gamma = 0 \tag{2.282}$$

通过构造试函数,代入上述方程可以得到连续方程、本构方程和动量方程的有限元离散形式。

## 2. ALE 网格

材料的运动可以描述为

$$x = \phi(X, t) \tag{2.283}$$

式中, $x$ 为空间坐标; $X$ 为材料坐标。

网格的运动可以描述为

$$x = \hat{\phi}(\chi, t) \tag{2.284}$$

式中, $\chi$ 为参考域的坐标。

拉格朗日、欧拉和 ALE 域之间的映射关系如图 2.18 所示[31,32]。

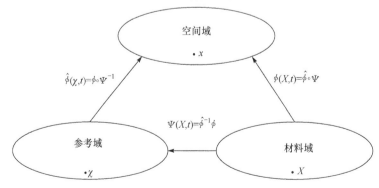

图 2.18　拉格朗日、欧拉和 ALE 域之间的映射关系

ALE 格式的连续方程为

$$\dot{\rho} + \rho\, v_{k,k} = 0 \tag{2.285}$$

ALE 格式的动量方程为

$$\rho \dot{v}_i = \sigma_{ij,j} + \rho b_i \tag{2.286}$$

ALE 格式的能量方程为

$$\rho(E_{,t[\chi]} + E_{,\kappa_i}) = \sigma_{ij}D_{ij} + b_i v_i + (k_{ij}\theta_{,j})_{,i} + \rho s \tag{2.287}$$

式中，$\theta$ 为热力学温度。

ALE 格式的状态方程包括自然边界条件、基本位移边界条件和初始条件。

1) 自然边界条件

$$t_i(\chi, t) = n_j(\chi, t)\sigma_{ji}(\chi, t)(\Gamma_{t_i}) \tag{2.288}$$

$$q_i(\chi, t) = -k_{ij}(\theta, \chi, t)\theta_{,j}(\chi, t) + k_i(\theta, t)(\theta - \theta_0)(\Gamma_q) \tag{2.289}$$

2) 基本位移边界条件

$$u_i(\chi, t) = \overline{U}(\chi, t)\ (\Gamma_{u_i}) \tag{2.290}$$

$$\theta(\chi, t) = \bar{\theta}(\chi, t)(\Gamma_{u\theta}) \tag{2.291}$$

3) 初始条件

$$\sigma(X, 0) = \sigma_0(X) \tag{2.292}$$

$$\theta(X, 0) = \theta_0(X) \tag{2.293}$$

同样通过弱形式表达可以得到相应的有限元矩阵方程。

在 ALE 描述中，通过内部网格的移动和网格更新可以避免网格的扭曲和缠绕，这对于搅拌摩擦焊等大变形问题十分关键。在网格更新中，边界和接触面会保持拉格朗日特性。

定义对流速度 $c$ 作为物质速度和网格速度的差，有

$$c_i = v_i - \hat{v}_i = \frac{\partial x_i(\chi, t)}{\partial \chi_j}\frac{\partial \chi_j(X, t)}{\partial t} = \frac{\partial x_i(\chi, t)}{\partial \chi_j}w_j \tag{2.294}$$

在材料表面，需满足强制性条件

$$w \cdot n = 0 \tag{2.295}$$

一旦边界条件确定，通过给定网格的速度或位移，两者控制着单元的形状，从而可以避免单元的畸变和缠绕。

在空间和 ALE 坐标之间，定义映射的 Jocobian 矩阵为

$$F_{ij}^{\chi} = \frac{\partial x_i}{\partial \chi_j} \tag{2.296}$$

则对流速度可以重新写为

$$c_i = v_i - \hat{v}_i = F_{ij}^{\chi}w_j \tag{2.297}$$

Jocobian 矩阵的逆矩阵表达为

$$(F_{ij}^{\chi})^{-1}=\frac{\hat{J}^{ij}}{\hat{J}} \tag{2.298}$$

式中,$\hat{J}^{ij}$ 是 $F_{ij}^{\chi}$ 的余子式;$\hat{J}$ 是 Jocobian 矩阵的行列式。

由此可以得到

$$\frac{\partial x_i}{\partial t}\Big|_{\chi}-v_i-\sum_{\substack{j=1\\j\neq i}}^{N_{SD}}\frac{v_j-\hat{v}_j}{\hat{J}^{ii}}\hat{J}^{ji}=-\frac{\hat{J}}{\hat{J}^{ii}}w_i \tag{2.299}$$

式中,网格速度 $v$ 有明确的物理意义;$w$ 则没有直观和明确的物理意义。

除此之外,还可以使用关于网格重划分的拉普拉斯方法、应用修正的弹性方程方法等进行网格更新。

搅拌摩擦焊 ALE 网格模型目前都是热力耦合模型,在动力学分析中,材料的力学响应由运动微分方程控制,其有限元格式为

$$M\ddot{u}+C\dot{u}+Ku=P \tag{2.300}$$

式中,$M$ 为质量矩阵;$C$ 为阻尼矩阵;$K$ 为刚度矩阵;$P$ 为外载荷矢量,外载荷包括作用在系统上的体力、面力和集中力;$u$、$\dot{u}$ 和 $\ddot{u}$ 分别指节点的位移、速度和加速度。

应用中心差分方法可以得到

$$\dot{u}_{(i+1/2)}=\dot{u}_{(i-1/2)}+\frac{\Delta t_{(i+1)}+\Delta t_{(i)}}{2}\ddot{u}_{(i)} \tag{2.301}$$

$$u_{(i+1)}=u_{(i)}+\Delta t_{(i+1)}\dot{u}_{(i+1/2)} \tag{2.302}$$

式中,$\dot{u}_{(i)}$ 和 $\ddot{u}_{(i)}$ 分别为速度和加速度;下标 $i$ 表示增量数,$(i-1/2)$ 和 $(i+1/2)$ 分别指增量的中间值。中心差分算子是显式的,这是由于运动学状态可以通过前一个增量的 $\dot{u}_{(i-1/2)}$ 和 $\ddot{u}_{(i)}$ 得到。显式积分规则是比较简单的,但是它本身并不能在显式动力学程序中显著降低计算的成本和提高计算的效率,显式程序之所以能够提高计算效率,主要原因在于对角质量矩阵的使用。

在增量步的初始时刻可以得到节点的加速度,即

$$\ddot{u}_{(i)}=M^{-1}\cdot(P_{(i)}-I_{(i)}) \tag{2.303}$$

式中,$I_{(i)}$ 为内应力张量。

节点速度可以被认为是平均速度 $\dot{u}_{(i+1/2)}$ 和 $\dot{u}_{(i-1/2)}$ 的线性插值,即

$$\dot{u}_{(i+1)}=\dot{u}_{(i+1/2)}+(1/2)\Delta t_{(i+1)}\ddot{u}_{(i+1)} \tag{2.304}$$

中心差分算子不能自行开始运算,需要定义平均速度 $\dot{u}_{(-1/2)}$,速度和加速度的初始值可以被设定为零,则

$$\dot{u}_{(0+1/2)}=\dot{u}_{(0)}+\frac{\Delta t_{(1)}}{2}\ddot{u}_{(0)} \tag{2.305}$$

$$\dot{u}_{(0-1/2)}=\dot{u}_{(0)}-\frac{\Delta t_{(0)}}{2}\ddot{u}_{(0)} \tag{2.306}$$

温度响应可以通过热力耦合扩散方程进行控制,即

$$C\dot{T} + \Lambda T = Q \tag{2.307}$$

式中,$C$ 为热容矩阵;$\Lambda$ 为导热矩阵;$Q$ 为表征热源的矢量;$T$ 和 $\dot{T}$ 分别表示节点温度和节点温度率矢量。

对温度向前差分可以得到

$$T_{(i+1)} = \Delta t_{(i+1)} C^{-1} (Q - \Lambda T) + T_{(i)} \tag{2.308}$$

对于动力学显示求解问题,求解的时间增量的大小由式(2.309)决定,即

$$\Delta t = c_2 \frac{L_{\min}}{c_d} \tag{2.309}$$

式中,$c_2$ 为系数;$c_d$ 为波速,有

$$c_d = \sqrt{\frac{\lambda + 2\mu}{\rho}} \tag{2.310}$$

式中,$\lambda$ 和 $\mu$ 为拉梅常量;$\rho$ 为密度。

增量数 $n$ 由总的模拟时间和时间增量确定,即

$$n = \frac{T}{\Delta t} = T \cdot \max \left( \frac{1}{L_e} \sqrt{\frac{\lambda + 2\mu}{\rho}} \right) \tag{2.311}$$

式中,$L_e$ 为单元的特征长度;$T$ 为所模拟问题的过程时间。

### 2.5.4　自适应网格重剖分模型

网格细化的方法包括 h 法和 p 法[6,33]。p 法是保持有限元网格划分固定不变,只是增加单元多项式的阶次;h 法是不断改变网格尺寸的大小,包括 3 种主要方法,第一种是单元细分,第二种是网格重构,第三种是 r 细化。网格重构也称为网格重划分,根据已经获得的结果,对所有区域内的单元尺寸进行重新预测,然后进行网格重划分。这种方法适用于单元形状在分析过程中出现严重畸变的情况,例如,搅拌摩擦焊中搅拌头周围的区域,采用这种方法能很好地克服由于材料运动而导致的网格问题,网格重划分会极大增加求解的工作量和计算成本,同时,需要关注不同时刻、不同网格划分之间的数据传输和解的映射问题。能量范数可以作为控制误差的准则。

一个有限元的解包含足够的信息来估计自身的误差,这充分说明事后误差估计是可行的。Zienkiewicz 和 Zhu 给出了著名的 ZZ 误差估计[34,35],定义单元应变能的两倍为总体应变能范数的平方,即

$$\| U \|^2 = \sum_{i=1}^{m} \int \boldsymbol{\varepsilon}_i^{\mathrm{T}} \boldsymbol{E} \boldsymbol{\varepsilon}_i \mathrm{d}V \tag{2.312}$$

式中,$m$ 是进行误差估计的单元数量。

用平滑应变场和单元应变之间的差值定义总体能量误差范数的平方,有

$$\| e \|^2 = \sum_{i=1}^{m} \int (\boldsymbol{\varepsilon}_i^* - \boldsymbol{\varepsilon}_i)^{\mathrm{T}} \boldsymbol{E} (\boldsymbol{\varepsilon}_i^* - \boldsymbol{\varepsilon}_i) \mathrm{d}V \tag{2.313}$$

式(2.312)和式(2.313)也可以用应力进行表达,即

$$\| U \|^2 = \sum_{i=1}^{m} \int \boldsymbol{\sigma}_i^{\mathrm{T}} \boldsymbol{E}^{-1} \boldsymbol{\sigma}_i \mathrm{d}V \tag{2.314}$$

$$\| e \|^2 = \sum_{i=1}^{m} \int (\boldsymbol{\sigma}_i^* - \boldsymbol{\sigma}_i)^{\mathrm{T}} \boldsymbol{E}^{-1} (\boldsymbol{\sigma}_i^* - \boldsymbol{\sigma}_i) \mathrm{d}V \tag{2.315}$$

忽略表达式中的加权矩阵 $\boldsymbol{E}$,可以获得 $\|U\|$ 和 $\|e\|$ 的 $L_2$ 范数,即

$$\| U \|_{L_2}^2 = \sum_{i=1}^{m} \int \boldsymbol{\sigma}_i^{\mathrm{T}} \boldsymbol{\sigma}_i \mathrm{d}V \tag{2.316}$$

$$\| e \|_{L2}^2 = \sum_{i=1}^{m} \int (\boldsymbol{\sigma}_i^* - \boldsymbol{\sigma}_i)^{\mathrm{T}} (\boldsymbol{\sigma}_i^* - \boldsymbol{\sigma}_i) \mathrm{d}V \tag{2.317}$$

定义相对误差 $\eta(0 < \eta < 1)$

$$\eta = \left( \frac{\| e \|^2}{\| U \|^2 + \| e \|^2} \right)^{0.5} \tag{2.318}$$

通常情况下, $\eta \leqslant 0.05$。

对于处于误差估计区域内的 $m$ 个单元,有

$$\| e \|_{\mathrm{all}} = \eta_{\mathrm{all}} \left( \frac{\| U \|^2 + \| e \|^2}{m} \right)^{0.5} \tag{2.319}$$

在一个典型单元 $i$ 中 $\|e\|$ 的实际值与允许值的比值为

$$\xi_i = \frac{\| e \|_i}{\| e \|_{\mathrm{all}}} \tag{2.320}$$

如果需要重新划分,新单元的尺寸取为

$$(h_i)_{\mathrm{new}} = \frac{(h_i)_{\mathrm{old}}}{\xi_i^{\alpha}} \tag{2.321}$$

式中,未临近奇异点时, $\alpha = \dfrac{1}{p}$ ,临近奇异点时, $\alpha = \dfrac{1}{\lambda}$ , $p$ 为单元场量中完全多项式的最高次数, $\lambda$ 为奇异点的强度(如果存在), $\lambda = 0.5$ 可以作为任意奇异点足够的近似值。

### 2.5.5　光滑粒子法数值模型

　　光滑粒子法是一种无网格法,最初用于天文物理现象的模拟[36,37],随后被广泛应用于工程问题中,适用于对搅拌摩擦焊等大变形问题的模拟,其基本思想是:将问题离散为粒子,用积分表示法近似场函数,然后使用粒子对核近似方程进一步近似,将粒子近似法应用于所有 PDEs 的场函数中,得到只与时间相关的离散化形式 ODEs,应用显式积分法求解[38,39]。本节介绍一种由美国太平洋西北国家实验

室Pan等[40]提出的搅拌摩擦焊的 SPH 模型。

在搅拌摩擦焊 SPH 模型中,材料被认为是流体,其控制方程为

$$\frac{\mathrm{d}\rho}{\mathrm{d}t}=-\rho\,\nabla\cdot\boldsymbol{v} \tag{2.322}$$

$$\frac{\mathrm{d}v}{\mathrm{d}t}=-\frac{\nabla P}{\mathrm{d}\rho}+\frac{\nabla v}{\mathrm{d}\rho} \tag{2.323}$$

$$c_p\frac{\mathrm{d}T}{\mathrm{d}t}=-\frac{1}{\rho}\nabla(k\,\nabla T)+\frac{1}{\rho}(\boldsymbol{\sigma}:\nabla\cdot v)-I \tag{2.324}$$

式中,$P$ 和 $T$ 分别为压力和温度;$c_p$ 为比热容;$k$ 为热传导系数;$I$ 为热损失项;$\boldsymbol{\sigma}$ 为应力偏张量,有

$$\sigma=\mu(\nabla v+\nabla v^{\mathrm{T}}) \tag{2.325}$$

采用 SPH 方法对控制方程离散,定义核函数(光滑函数)为

$$W(r,h)=\frac{1}{\pi h^3}\begin{cases}1-\dfrac{3}{2}\left(\dfrac{|r|}{h}\right)^2+\dfrac{3}{4}\left(\dfrac{|r|}{h}\right)^3, & 0\leqslant\dfrac{|r|}{h}\leqslant1\\[2mm] \dfrac{1}{4}\left(2-\dfrac{|r|}{h}\right)^2, & 1<\dfrac{|r|}{h}\leqslant2\\[2mm] 0, & \dfrac{|r|}{h}>2\end{cases} \tag{2.326}$$

式中,$h$ 为光滑函数 $W$ 影响区域的光滑长度;$r$ 为离散点的位置,由此可得

$$\nabla W(r,h)=\nabla r\frac{1}{\pi h^4}\begin{cases}\dfrac{9}{4}\left(\dfrac{|r|}{h}\right)^2+3\dfrac{|r|}{h}, & 0\leqslant\dfrac{|r|}{h}\leqslant1\\[2mm] -\dfrac{3}{4}\left(2-\dfrac{|r|}{h}\right)^2, & 1<\dfrac{|r|}{h}\leqslant2\\[2mm] 0, & \dfrac{|r|}{h}>2\end{cases} \tag{2.327}$$

这样可以将质量方程、动量方程和能量方程重写为常微分方程的形式(ODEs)

$$\frac{\mathrm{d}\rho_i}{\mathrm{d}t}=\rho_i\sum_j\frac{m_j}{\rho_j}v_{ij}\cdot\nabla_iW(r_i-r_j,\overline{h}_{ij}) \tag{2.328}$$

$$\frac{\mathrm{d}v_i}{\mathrm{d}t}=-\sum_j m_j\left(\frac{P_i+P_j}{\rho_i\rho_j}+\varPi_{ij}\right)\nabla_iW(r_i-r_j,\overline{h}_{ij})_j+F_i^b \tag{2.329}$$

$$c_{p,i}\frac{\mathrm{d}T_i}{\mathrm{d}t}=-\sum_j\frac{m_j}{\rho_i\rho_j}\frac{4k_ik_j}{k_i+k_j}(T_i-T_j)\frac{r_{ij}\cdot\nabla_iW(r_i-r_j,\overline{h}_{ij})}{|r_{ij}|^2}$$
$$-\frac{1}{2}\sum_j m_j\varPi_{ij}v_{ij}\cdot\nabla_iW(r_i-r_j,\overline{h}_{ij})-RT_i\delta_i \tag{2.330}$$

式中,$\varPi_{ij}$ 为黏性项,有

$$\Pi_{ij} = -16 \frac{bv_{ij} \cdot r_{ij}}{|r_{ij}|} \frac{\mu_i \mu_j}{(\mu_i + \mu_j) h \rho_i \rho_j} \tag{2.331}$$

式中，$\mu_i$ 为流体黏性；$P_i$ 为位置 $r_i$ 处的流体压力；$F_i^b$ 为边界力，以确保边界处流体粒子的速度可以为零，

$$F_i^b = \sum_j V_{max}^2 \frac{2m_j}{m_i + m_j} W_b \left( \frac{|r_{ij}|}{h} \right) \frac{r_{ij}}{|r_{ij}|} \frac{1}{|r_{ij}| - \Delta p_b} \tag{2.332}$$

式中，$\Delta p_b$ 为边界粒子的间隙；$V_{max} = \max(v_{ij})$。

应变率离散形式为

$$\dot{\varepsilon}_i = \frac{1}{2} \sum_j \frac{m_j}{\rho_j} \{ [v_{ij} \cdot \nabla_i W(r_i - r_j, \bar{h}_{ij})] + [v_{ij} \cdot \nabla_i W(r_i - r_j, \bar{h}_{ij})]^T \} \tag{2.333}$$

求解时的时间增量步长选取下面三个表达式中的最小值，即

$$\Delta t \leqslant \min_{ij} \frac{2h}{c_i + c_j} \tag{2.334}$$

$$\Delta t \leqslant 0.1 \min_{ij} \frac{h^2 (\mu_i + \mu_j)(\rho_i + \rho_j)}{4\mu_i \mu_j} \tag{2.335}$$

$$\Delta t \leqslant \min_{ij} \frac{|r_{ij} - \Delta p_b|}{V_{max}} \tag{2.336}$$

具体模型可以参见文献[40]，关于流体动力学 SPH 数值计算和粒子搜索等的详细信息可以参见文献[38]和[39]。

### 2.5.6　流体力学模型

流体力学中，绝大多数流体流动和传热问题均可用一系列守恒方程描述。参考文献[41]～[43]给出了对流体力学模型的基本介绍。

在笛卡儿坐标系下，守恒方程如下：

质量守恒方程[41]

$$\frac{\partial \rho}{\partial t} + \text{div}(\rho u) = 0 \tag{2.337}$$

能量守恒方程[42]

$$\frac{\partial (\rho i)}{\partial t} + \text{div}(\rho i u) = \text{div}(\gamma \cdot \text{grad } T) - p \cdot \text{div}(u) + \Phi + S_T \tag{2.338}$$

式中，$\Phi$ 为耗散函数，有

$$\Phi = \mu \left\{ 2 \left[ \left( \frac{\partial u}{\partial x} \right)^2 + \left( \frac{\partial v}{\partial y} \right)^2 + \left( \frac{\partial w}{\partial z} \right)^2 \right] + \left( \frac{\partial u}{\partial y} + \frac{\partial v}{\partial x} \right)^2 \right.$$
$$\left. + \left( \frac{\partial u}{\partial z} + \frac{\partial w}{\partial x} \right)^2 + \left( \frac{\partial v}{\partial z} + \frac{\partial w}{\partial y} \right)^2 \right\} + \lambda (\text{div} u)^2 \tag{2.339}$$

动量守恒方程[42]

$$\frac{\partial(\rho u)}{\partial t}+\mathrm{div}(\rho u\,\boldsymbol{u})=\mathrm{div}(\mu \cdot \mathrm{grad}\,u)-\frac{\partial p}{\partial x}+S_{Mx} \qquad (2.340)$$

$$\frac{\partial(\rho v)}{\partial t}+\mathrm{div}(\rho v\,\boldsymbol{u})=\mathrm{div}(\mu \cdot \mathrm{grad}\,v)-\frac{\partial p}{\partial y}+S_{My} \qquad (2.341)$$

$$\frac{\partial(\rho w)}{\partial t}+\mathrm{div}(\rho w\,\boldsymbol{u})=\mathrm{div}(\mu \cdot \mathrm{grad}\,w)-\frac{\partial p}{\partial z}+S_{Mz} \qquad (2.342)$$

流体的状态方程

$$P=P(\rho,T),\quad i=i(\rho,T) \qquad (2.343)$$

上述方程中，$\boldsymbol{u}=u\boldsymbol{i}+v\boldsymbol{j}+w\boldsymbol{k}$。$u,v,w$ 分别为流场速度在 $x,y,z$ 方向上分量；$\rho$ 为流体密度；$\mu$ 为流体的运动黏度；$i$ 为流体内能；$\lambda$ 为导热系数；$T$ 为流体温度；$p$ 为流体压力；$S_{Mx},S_{My},S_{Mz}$ 为流体源；$S_T$ 为流体热源。

现实工程计算中，往往处理的流场存在紊流。搅拌摩擦焊的 CFD 模型便是紊流状态。直接求解上述方程复杂，难度较大。工程上采用时均方程加紊流模型的求解方法。将控制方程对时间作平均而把脉动流动的影响用紊流模型表示。例如，常用的 $k\text{-}e$ 紊流模型，还需联立求解如下方程。

紊流动能 $k$ 方程

$$\frac{\partial(\rho k)}{\partial t}+\mathrm{div}(\rho k\boldsymbol{u})=\mathrm{div}\left[\left(\mu+\frac{\mu_t}{\sigma_k}\right)\mathrm{grad}\boldsymbol{k}\right]-\rho\varepsilon+\mu_t P_G \qquad (2.344)$$

紊流耗散率 $\varepsilon$ 方程

$$\frac{\partial(\rho\boldsymbol{\varepsilon})}{\partial t}+\mathrm{div}(\rho\boldsymbol{\varepsilon}\boldsymbol{u})=\mathrm{div}\left[\left(\mu+\frac{\mu_t}{\sigma_\varepsilon}\right)\mathrm{grad}\boldsymbol{\varepsilon}\right]-\rho C_2\,\frac{\boldsymbol{\varepsilon}^2}{k}+\mu_t C_1\,\frac{\boldsymbol{\varepsilon}}{k}P_G \qquad (2.345)$$

式中

$$\mu_t=\rho C_\mu\,\frac{k^2}{\varepsilon} \qquad (2.346)$$

$$P_G=2\left[\left(\frac{\partial u}{\partial x}\right)^2+\left(\frac{\partial v}{\partial y}\right)^2+\left(\frac{\partial w}{\partial z}\right)^2\right]+\left(\frac{\partial u}{\partial y}+\frac{\partial v}{\partial x}\right)+\left(\frac{\partial u}{\partial z}+\frac{\partial w}{\partial x}\right)^2+\left(\frac{\partial v}{\partial z}+\frac{\partial w}{\partial y}\right)^2 \qquad (2.347)$$

式中，$C_\mu,C_1,C_2,\sigma_\varepsilon,\sigma_k$ 为常数。求解该组方程较为复杂，很少可以得到解析解。故在工程计算中，常采用数值计算方法近似求解。

有限体积法是最常用的数值方法之一，其基本思想是将上述方程统一表达为通用变量形式，即

$$\frac{\partial(\rho\boldsymbol{\varphi})}{\partial t}+\mathrm{div}(\rho\boldsymbol{\varphi}\boldsymbol{u})=\mathrm{div}(\boldsymbol{\Gamma} \cdot \mathrm{grad}\boldsymbol{\varphi})+S_\varphi \qquad (2.348)$$

将 $\boldsymbol{\varphi},\boldsymbol{\Gamma},S_\varphi$ 取不同的变量和表达式即可，式(2.348)称为通用输运方程。

有限体积法与有限差分法一样，需要将求解区域离散化。在有限体积法中，网

格节点按某种方式组合成一个包含该节点的控制体积 $V$。然后,将式(2.348)在该控制体积内积分

$$\int_V \frac{\partial(\rho\boldsymbol{\varphi})}{\partial t}dV + \int_V \mathrm{div}(\rho\boldsymbol{\varphi}\boldsymbol{u})dV = \int_V \mathrm{div}(\boldsymbol{\Gamma}\cdot\mathrm{grad}\boldsymbol{\varphi})dV + \int_V S_\varphi dV \quad (2.349)$$

利用积分变换将式(2.349)转换成控制面 $A$ 上的积分形式

$$\frac{\partial}{\partial t}\left(\int_V \rho\boldsymbol{\varphi}dV\right) + \int_A n(\rho\boldsymbol{\varphi}\boldsymbol{u})dA = \int_A (\boldsymbol{\Gamma}\mathrm{grad}\boldsymbol{\varphi})dA + \int_V S_\varphi dV \quad (2.350)$$

对于稳态问题,时间项为零,式(2.350)化为

$$\int_A n(\rho\boldsymbol{\varphi}\boldsymbol{u})dA = \int_A n(\boldsymbol{\Gamma}\mathrm{grad}\boldsymbol{\varphi})dA + \int_V S_\varphi dV \quad (2.351)$$

若为瞬态问题,则需加入时间间隔积分项求解,即

$$\int_{\Delta t} \frac{\partial}{\partial t}\left(\int_V \rho\boldsymbol{\varphi}dV\right)dt + \int_{\Delta t}\int_A n(\rho\boldsymbol{\varphi}\boldsymbol{u})dAdt = \int_{\Delta t}\int_A n(\boldsymbol{\Gamma}\mathrm{grad}\boldsymbol{\varphi})dAdt + \int_{\Delta t}\int_V S_\varphi dVdt$$

$$(2.352)$$

有限体积法是基于积分形式的控制方程,与有限差分法不同。且控制方程体现了通用变量在控制体内的守恒特性,又与有限元法不同。

CFD 模型的边界条件设置如图 2.19 所示。

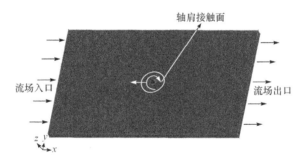

图 2.19　CFD 模型的边界条件

在 FSW 计算流体力学模型中,以入口材料流动速度模拟搅拌头的焊接行走。在搅拌头与材料接触处,设定材料旋转速度边界条件以模拟搅拌头对材料的旋转带动作用。材料的塑性流动性能由流体黏度系数决定,以材料不同温度下流变应力和运动速度计算[44]。

## 参 考 文 献

[1] 张昭,蔡志勤. 有限元方法与应用. 大连:大连理工大学出版社,2001.

[2] Courant R. Variational methods for the solution of problems of equilibrium and vibrations. Bulletin of the American Mathematical Society,1943,49:1-23.

［3］ Turner M J，Clough R W，Martin H C，et al．Stiffness and deflection analysis of complex structures．Journal of Aeronautical Sciences，1956，23：805-823．

［4］ Clough R W．The finite element in plane stress analysis．Proceeding of the 2nd ASCE Conference on Electronic Computations，Pittsburgh，1960．

［5］ 钟万勰．弹性力学求解新体系．大连：大连理工大学出版社，1995．

［6］ Cook R D，Malkus D S，Plesha M E，et al．有限元分析的概念和应用．关正西，强洪夫，译．西安：西安交通大学出版社，2007．

［7］ 张洪武．参变量变分原理与材料和结构力学分析．北京：科学出版社，2010．

［8］ 钟万勰，张洪武，吴承伟．参变量变分原理及其在工程中的应用．北京：科学出版社，1997．

［9］ Zhang Z，Wan Z Y．Predictions of tool forces in friction stir welding of AZ91 magnesium alloy．Science and Technology of Welding and Joining，2012，17(6)：495-500．

［10］ Zhang Z，Zhang H W．Numerical studies on controlling of process parameters in friction stir welding．Journal of Materials Processing Technology，2009，209(1)：241-270．

［11］ 王勖成．有限元方法．北京：清华大学出版社，2003．

［12］ 张昭．搅拌摩擦焊接过程中材料行为及力学响应的数值模拟．大连：大连理工大学博士学位论文，2006．

［13］ ABAQUS theory manual．HKS Inc，2003．

［14］ Ponthot J P．An extension of the radial return algorithm to account for rate-dependent effects in frictional contact and visco-plasticity．Journal of Materials Processing Technology，1998，80-81：628-634．

［15］ Chen Z H，Tang C Y，Chan L C，et al．Simulation of the sheet metal extrusion process by the enhanced assumed strain finite element method．Journal of Materials Processing Technology，1999，91：250-256．

［16］ Runesson K，Ristinmaa M，Mähler L．A comparison of viscoplasticity formats and algorithms．Mechanics of Cohesive-Frictional Materials，1999，4(1)：75-98．

［17］ Simo J C，Hughes T J R．Interdisciplinary Applied Mathematics (Volume 7)：Computational Inelasticity．New York：Springer，1998．

［18］ Potdar Y K，Zehnder A T．Measurement and simulations of temperature and deformation fields in transient metal cutting．Journal of Manufacturing Science and Engineering，2003，125：645-655．

［19］ Schmidt H，Hattel J．A local model for the thermomechanical conditions in friction stir welding．Modelling and Simulation in Materials Science and Engineering，2005，13：77-93．

［20］ 张正伟．搅拌摩擦焊接构件残余状态和疲劳寿命研究．大连：大连理工大学博士学位论文，2014．

［21］ 汪建华，姚舜，魏良武，等．搅拌摩擦焊接的传热和力学计算模型．焊接学报，2000，21：61-64．

［22］ 鄢东洋，史清宇，吴爱萍，等．铝合金薄板搅拌摩擦焊接残余变形的数值分析．金属学报，

2009,45:183-188.

[23] 张昭,张洪武.接触模型对搅拌摩擦焊接数值模拟的影响.金属学报,2008,44:85-90.

[24] 李红克,史清宇,赵海燕,等.热量自适应搅拌摩擦焊接热源模型.焊接学报,2006,11:81-85.

[25] Song M,Kovacevic R. Thermal modeling of friction stir welding in a moving coordinate system and its validation. International Journal Machine Tools & Manufacture,2003,43(6):605-615.

[26] 王大勇,冯吉才,王攀峰.搅拌摩擦焊接热输入数值模型.焊接学报,2005,26(3):25-32.

[27] Hsu T R. The Finite Element Method in Thermomechanics. Boston:Allen&Unwin,1986.

[28] Zhang Z. Comparison of two contact models in the simulation of friction stir welding process. Journal of Materials Science,2008,43:5867-5877.

[29] Zienkiewicz O C,Valliappan S,King I P. Elasto-plastic solutions of engineering problems "initial stress", finite element approach. International Journal for Numerical Methods in Engineering,1969,1:75-100.

[30] Zienkiewicz O C,Taylor R L. 有限元方法.5版.曾攀,译.北京:清华大学出版社,2008.

[31] Zhang Z,Zhang H W. Numerical studies of pre-heating time effect on temperature and material behaviors in friction stir welding process. Science and Technology of Welding and Joining,2007,12(5):436-448.

[32] Belytschko T,Liu W K,Moran B. 连续体和结构的非线性有限元.庄苗,译.北京:清华大学出版社,2002.

[33] Zienkiewicz O C,Taylor R L,Zhu J Z. The Finite Element Method:Its Basis & Fundamentals. 6th edition. Singapore:Elsevier,2008.

[34] Zienkiewicz O C,Zhu J Z. A simple error estimator and adaptive procedure for practical engineering analysis. International Journal of Numerical Methods in Engineering,1987,24(2):337-357.

[35] Zienkiewicz O C,Zhu J Z. The superconvergent patch recovery and a posteriori error estimates part 2:Error estimates and adaptivity. International Journal of Numerical Methods in Engineering,1992,33(7):1365-1382.

[36] Gingold R,Monaghan J J. Smoothed particle hydro-dynamics:Theory and application to non-spherical stars. Monthly Notices of the Royal Astronomical Society,1977,181:375-389.

[37] Lucy L B. Numerical approach to testing the fission hypothesis. Astronomical Journal,1977,82:1013-1024.

[38] Liu G R,Liu M B. 光滑粒子流体动力学———一种无网格粒子法.韩旭,杨刚,强洪夫,译.长沙:湖南大学出版社,2005.

[39] 张雄,刘岩.无网格法.北京:清华大学出版社,2004.

[40] Pan W X,Li D S,Tartakovsky A M,et al. A new smoothed particle hydrodynamics non-

Newtonian model for friction stir welding：process modeling and simulation of microstruc-
ture evolution in a magnesium alloy. International Journal of Plasticity,2013,48：189-204.

［41］林建忠,阮晓东,陈邦国,等. 流体力学. 2 版. 北京：清华大学出版社,2013.

［42］李人宪. 有限体积法基础. 北京：国防工业出版社,2005.

［43］王瑞金,张凯,王刚. FLUENT 技术基础与应用实例. 北京：清华大学出版社,2007.

［44］Colegrove P A,Shercliff H R. 3-Dimensional CFD modelling of flow round a threaded fric-
tion stir welding tool profile. Journal of Materials Processing Technology, 2005, 169：
320-327.

# 第3章 传质与传热

## 3.1 热源分析

### 3.1.1 摩擦生热

搅拌摩擦焊过程的示意图如图 3.1 所示。在搅拌摩擦焊过程中,摩擦生热功率 $W$ 主要取决于摩擦力与搅拌头和工件材料之间的相对运动[1],即

$$W = \int_A \tau \dot{\gamma} \mathrm{d}A \tag{3.1}$$

式中,$\dot{\gamma}$ 为滑移速度;$\tau$ 为摩擦剪应力

$$\tau_{\max} = \min(\mu P, \sigma_s(T)/\sqrt{3}) \tag{3.2}$$

式中,$\mu$ 为摩擦系数;$P$ 为接触压力;$\sigma_s$ 为屈服强度,与当前焊接温度相关。摩擦系数可以选定为常数,也可以将摩擦系数考虑为温度的函数。对于大多数金属接触对,正常状态下摩擦系数几乎与温度无关,但是当温度为 200～300℃时,摩擦系数会急剧增大,温度继续增高,摩擦系数随温度的变化再次变小[2]。此外,摩擦系数还与法向接触力、表面粗糙度等因素有关。

在搅拌摩擦焊中,接触面通常采用库仑定律或者修正的库伦定律进行描述[3,4],摩擦系数与法向力无关,而对于某些特定的表面,情况会有所不同。Bowden 和 Tabor[5]认为如果两个物体发生接触,那么会在某些位置两个物体会靠的非常近,以至于两个接触体的原子开始接触,而在其他大部分区域,会存在间隙,在接触面上,剩余面积远大于实际接触面积 $A$,即

$$A = \frac{F_N}{\sigma_0}$$

式中,$\sigma_0$ 为压痕硬度。则最大静摩擦力为

$$F_S = F_N \frac{\tau_c}{\sigma_0}$$

式中,临界剪切强度为抗拉强度或者屈服应力的 $1/\sqrt{3}$,而抗拉强度为压痕硬度的 $1/3$,因此,摩擦系数通常会在 0.2 左右[2]。搅拌摩擦焊示意如图 3.1 所示。

滑移速度与搅拌头的转速密切相关,即

$$\dot{\gamma} = \delta r \omega \tag{3.3}$$

式中,$\delta$ 为滑移系数;$r$ 为径向坐标;$\omega$ 为搅拌头转速。

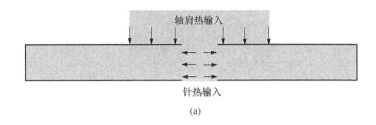

(a)

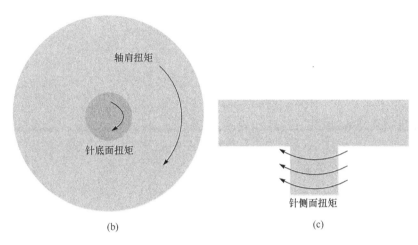

(b)　　　　　　　　　　　　　　　(c)

图 3.1　搅拌摩擦焊示意图

搅拌头的热输入功率可以分为两部分,即轴肩热输入和针部热输入

$$W = W_s + W_p = \int_{A_s} \tau \dot{\gamma} \mathrm{d}A + \int_{A_p} \tau \dot{\gamma} \mathrm{d}A \tag{3.4}$$

式中,$A_s$ 和 $A_p$ 分别为轴肩和针部接触表面。

由文献[6]可知,薄板结构不同厚度方向上的温差较小,从而说明不同厚度方向上的摩擦切应力差别较小,从而可以对式(3.4)进行简化,有

$$W_s = \int_0^{2\pi} \int_{r_p}^{r_s} \tau \delta r \omega r \, \mathrm{d}r \mathrm{d}\theta = \frac{2\pi}{3}(r_s^3 - r_p^3) \tau \delta \omega \tag{3.5}$$

$$W_p = \int_{A_p} \tau \dot{\gamma} \mathrm{d}A = \tau \delta r_p \omega (2\pi r_p) h \tag{3.6}$$

由此可以得到轴肩接触面和针部接触面的热输入为

$$q_{\text{shoulder}} = \frac{W_{\text{shouler}}}{A_s} = \frac{2(r_s^3 - r_p^3) \tau \delta \omega}{3(r_s^2 - r_p^2)} \tag{3.7}$$

$$q_{\text{pin}} = \frac{W_{\text{pin}}}{A_p} = \tau \delta r_p \omega \tag{3.8}$$

接触面摩擦力决定了扭矩计算,接触面分为轴肩接触面、针侧部接触面和针底面接触面,其计算式为

$$T_s = \int_{A_s} \tau r \, dA = \tau_{s,\max} \frac{\pi (2r_s)^3 \left[1 - \left(\dfrac{r_p}{r_s}\right)^4\right]}{16} \tag{3.9}$$

$$T_{p1} = \int_{A_{p1}} \tau r \, dA = \tau_{p,\max} \frac{\pi (2r_p)^3}{16} \tag{3.10}$$

$$T_{p1} = \int_{A_{p2}} \tau r_p \, dA = \tau_{p,\max} 2\pi r_p l \tag{3.11}$$

式中,$l$ 为针长。

基于所计算的扭矩,机械功率计算式为

$$W_{mech} = T_s \times \omega + (T_{p1} + T_{p2}) \times \omega \tag{3.12}$$

总功率应由热输入功率和机械功率共同组成,即

$$W = W_p + W_s + W_{mech} \tag{3.13}$$

搅拌头轴肩和搅拌针热输入功率比可通过式(3.14)计算,即

$$\xi = \frac{W_{pin}}{W_{shoulder}} = \frac{3r_p(r_s^2 - r_p^2)}{2(r_s^3 - r_p^3)} \tag{3.14}$$

为了验证上述理论,选取搅拌头转速为 400r/min 的情况进行数值模拟,得到的 ALE 模型结果和欧拉模型结果如图 3.2 所示,此时,搅拌摩擦焊过程的温度场如图 3.2 所示,最大焊接温度为 449℃,与试验结果[7]的 450℃ 极为接近,与完全热力耦合 ALE 模型计算结果相比,更接近试验测试值,从而说明了欧拉模型在预测温度场方面的正确性。

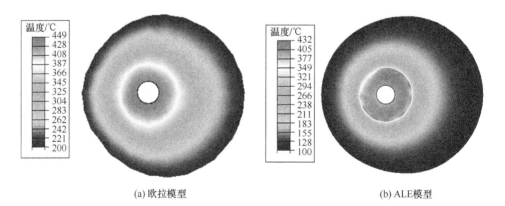

(a) 欧拉模型　　　　　　　　　　　　　　(b) ALE模型

图 3.2　ΛLE 模型温度场

### 3.1.2 热输入功率与搅拌头转速的关系

本节用试错法研究搅拌头转速与热输入功率之间的关系。假定搅拌头转速的热输入功率,对焊接过程进行数值仿真预测焊接温度场,如果预测焊接温度场结果与试验结果不同,则调整热输入功率 $Q_{tot}$,重新进行计算。如果预测温度场与试验结果吻合,则认为 $Q_{tot}$ 为该转速下的热输入功率。重复这一过程,求得转速分别为 300r/min、650 r/min 和 1000 r/min 时对应的热输入功率 $Q_{tot}$。当热输入功率分别为 1618W、1755W 和 1846W 时,数值模型预测结果与试验结果吻合,如图 3.3~图 3.5 所示。由图 3.5 可知,当转速为 1000r/min 时,最高温度为 473.5℃,低于焊接构件材料的熔点,焊接过程中没有熔化现象发生。等温线为封闭椭圆形,在搅拌头前方梯度较大,后方梯度较小,这与已知的试验观测结果[7]和数值模拟结果[8]吻合。

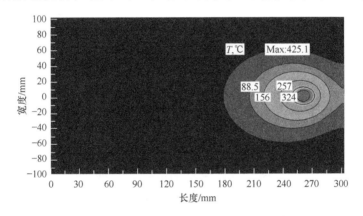

图 3.3 转速为 300r/min 时的温度场分布

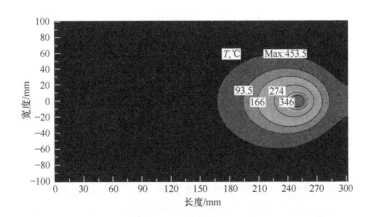

图 3.4 转速为 650r/min 时的温度场分布

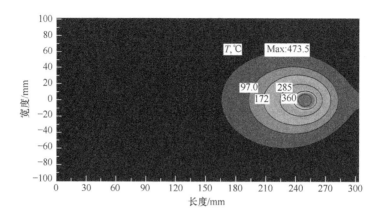

图 3.5　转速为 1000r/min 时的温度场分布

搅拌头扭矩与搅拌头转速之间为指数衰减关系[9]，即

$$M = A + B\mathrm{e}^{-n\omega} \tag{3.15}$$

式中，$A$、$B$、$n$ 为系数，假设机械功全部转化为热量，可得热输入功率为

$$Q_{\mathrm{tot}} = (A + B\mathrm{e}^{-n\omega})\omega \tag{3.16}$$

由不同转速与其对应的热输入功率，采用最小二乘法拟合曲线，求得 $A = 14.2\mathrm{N} \cdot \mathrm{m}$，$B = 101.7\mathrm{N} \cdot \mathrm{m}$，$n = 0.0319\mathrm{rad/s}$，如图 3.6 所示，该曲线可用式 (3.17) 表示，即

$$Q_{\mathrm{tot}} = (14.2 + 101.7\mathrm{e}^{-0.0319\omega})\omega \tag{3.17}$$

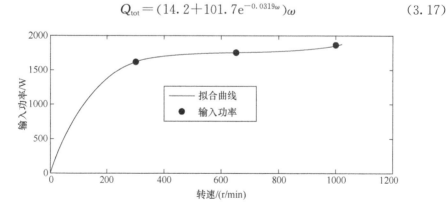

图 3.6　搅拌头转速与热输入功率关系曲线

由式 (3.17) 计算得到搅拌头转速为 400r/min 时对应的热输入功率为 1713.4W，对焊接过程进行数值模拟求得转速为 400r/min 时的最高焊接温度为 443.6℃，与试验结果的 450℃[7] 对比误差在 5% 以内，验证了方程 (3.17) 的正确性。

此时搅拌头扭矩可表示为

$$M = 14.2 + 101.7e^{-0.0319\omega} \tag{3.18}$$

可知,随着转速的增大,扭矩逐渐减小,最后趋向于常数。搅拌摩擦焊过程中,只有一部分机械功转化为热量,约为总机械功的 88%[10],可以得到机械功率为

$$Q = (16.1 + 115.5e^{-0.0319\omega})\omega \tag{3.19}$$

此时扭矩为

$$M = 16.1 + 115.5e^{-0.0319\omega} \tag{3.20}$$

该曲线与 Upadhyay 等[11]的试验结果具有几何相似性,证明了该预示结果的合理性。

理论上,当搅拌头与焊接构件之间没有相对滑移时,扭矩可由式(3.21)计算[12],即

$$\begin{aligned}
M &= M_1 + M_2 + M_3 \\
&= \int_{R_1}^{R} 2\pi\tau r^2 \mathrm{d}r + 2\pi\tau R_1^2 H + \int_0^{R_1} 2\pi\tau r^2 \mathrm{d}r
\end{aligned} \tag{3.21}$$

式中,$M_1$、$M_2$ 和 $M_3$ 分别为搅拌头的轴肩、搅拌针的侧面和搅拌针的底部对扭矩的贡献;$H$ 为搅拌针的高度;$\tau$ 为剪切应力。取 $\tau = \sigma_s / \sqrt{3}$,$\sigma_s$ 为材料的屈服极限,代入方程(3.21)可得

$$M = \frac{2}{3} \frac{\pi\sigma_s}{\sqrt{3}} (R^3 + 3R_1^2 H) \tag{3.22}$$

搅拌头尺寸 $R = 9.6\mathrm{mm}$,$R_1 = 3.2\mathrm{mm}$,$H = 6\mathrm{mm}$,代入方程(3.22)得

$$M = C\sigma_s \tag{3.23}$$

式中,材料的屈服极限 $\sigma_s$ 的单位是 MPa;$C = 1.293 \times 10^3\ \mathrm{mm}^3$。

材料在 473℃时的屈服极限为 12.4MPa,由方程(3.23)计算的扭矩为 16.0N・m。在搅拌摩擦焊过程中,转速为 1000r/min 时,最高焊接温度为 473℃[7],由方程(3.18)计算得到的扭矩为 17.8N・m,验证了书中提出的热输入功率与转速关系的合理性。

为了进一步验证书中提出的热输入功率与转速关系的正确性,对 Feng 等[13]的试验工作进行了数值模拟。由方程(3.17)计算得到热输入功率为 2063.6W,采用传热模型计算得到的温度场数值结果与试验结果对比如图 3.7 所示,预测结果与试验结果吻合良好,再次验证了本书所得搅拌头转速与热输入之间关系的正确性。

### 3.1.3　能量转换及塑性生热的热贡献

搅拌摩擦焊中,输入的外力功转化为系统的动能 $E_W$、内能耗散项 $E_U$ 和摩擦耗散项 $E_F$,如式(3.24)所示[6],即

$$E_U + E_K + E_F - E_W = \mathrm{const} \tag{3.24}$$

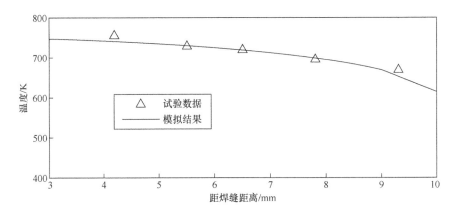

图 3.7　数值模拟温度场结果与实验结果[13]对比曲线

式中

$$E_U = \int_0^t \iiint_V \boldsymbol{\sigma} \cdot \dot{\boldsymbol{\varepsilon}}^{\mathrm{p}} \mathrm{d}V \mathrm{d}t - U_0 \tag{3.25}$$

$$E_F = \int_0^t \iint_S p_t \cdot \dot{\gamma} \mathrm{d}S \mathrm{d}t \tag{3.26}$$

$$E_K = \iiint_V \frac{1}{2} \rho \boldsymbol{v} \cdot \boldsymbol{v} \mathrm{d}V \tag{3.27}$$

式(3.25)中,$U_0$ 通常等于零。

图 3.8 给出了几种工况下搅拌摩擦焊外力功随时间变化的情况,由外力功可以直接计算得到搅拌摩擦焊所需要的有效功率,当 $v=2.363\mathrm{mm/s}$、$\omega=240\mathrm{r/min}$ 时,焊接所需有效功率为 1.457kW。在焊接开始时刻,搅拌头旋转并预热周围材料,此时功率并非常值,而在搅拌开始移动之后,外力功与时间呈现线性关系,所需焊接功率为常值。当搅拌头转速增加至 375r/min 时,焊接终了时刻外力功由 20.4kJ 增加至 22.2kJ,有效功率增加为 1.586kW,说明焊接功率随搅拌头转速增加而增大。同时增加焊速和转速至 $v=3.363\mathrm{mm/s}$ 和 $w=400\mathrm{r/min}$,焊接有效功

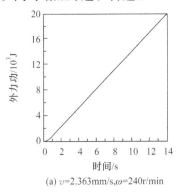

(a) $v$=2.363mm/s,$\omega$=240r/min

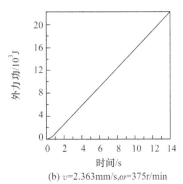

(b) $v$=2.363mm/s,$\omega$=375r/min

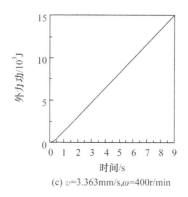

(c) $v=3.363\text{mm/s}, \omega=400\text{r/min}$

图 3.8　外力功随时间变化

率增加至 1.67kW,说明同时增加焊速和转速需要更高的输入功率。

　　在动力学模型中,通常可以采用质量放大的方法增加时间步长,以保证可以在合理的时间内完成对焊接过程的数值模拟,基于逐个单元的估算,稳定极限可由式(3.28)定义,即

$$\Delta t_{\text{stable}}^{m} = \frac{L_{\min}}{c_{d}} \qquad (3.28)$$

式中,$c_{d}$ 为材料波速,受材料性质影响,有

$$c_{d} = \sqrt{\frac{\hat{\lambda} + 2\hat{\mu}}{\rho}} \qquad (3.29)$$

式中,$\hat{\lambda}$、$\hat{\mu}$ 为拉梅常量。

　　从波速的定义可以看出波速是与材料密度有关的,当把材料密度放大 $x^2$ 倍时,稳定极限将增大 $x$ 倍,此时只需要比较少的增量步,可以大量节省计算时间。

　　图 3.9 给出了不同工况下动能与内能比值随时间的变化历史,以检验采用质量放大的方法是否会影响原物理问题的本质,从图中可以看出,比值最大不超过24‰,随着焊接过程的进行,动能与内能比逐渐下降,从而说明采用放大系数为 $10^7$ 对于当前数值模型是合适的。

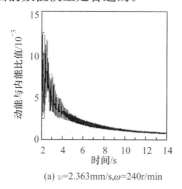

(a) $v=2.363\text{mm/s}, \omega=240\text{r/min}$

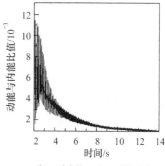

(b) $v=2.363\text{mm/s}, \omega=375\text{r/min}$

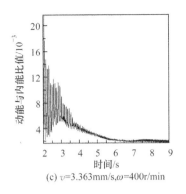

(c) $v=3.363\text{mm/s}, \omega=400\text{r/min}$

图 3.9　动能内能比随时间变化

　　搅拌摩擦焊过程中,焊接热源来自两个方面:摩擦生热和塑性生热。在大多数数值模型中,未考虑塑性生热时可以采用调整摩擦系数或者其他参数的方法,从而将塑性生热折算到模型中,得到与试验一致的温度场,同样可以用来解释相关的物理现象,计算成本相对较低,是一种合适的简化模型的处理方式。为了考察塑性生热的比例,图 3.10 给出了 $v=2\text{mm/s}$ 和 $v=3\text{mm/s}$ 时摩擦生热和塑性生热随时间的变化,从图中可以看出,在搅拌摩擦焊中,摩擦生热是焊接热源的主要来源,当 $v=2\text{mm/s}$,塑性生热与摩擦生热的比例大约为 0.29,随着焊速升高,这一比例会随之增加,当 $v=2\text{mm/s}$,塑性生热与摩擦生热的比例大约为 0.32,显然,这一比值收到具体模型以及焊接参数的显著影响。

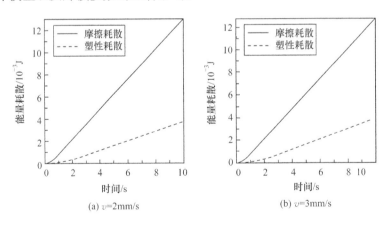

图 3.10　不同焊速下能量耗散随时间变化的曲线图

　　搅拌头的尺寸同样会明显影响焊接过程中的能量变化,如图 3.11 所示,当搅拌针直径为 4mm 时,焊接 2024 铝合金 12s 时所需外力功为 53.31kJ,意味着在当前工况下所需焊接有效功率为 4.44kW,同时,摩擦功率为 2.09kW,而塑性耗散功率为 0.23kW,当搅拌针直径增加到 12mm 时,焊接功率增加到 4.75kW,摩擦功率下降到 2.08kW,而塑性耗散功率增加到 0.54kW,这说明摩擦生热随搅拌针直径增加而减小,而塑性耗散随搅拌针直径的增加而增加。在这一变化工程中,搅拌头轴肩-焊接构件接触面减小了 22.9%,而搅拌针-焊接构件接触面增加了 3 倍,但是摩擦生热依然减小,从而说明轴肩-焊接构件接触面是主要产热面。

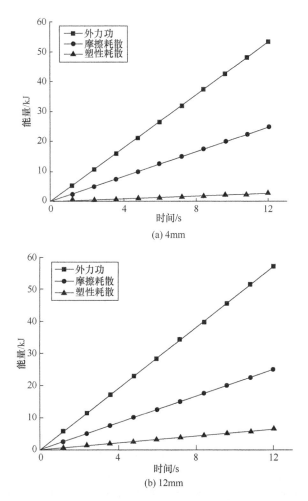

图 3.11　不同搅拌针直径下能量变化历史

当搅拌头轴肩直径为 24mm 时,焊接功率、摩擦功率和塑性耗散功率分别为 4.82kW、2.24kW 和 0.28kW,当轴肩直径减小为 16mm 时,焊接功率、摩擦功率和塑性耗散功率分别为 2.6kW、1.15kW 和 0.27kW,如图 3.12 所示,对比显示当轴肩-焊接构件接触面下降了 55.6%,输入功率下降了 46.1%,摩擦功率和塑性耗散功率占据总输入功率的比例由 52.3% 增加到 54.6%。

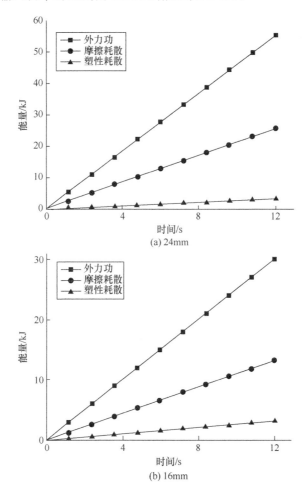

图 3.12  不同轴肩直径下能量变化历史

焊接板厚同样会影响焊接功率的变化,表 3.1 给出了两种不同的工况,表 3.2 列出了对应的数值计算结果,可以看出,薄板搅拌摩擦焊所需外力有效功率为 1.78kW。外力做功分为两部分,一部分为通过外摩擦转换为热量,在本模型计算中,该热转换效率假定为 100%,此时,外摩擦能耗为 0.82kW,占总的有效功率的 46.1%;另外一部分通过塑性变形转换为焊接构件的内能,约为 0.14kW,占总功率的 7.9%,其他能量则由动能等组成。在厚板搅拌摩擦焊中,焊接所需的有效功率为 3.71kW,远高于薄板搅拌摩擦焊的情况,这说明焊接厚板需要功率更大的搅拌摩擦焊机器。摩擦能耗为 1.69kW,占总功率的 45.6%,稍低于焊接薄板的情况,而摩擦能耗是温度场的主要热源,因此,对比发现在利用能量方面,薄板的搅拌摩擦具有更高的效率,塑性能耗为 0.216W,占总功率的 7%,也低于焊接薄板的情况。从能量利用的角度以及对微观结构的推断均发现薄板的搅拌摩擦具有更高的效率。

**表 3.1　几何参数和焊接参数**

| 序号 | 1 | 2 |
|---|---|---|
| 板厚/mm | 3 | 6.4 |
| 轴肩直径/mm | 16 | 20 |
| 搅拌针直径/mm | 6 | 7 |
| 轴肩压力/MPa | 130 | 130 |
| 焊速/(mm/s) | 2 | 2 |
| 转速/(r/min) | 300 | 300 |
| 预热时间/s | 2.5 | 2.5 |
| 焊缝长度/mm | 24 | 24 |

**表 3.2　计算结果汇总**

| 序号 | 1 | 2 |
|---|---|---|
| $T_{max}/℃$ | 293 | 304.4 |
| $\varepsilon^p_{max}$ | 68.87 | 64.38 |
| $v_{max}/(mm/s)$ | 86.16 | 105 |
| $\dot{E}_W/kW$ | 1.78 | 3.71 |
| $\dot{E}_F/kW$ | 0.82 | 1.69 |
| $\dot{E}_F/\dot{E}_W/\%$ | 46.1 | 45.6 |
| $\dot{E}_I/kW$ | 0.14 | 0.26 |
| $\dot{E}_I/\dot{E}_W/\%$ | 7.9 | 7 |
| $(\dot{E}_I+\dot{E}_F)/\dot{E}_W/\%$ | 54 | 52.6 |

## 3.2　焊接参数对焊接温度的影响

### 3.2.1　ALE 模型

图 3.13 给出了三种搅拌头转速情况下 10s 后焊接工件上温度场变化,此时搅拌头已完成 20mm 的搅拌摩擦焊缝,搅拌头焊速为 2mm/s,轴肩压力为 70MPa,焊接构件材料为 6061-T6 铝合金。图 3.13 为搅拌头转速为 400r/min、460r/min、590r/min 时焊接工件中温度场的分布。从图中可以看出搅拌摩擦焊过程中温度场是关于焊缝中心线近似对称的,温度场的最高温度低于材料的熔点,搅拌头前方

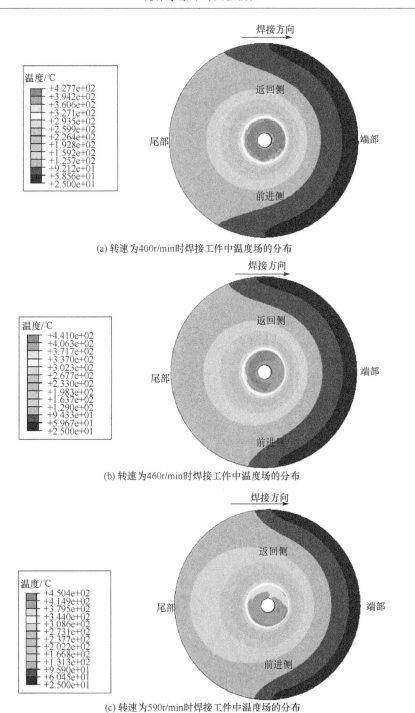

(a) 转速为400r/min时焊接工件中温度场的分布

(b) 转速为460r/min时焊接工件中温度场的分布

(c) 转速为590r/min时焊接工件中温度场的分布

图 3.13　转速为 400r/min、460r/min、590r/min 时焊接工件中温度场的分布

的温度场梯度要高于搅拌头后方的温度场梯度,这个温度场分布计算结果和试验观测到的现象十分吻合。在轴肩下方的区域温度值要高于其他区域的温度值,而且最高温度值也出现在这个区域,说明工件的温度场不仅受搅拌针的运动影响,轴肩也对工件温度场分布有显著影响。对比图 3.13(a)~(c)可以发现,随着搅拌头转速的增加,工件温度场的最高温度增加,而且相同时刻较高温度的分布区域会随搅拌头转速的增加而扩大。

图 3.14 为焊速为 2mm/s 和 3mm/s 时焊接工件上温度场的分布图。从图中可以看出温度场的最高温度低于工件材料的熔点,温度场关于焊缝中心线对称,搅拌头前方的温度梯度要高于搅拌头后方,这种温度场分布形式和试验结果非常吻合。温度场的高温区域主要集中在轴肩的下方,最大值也出现在这个区域,说明工件的温度场不仅受搅拌针的旋转影响,而且轴肩的运动对温度场的变化也有明显影响。对比图 3.14(a)和(b)可以看出随着焊速的增加,工件温度场的最高值会上升,而且温度场的影响区域也扩大。

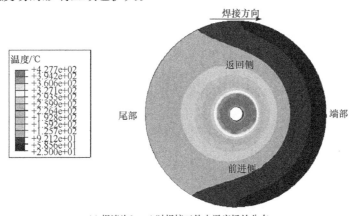

(a) 焊速为 2mm/s 时焊接工件中温度场的分布

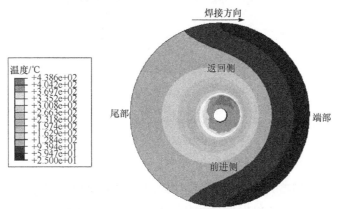

(b) 焊速为 3mm/s 时焊接工件中温度场的分布

图 3.14　焊速为 2mm/s 和 3mm/s 时焊接工件中温度场的分布

　　图 3.15 比较了不同轴向压力情况下的温度分布情况,可以看出,随着轴向压力的增加,搅拌摩擦焊过程中的最高温度也随之增加,从 70MPa 时的大约 430℃增加到 100MPa 时的大约 460℃,同时随着轴向压力的增加,在肩台下方的搅拌区内的温度场趋于均匀。

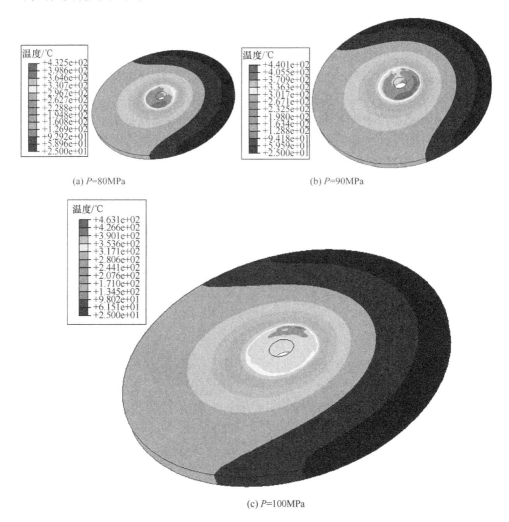

(a) $P$=80MPa　　　　　　　　　　　(b) $P$=90MPa

(c) $P$=100MPa

图 3.15　$t$=10s 时不同轴向压力作用下的温度场比较

## 3.2.2　移动热源模型

　　相对于 ALE 模型,移动热源模型计算成本更低也更为灵活,选取 300mm×100mm×3mm 的铝合金薄板进行计算,轴肩半径为 12mm,搅拌针半径为 4mm,由于工件是对称结构,所以只需取一半进行研究即可。材料为 LY12 铝合金,其热物理性质如表 3.3 所示[14]。由于在实际焊接中工件上表面主要是通过热辐射散热，而工件下表面是固定在不锈钢材料上面，所以在计算过程中工件下表面的对流系数要高于工件上表面。

表 3.3　材料热物理性质

| 温度/℃ | 25 | 100 | 200 | 300 | 400 |
|---|---|---|---|---|---|
| 比热容/[J/(kg·℃)] | — | 921 | 1047 | 1130 | 1172 |
| 导热系数/[J/(m·℃)] | 121.8 | 134.4 | 151.2 | 172.2 | 176.4 |

使用通用有限元软件 ANSYS 实现数值模拟，其中热分析单元选取 SOLID70 单元，表面效应单元为 SURF152。共划分 12000 个单元和 14136 个节点，具体如图 3.16 所示。

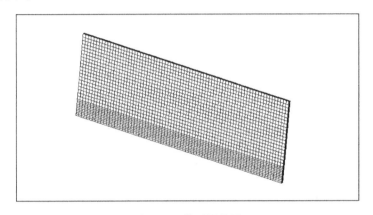

图 3.16　模型网格图

在计算过程中使用移动的柱坐标系模拟热源沿焊缝方向的移动，利用雅可比共轭梯度法将总体矩阵进行组装，通过循环计算使热源匀速移动。不同工况下温度场的计算结果如下所示。

由图 3.17 可知，整个工件最高温度值为 548℃，低于焊接构件材料的熔点，在焊接过程中没有熔化现象产生，整个焊接过程为固相连接。高温区域一直随着搅拌头的运动而运动，温度等值线呈封闭的椭圆形，在搅拌头前方梯度较大，后方梯度较小。在焊缝中心高温区域横向温度分布呈梯形，工件表面较宽，底面较窄，如图 3.17(b) 所示，温度场在焊接构件厚度方向上的分布形状与热影响区的边界形状[15]是基本吻合的，由此可以看出温度场对搅拌摩擦焊头的形成是有影响的。

取离焊缝 6mm、10mm、14mm 点，它们的热循环曲线如图 3.18 所示。由图 3.18 可知，离焊缝 14mm 点的最高温度为 397℃，离焊缝 10mm 点的最高温度为 461℃，离焊缝 6mm 点的最高温度为 502℃。说明离焊缝越近，材料所经历的温

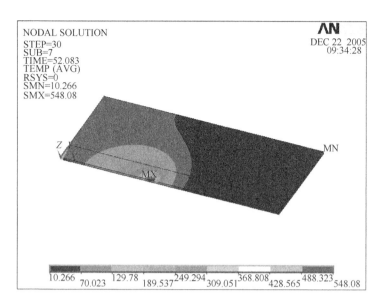

(a) 瞬态温度场分布

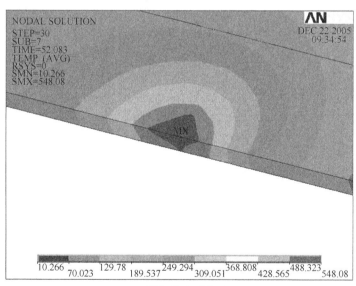

(b) 焊缝区局部放大图

图 3.17　工件温度场分布

度值越高,而且这三个点温度随时间的变化趋势一致,在搅拌头接近的时候温度逐渐升高,在相差不大的同一时刻达到最高温度值,在本算例中为 $t = 52\text{s}$ 附近,随后随着搅拌头逐渐远离,物质点的温度逐渐降低。

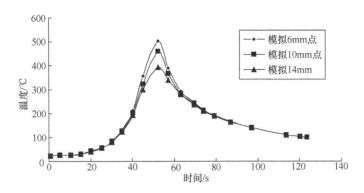

图 3.18 距离焊缝不同位置温度分别

采用和初始计算相同的条件,只是改变旋转速度的大小,由改变后的热输入量得到距焊缝 6mm 点的热循环曲线,如图 3.19 所示。由图 3.19 可知,随着旋转速度的增加,温度场的最高温度值会增加,在三种情况下的最高温度值相差在 100℃左右。旋转速度的改变不影响温度场随时间的变化趋势,都在同一时刻达到最高温度值。

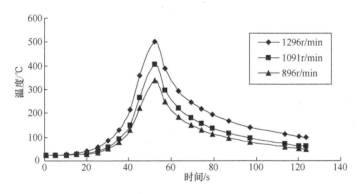

图 3.19 不同转速下的温度场

采用和初始计算相同的条件,只是改变搅拌针半径大小,同样可知轴肩与搅拌针的热输入会产生变化,同时也会影响工件的温度场分布,由改变后的热输入量得到距焊缝 6mm 点的热循环曲线,如图 3.20 所示。由图 3.20 可知,在搅拌针半径增加的情况下,温度场的最高温度值会增加。搅拌针半径的改变不会影响温度场随时间变化的趋势,都是在同一时刻达到最高温度值。同时可以看到搅拌针半径对温度场的影响为非线性关系,三种情况下温度值之间的差距不相等,这说明在小半径的搅拌针情况下,焊接温度较低,随着搅拌针尺寸的增加,焊接温度随之增加,但是当搅拌针尺寸增加到一定程度时,搅拌头尺寸的继续增加对焊接温度的影响逐渐减小。

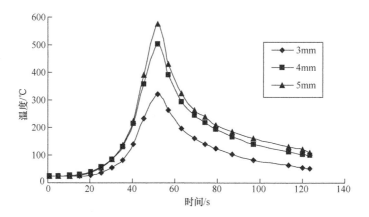

图 3.20　不同搅拌针半径下的温度场

　　采用和初始计算相同的条件,只是改变轴肩半径大小,可知轴肩的热输入会产生变化,同时也会影响工件的温度场分布,由改变后的热输入量得到距焊缝 6mm点的热循环曲线,如图 3.21 所示。由图 3.21 可以看出,当轴肩半径改变时,温度场随时间的变化趋势还是一致的,都经历先增大后减小的过程,而且最大温度值区别不大。

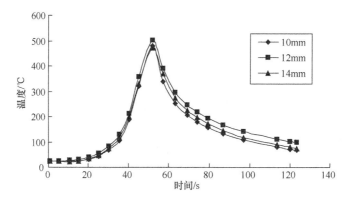

图 3.21　不同轴肩半径下的温度场

　　采用和初始计算相同的条件,使用锥形搅拌针,保持搅拌针上端半径不变,在锥角小于 30°时,轴肩和搅拌针的热输入变化趋势一致,随着锥角的增加呈下降趋势。取锥角为 10°、15°,由改变后的热输入量得到距焊缝 6mm 点的热循环曲线,如图 3.22 所示。从图 3.22 中可以看出,当搅拌针为锥形搅拌针时,随着锥角的减小,轴肩和搅拌针的热输入量随之增加,温度场的最高温度值也会增加。锥角的改变对温度场分布曲线形状并没有多大影响,温度随时间变化趋势一致,都经历先增大后减小的过程。

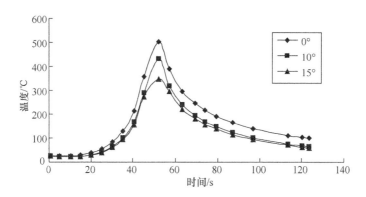

图 3.22 不同锥角条件下的温度场

采用和初始计算相同的条件,只是使用带螺纹的搅拌针,当螺纹角小于 30° 时,搅拌针的热输入是随螺纹角的增加而一直增加的,当螺纹角大于 30° 时,搅拌针的热输入会随着螺纹角的增加呈下降趋势,但是对于一般的搅拌针,螺纹角都不会取得很大。由于螺纹形移动热源建模比较复杂,而且螺纹尺寸较小,所以计算中在不影响精度的情况下采用柱形移动热源代替螺纹形移动热源。分别取螺纹角为 5° 和 10°,由此得出在距焊缝 6mm 点的热循环曲线,如图 3.23 所示,可以看出当使用螺纹搅拌针时,工件温度场的分布趋势与柱形搅拌针相比没有变化,都经历先增加后减小的过程,但是最高温度值比柱形搅拌针条件下最高温度值大,而且随着螺纹角的增加,最高温度值还会有相应的增加。

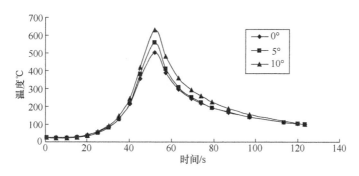

图 3.23 不同螺纹角下的温度场

## 3.3 材料流动与塑性变形

### 3.3.1 物质点运动规律

图 3.24 为搅拌头周围焊接构件上表面后退侧材料的流动情况,当搅拌头开始平移时,在轴肩边界的旋转和挤压作用下,质点被旋推到搅拌头的后方,所跟踪的

质点并没有进入轴肩下面的区域,这主要是由于上表面的材料受轴肩边缘的限制,材料不能从焊具前方进入轴肩下面的区域(关于材料流动的视图选取并不一致,导致同样是前进侧(后退侧),视觉效果不同,请读者阅读时注意结合文字说明)。

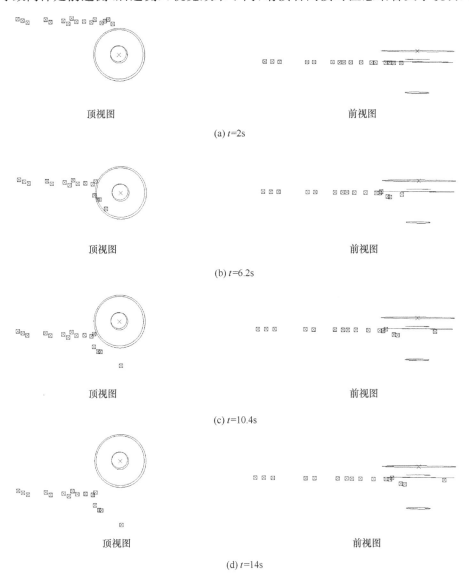

顶视图　　　　　　　　　　　　　　　前视图

(a) $t$=2s

顶视图　　　　　　　　　　　　　　　前视图

(b) $t$=6.2s

顶视图　　　　　　　　　　　　　　　前视图

(c) $t$=10.4s

顶视图　　　　　　　　　　　　　　　前视图

(d) $t$=14s

图 3.24　后退侧上表面材料流动

通过以上分析不难发现,在搅拌摩擦焊过程中,焊接构件上表面的材料是在轴肩边缘的旋推作用下发生运动的,这是导致搅拌摩擦焊中出现飞边现象的主要原因。

　　图 3.25 为搅拌头周围位于前进侧的上表面材料的流动情况。和图 3.24 的对比发现,前进侧材料发生绕搅拌头的旋转,而后退侧材料不会发生绕搅拌头的旋转,搅拌摩擦焊中这一材料流动的规律已经被众多工作所证实[16,17]。

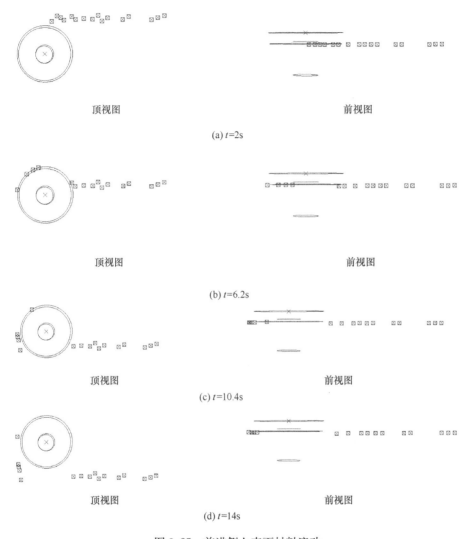

图 3.25　前进侧上表面材料流动

　　图 3.26 为后退侧焊接构件中间部分的材料流动情况。从图中可以看出,焊接过程中后退侧材料进入了轴肩下方的区域,在搅拌头的旋转作用下,被旋推到搅拌头的后方。后退侧焊接构件中间部分的材料没有发生绕搅拌头的旋转,而是直接被搅拌头旋推到后方尾迹中。

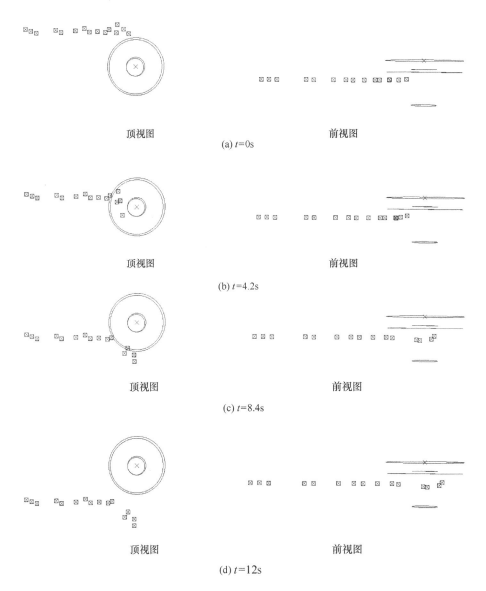

顶视图　　　　　　　　　　　前视图

(a) $t=0s$

顶视图　　　　　　　　　　　前视图

(b) $t=4.2s$

顶视图　　　　　　　　　　　前视图

(c) $t=8.4s$

顶视图　　　　　　　　　　　前视图

(d) $t=12s$

图 3.26　后退侧中间层材料流动

　　图 3.27 为前进侧焊接构件中间部分的材料流动情况。和图 3.26 的比较发现,前进侧的材料发生较为明显的搅拌头的旋转。值得注意的是,物质点开始接触搅拌头之后,随着搅拌摩擦焊过程的继续进行,与搅拌针接触的物质点开始脱离焊接构件-搅拌针接触面,开始向外运动,并逐渐运动到轴肩的边缘,由于轴肩的形式是一个锥形,所以在材料物质点脱离接触面向外运动的过程中,材料具有向下运动的趋势。

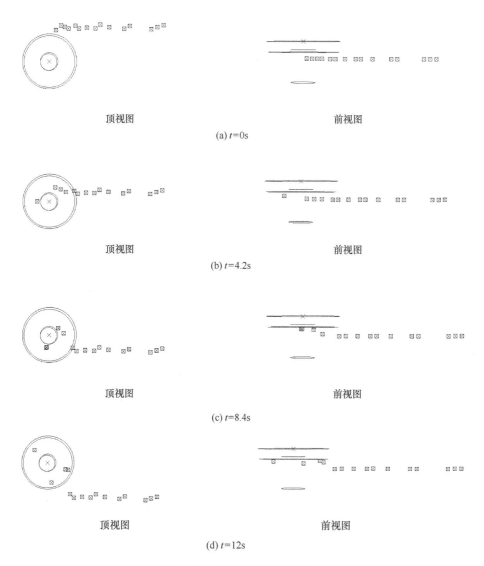

顶视图　　　　　　　　　　　　前视图

(a) t=0s

顶视图　　　　　　　　　　　　前视图

(b) t=4.2s

顶视图　　　　　　　　　　　　前视图

(c) t=8.4s

顶视图　　　　　　　　　　　　前视图

(d) t=12s

图 3.27　前进侧中间层材料流动

　　图 3.28 为后退侧焊接构件下表面材料流动情况,对比发现,焊接构件中部和底部后退侧材料的流动具有较为明显的区别,在 $t=8$s 时,焊接构件中部的材料已经开始被搅拌头旋推向搅拌头的后方,然而,在焊接构件底部的材料还没有被搅拌头旋推向搅拌头后方,这说明相对于焊接构件底部而言,在焊接构件中部搅拌头周围材料的流动层较厚,从而导致焊接构件中部的材料物质点具有更强的流动性。

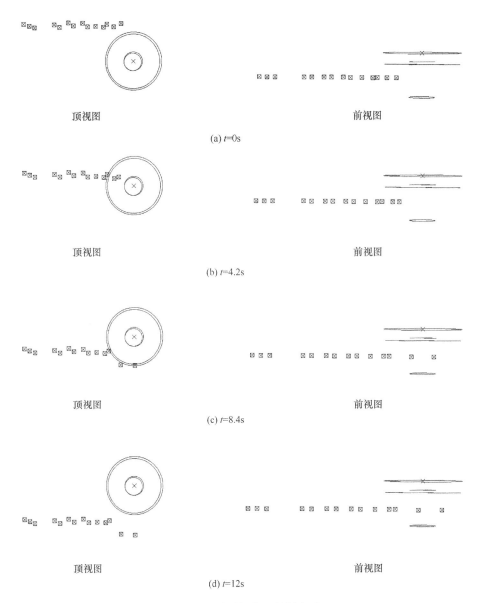

图 3.28　后退侧底面材料流动

　　图 3.29 为前进侧焊接构件下表面材料流动情况,在 $t=8s$ 时刻物质点发生了绕搅拌头的旋转,并持续了数周,和图 3.27 的对比发现,所跟踪的物质点在绕搅拌针进行旋转时,没有随焊接过程的进行发生沿搅拌头径向方向的明显移动,这说明以搅拌头为参考系,在搅拌头轴肩下面的区域中,材料物质点产生径向方向的运动的主要原因在于搅拌头轴肩的影响;在焊接构件底部,轴肩的影响很小,此时,搅拌

针周围物质点的运动几乎不受轴肩的明显作用,导致计算结果非常接近二维材料流动的情况[16],这同时也说明二维搅拌摩擦焊模拟对应的是搅拌摩擦焊构件底部材料的运动情况。

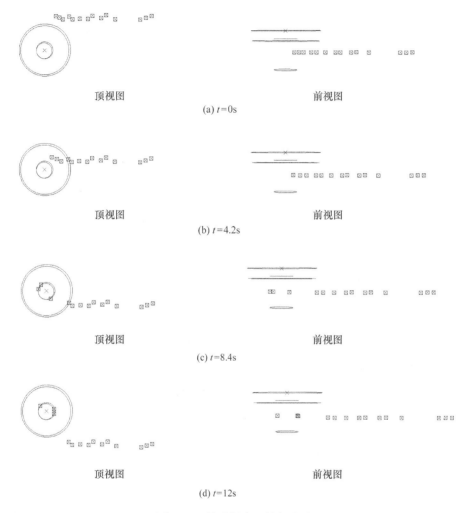

顶视图　　　　　　　　　　　　　　前视图

(a) $t=0$s

顶视图　　　　　　　　　　　　　　前视图

(b) $t=4.2$s

顶视图　　　　　　　　　　　　　　前视图

(c) $t=8.4$s

顶视图　　　　　　　　　　　　　　前视图

(d) $t=12$s

图 3.29　前进侧底面材料流动

搅拌头-焊接构件接触面接触模型的选取对界面产热产生明显影响,但是对材料流动模式影响很小。经典库仑定律的表述为

$$\tau=\mu p \tag{3.30}$$

式中, $\mu$ 为摩擦系数,在本计算中取 0.3; $p$ 为接触面接触压力,在具体计算中依赖于所求的结果。值得注意的是,由于使用了惩罚接触算法,所以滑动与否的判断除了与摩擦力有关,还与惩罚刚度有关。

对于修正的库仑定律,摩擦剪切应力最大值为 $\tau_{max}$,取决于接触面上材料点的当前屈服应力 $\sigma_s$,即

$$\tau_{max}=\frac{\sigma_s}{\sqrt{3}} \tag{3.31}$$

考虑到热效率,界面摩擦产生的热通量密度($W/m^2$)可以重写为

$$q=\eta\tau\frac{\Delta s}{\Delta t} \tag{3.32}$$

式中,$\Delta s/\Delta t$ 为上述的滑动率;$\Delta s$ 为界面相对滑动;$\Delta t$ 为时间增量;$\eta$ 为热效率,即摩擦耗散转换为热的比率,在本计算中热效率取为 95%。

界面摩擦产生的热量一部分传递给焊接构件,另外一部分传递给搅拌头[18],即

$$\begin{cases} q_p=fq \\ q_t=(1-f)q \end{cases} \tag{3.33}$$

式中,$q_p$ 为传递给焊接构件的热通量密度,$W/m^2$;$q_t$ 为传递给搅拌头的热通量密度,$W/m^2$;$f$ 为传递给焊接构件热量的比率,取为 0.9,即假定大部分热量都传递给焊接构件,这一假定在文献[19]中已经进行了验证。基于这一工作,本书进一步讨论接触模型的选取对数值模拟的影响。

在使用修正的库仑接触模型模拟搅拌摩擦焊时,摩擦耗散有所减小,对比发现,摩擦耗散减小的主要原因在于摩擦剪切力的减小,在修正的库仑接触模型中,摩擦剪切力由式(3.34)确定,即

$$\tau_f=\min(\mu P,\sigma_s/\sqrt{3}) \tag{3.34}$$

显然,修正的库仑接触模型能够更为真实地反映材料的破坏及运动机理,但是从温度场变化的范围可以看出,在针对低转速的搅拌摩擦焊的数值模拟中,两种接触模型并未展示出大的区别,这主要是由于减小 $\tau_f$ 的同时增加了相对滑动。关于两种模型的对比见文献[3]、[4]和[20]。

### 3.3.2　焊接参数影响

文献[21]指出,针对传质与传热的模拟为深入了解焊接过程提供了采用其他方式无法获得的详细见解。因此,对搅拌摩擦焊材料流动模式的研究对深入了解搅拌摩擦焊的机理十分重要。图 3.30~图 3.35 展示了 $v=2.363mm/s$ 和 $\omega=240r/min$ 时搅拌头周围材料的流动行为,前进侧材料被旋推到尾迹处进行堆积应该是飞边产生的重要原因,不同厚度层展示出的流动差异是形成倒梯形焊接区域形状的主要原因。

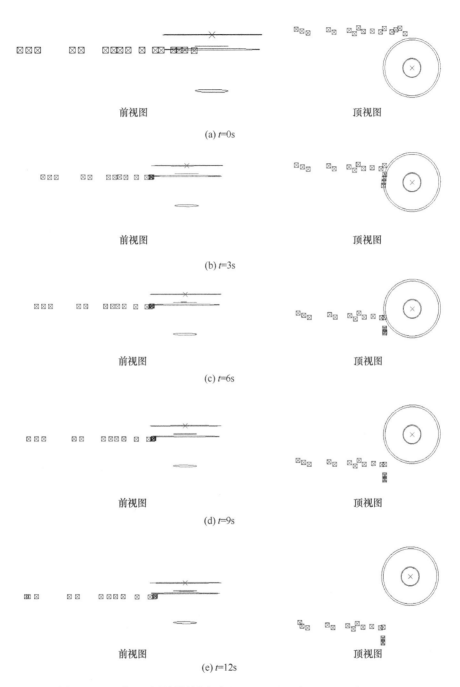

图 3.30 上表面后退侧材料流动($v=2.363\text{mm/s},\omega=240\text{r/min}$)

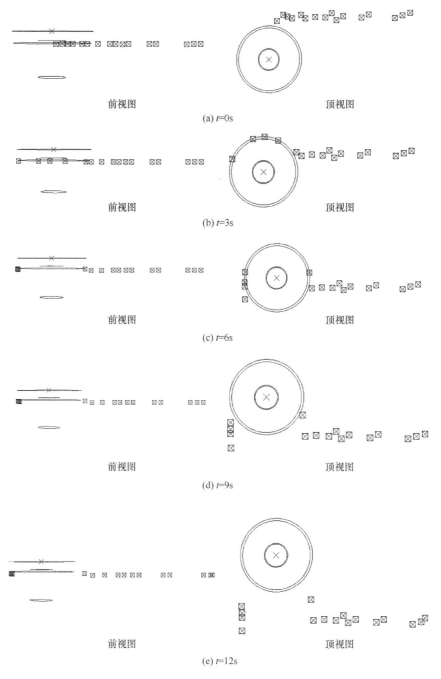

(a) t=0s

(b) t=3s

(c) t=6s

(d) t=9s

(e) t=12s

图 3.31　上表面前进侧材料流动($v=2.363\mathrm{mm/s}, \omega=240\mathrm{r/min}$)

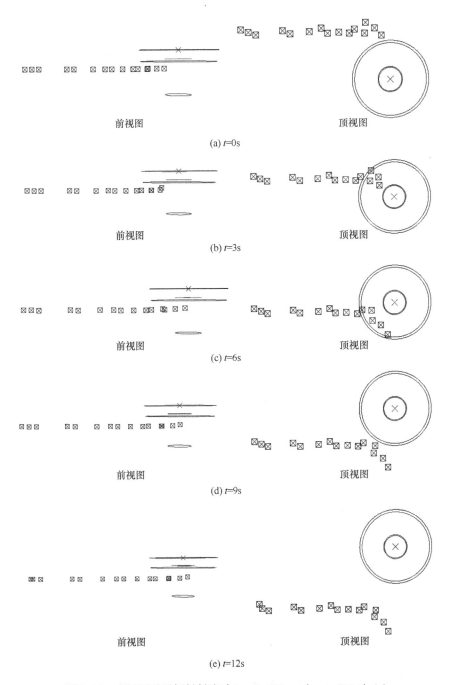

(a) $t=0\mathrm{s}$

(b) $t=3\mathrm{s}$

(c) $t=6\mathrm{s}$

(d) $t=9\mathrm{s}$

(e) $t=12\mathrm{s}$

图 3.32　中间层后退侧材料流动$(v=2.363\mathrm{mm/s},\omega=240\mathrm{r/min})$

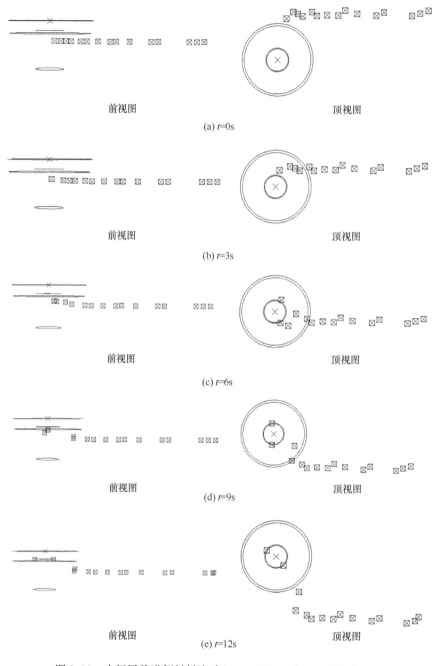

图 3.33　中间层前进侧材料流动($v=2.363\mathrm{mm/s},\omega=240\mathrm{r/min}$)

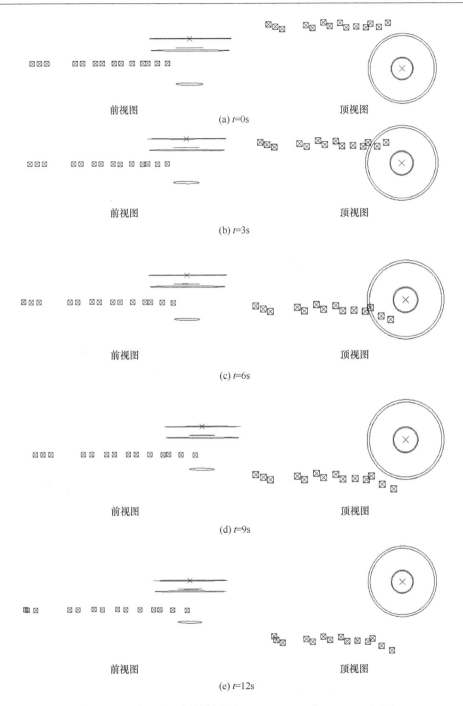

图 3.34　下表面后退侧材料流动 $(v=2.363\text{mm/s}, \omega=240\text{r/min})$

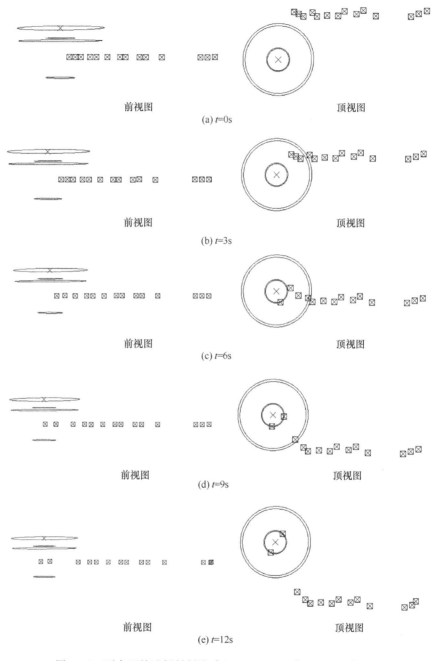

图 3.35　下表面前进侧材料流动($v=2.363\mathrm{mm/s}$,$\omega=240\mathrm{r/min}$)

　　当转速增加到 375r/min 时,材料流动轨迹如图 3.36～图 3.41 所示,与 240r/min 工况对比显示,在 $t=12$s 时刻前进侧旋推到后退侧的跟踪物质点由 4 个增加到 5 个,中间层的材料流动变化情况与上表面类似,绕针运动的跟踪物质点由 2 个增加到 3 个($t=12$s),在下表面,绕针运动的跟踪物质点同样是由 2 个增加到 3 个($t=9$s),这意味着随着搅拌头转速的增加,搅拌头的搅拌效果更为明显,显然,搅拌摩擦焊焊接构件的焊缝质量会受益于搅拌效果的增加。同时,上表面搅拌效果的增加同样会使搅拌区边界处材料的堆积更为明显,有可能会导致更为严重的飞边,这也意味着搅拌头的转速并不能无限增加,而是需要在搅拌效果和飞边等缺陷之间寻求最优。

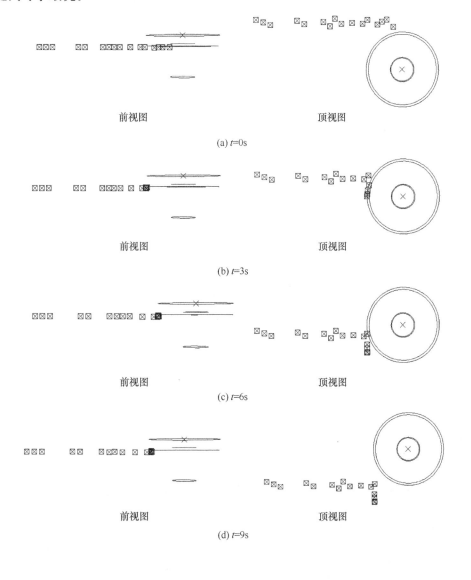

前视图　　　　　　　　　　　　　顶视图

(a) $t=0$s

前视图　　　　　　　　　　　　　顶视图

(b) $t=3$s

前视图　　　　　　　　　　　　　顶视图

(c) $t=6$s

前视图　　　　　　　　　　　　　顶视图

(d) $t=9$s

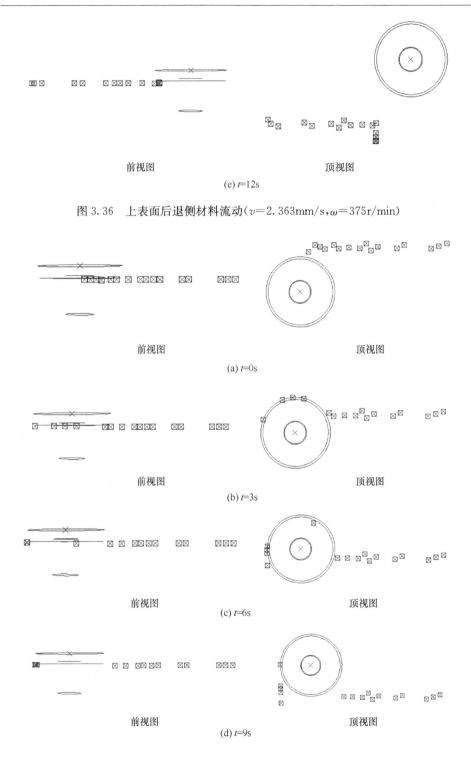

前视图　　　　　　　　　　顶视图

(e) *t*=12s

图 3.36　上表面后退侧材料流动($v$=2.363mm/s, $\omega$=375r/min)

前视图　　　　　　　　　　顶视图

(a) *t*=0s

前视图　　　　　　　　　　顶视图

(b) *t*=3s

前视图　　　　　　　　　　顶视图

(c) *t*=6s

前视图　　　　　　　　　　顶视图

(d) *t*=9s

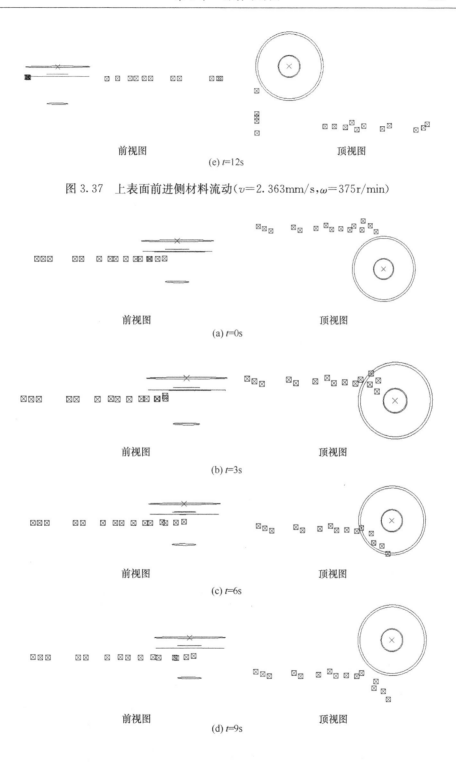

(e) $t$=12s

图 3.37　上表面前进侧材料流动$(v=2.363\mathrm{mm/s},\omega=375\mathrm{r/min})$

(a) $t$=0s

(b) $t$=3s

(c) $t$=6s

(d) $t$=9s

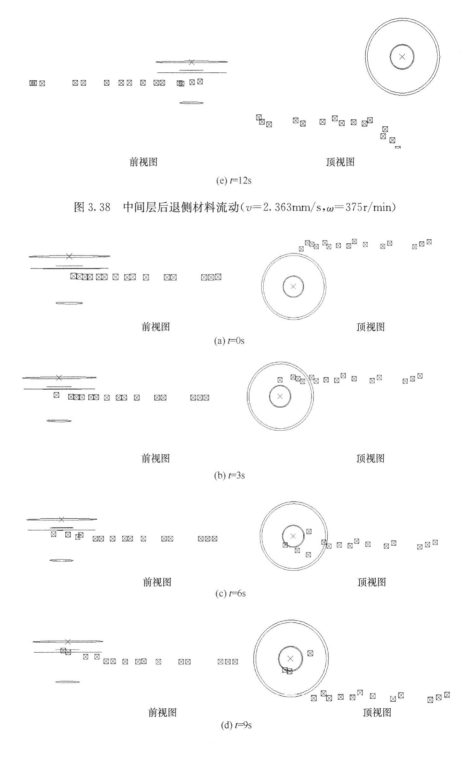

(e) $t=12s$

图 3.38　中间层后退侧材料流动($v=2.363mm/s,\omega=375r/min$)

前视图　　　　　　　　　　　顶视图

(a) $t=0s$

前视图　　　　　　　　　　　顶视图

(b) $t=3s$

前视图　　　　　　　　　　　顶视图

(c) $t=6s$

前视图　　　　　　　　　　　顶视图

(d) $t=9s$

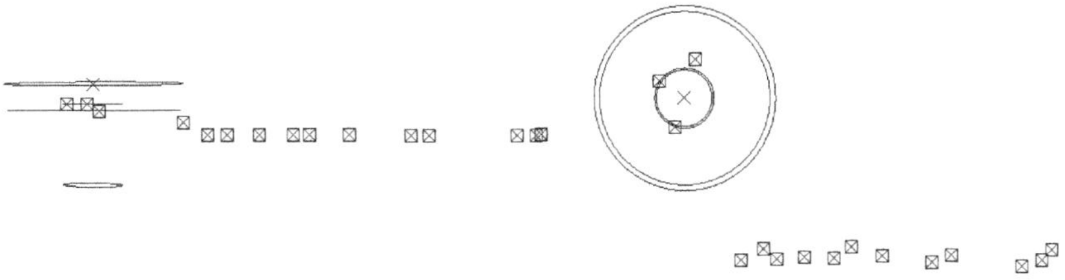

前视图　　　　　　　　　　顶视图

(e) $t=12s$

图 3.39　中间层前进侧材料流动($v=2.363\mathrm{mm/s},\omega=375\mathrm{r/min}$)

前视图　　　　　　　　　　顶视图

(a) $t=0s$

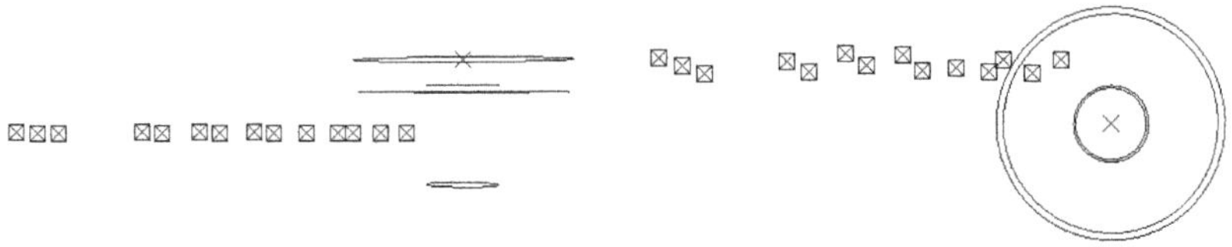

前视图　　　　　　　　　　顶视图

(b) $t=3s$

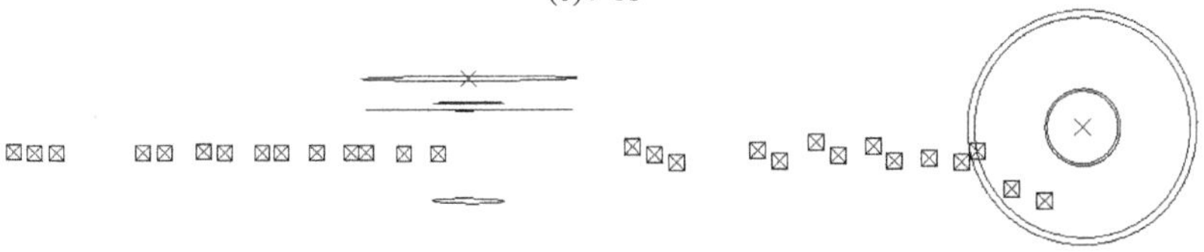

前视图　　　　　　　　　　顶视图

(c) $t=6s$

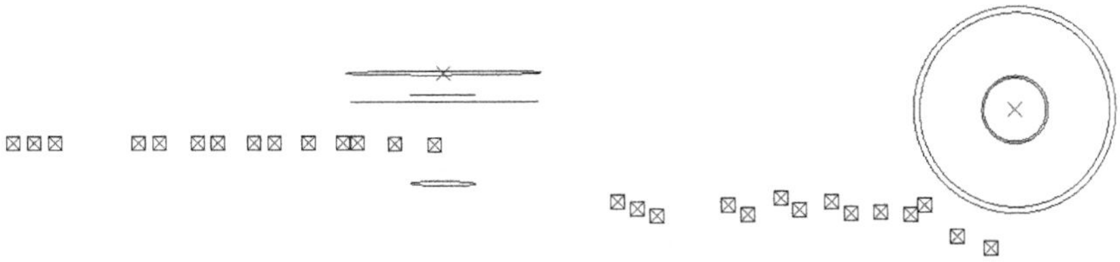

前视图　　　　　　　　　　顶视图

(d) $t=9s$

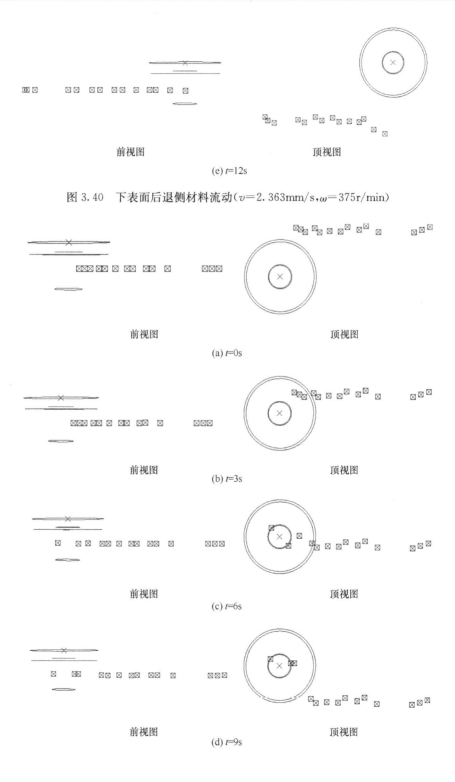

(e) $t$=12s

图 3.40　下表面后退侧材料流动($v$＝2.363mm/s,$\omega$＝375r/min)

前视图　　　　　　　　　　　　　　顶视图

(a) $t$=0s

前视图　　　　　　　　　　　　　　顶视图

(b) $t$=3s

前视图　　　　　　　　　　　　　　顶视图

(c) $t$=6s

前视图　　　　　　　　　　　　　　顶视图

(d) $t$=9s

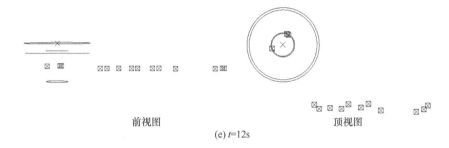

前视图　　　　　　　　　　　　　　　　　顶视图

(e) $t$=12s

图 3.41　下表面前进侧材料流动($v$=2.363mm/s, $\omega$=375r/min)

图 3.42 和图 3.43 对比了不同焊速下焊接结束时刻搅拌头周围材料的位置，用以说明焊速对材料流动的影响。此时，搅拌头插入焊接构件进行旋转预热的时刻设定为 2s,对于 2mm/s 的情况,焊缝长度为 16mm,对于 3mm/s 的情况,焊缝长度为 24mm,搅拌头转速为 400r/min。对比显示在低焊速情况下,后退侧材料物质点有可能在尾迹中进入前进侧,但是适当增加焊速就会发现,后退侧材料被旋推到尾迹中时依然保持在后退侧,这其实说明搅拌头的搅拌效果随着搅拌头焊速的增加而降低,因此,随着焊速进一步增加,搅拌效果的消弱会导致焊接出现缺陷。搅拌摩擦焊构件下表面材料流动形式未随搅拌头焊速变化产生明显变化。

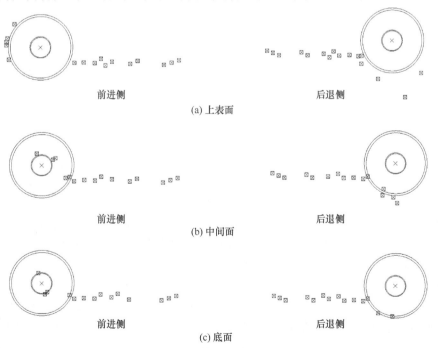

前进侧　　　　　　　　　　　　　　　　　后退侧

(a) 上表面

前进侧　　　　　　　　　　　　　　　　　后退侧

(b) 中间面

前进侧　　　　　　　　　　　　　　　　　后退侧

(c) 底面

图 3.42　$v$=2mm/s 时材料流动模式

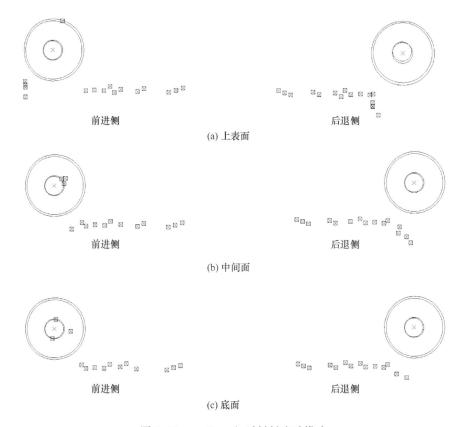

(a) 上表面

(b) 中间面

(c) 底面

图 3.43　$v=3\mathrm{mm/s}$ 时材料流动模式

### 3.3.3　等效塑性应变分析

　　与跟踪物质点展示材料行为类似,通过等效塑性应变同样可以分析出搅拌摩擦焊中的材料流动机理,文献[22]构建了一种简单的二维搅拌摩擦焊模型,如图 3.44 所示,并采用了将焊速和转速放大 1000 倍的方式来降低计算成本,因此,对于此类模型,速度场中速度的绝对值没有实际意义,仅用作对搅拌摩擦焊中材料流动的定性分析。为了能够消除绝对速度的变化给求解带来的影响,本书将材料取为非率相关的弹塑性材料以消除材料对变形率的依赖。使用通用有限元软件 ABAQUS 对搅拌摩擦焊的搅拌过程进行二维模拟。两块平板的尺寸分别为 $30\mathrm{mm}\times100\mathrm{mm}$,搅拌头针部半径为 $R=3.25\mathrm{mm}$。搅拌头在焊接过程中确认为刚体,平板的单元采用四节点的四边形单元,采用减缩积分以及沙漏控制以避免单元自锁现象的产生。平板共划分了 11986 个节点和 11717 个单元。搅拌头的转速 $\omega=460\mathrm{r/min}$,推进速度为 $v=2.0\mathrm{mm/s}$。板的材料采用了 AL6061-T6,作为非率相关的材料处理,材料性质是依赖于温度的。

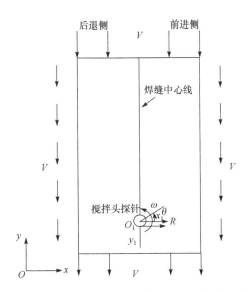

图 3.44　搅拌摩擦焊的几何模型及边界条件示意图

对于二维接触模型,由于未考虑轴肩,因此,仅靠搅拌针的接触并不能得到与试验一致的温度场,因此,对于此类简化模型,一般会直接采用同样的焊接条件下测得的试验温度数据,如图 3.45 所示。

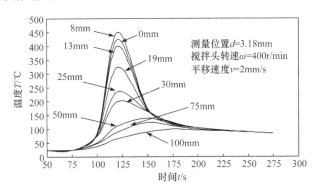

图 3.45　搅拌摩擦焊过程中离开焊缝中心不同距离处的温度值[7]

图 3.46~图 3.48 给出了 $t=0.00375s$、$t=0.00563s$、$t=0.0075s$ 三个时刻在交界面附近 $R=3.25mm$ 和 $R=3.84mm$ 处的等效塑性应变的分布。在 $R=3.25mm$ 的时候,等效塑性应变的最大值出现在 $\theta=90°$ 附近。当 $R=3.84mm$ 的时候,等效塑性应变的最大值出现在 $\theta=45°$ 附近。在搅拌头前方的材料,即 $\theta=90°\sim270°$ 范围内的材料,等效塑性应变在远离搅拌头的方向上迅速减小。可以发现,在不同时刻,等效塑性应变的分布具有类似的规律性。

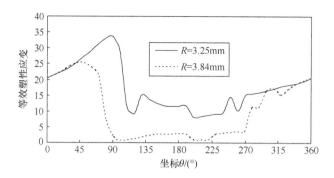

图 3.46　$t=0.00375\mathrm{s}$ 时刻搅拌头-焊板交界面附近的等效塑性应变的分布

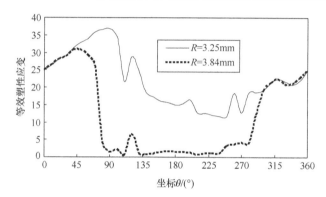

图 3.47　$t=0.00563\mathrm{s}$ 时刻搅拌头-焊板交界面附近的等效塑性应变的分布

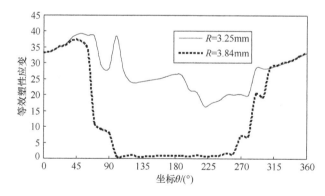

图 3.48　$t=0.0075\mathrm{s}$ 时刻搅拌头-焊板交界面附近的等效塑性应变的分布

　　基于不同的模型和应变定义,搅拌摩擦焊所预测的应变和应变率具有明显区别,Buffa 等[23]针对 AISI304 不锈钢采用网格重剖分模型显示搅拌摩擦焊中最大应变和应变率分别为 50 和 $10\mathrm{s}^{-1}$。采用 CFD 模型,Bastier 等[24]针对 7050 铝合金得到的搅拌摩擦焊过程中塑性应变在 $-0.035\sim+0.035$ 范围内。而采用完全热力耦合模型[25,26]对铝合金 6061 的数值模拟显示出的等效应变一般数值高于 100,

采用半热力耦合模型[22]得到的等效应变数值为 20～40。Arora 等[27]针对 2524 铝合金的 CFD 模型显示应变范围是－10～5，应变率范围是－9～9s⁻¹。基于有限体积法，Kim 等[28]得到的 1500r/min 搅拌摩擦焊中的应变率高达 3000s⁻¹。

在研究焊接参数对等效塑性应变影响时，本书选取较为常见的 ALE 完全热力耦合模型的计算结果。当焊速为 2mm/s 时，最大等效塑性应变为 144.7，如图 3.49 所示；随着搅拌头焊速增加到 3mm/s，最大等效塑性应变降低为 139.4，如图 3.50 所示，这说明较低的焊速会导致更为明显的材料变形。在焊接构件上表面等效塑性应变数值更高，显然是由于上表面材料收到搅拌头轴肩的明显作用从而流动性更强。继续增加焊速有可能会导致焊接缺陷的产生，在实际焊接中，焊接缺陷产生会影响焊接质量，但是并不影响焊接过程的完成，与之形成鲜明对比的是，在 ALE 模型中，焊接缺陷的出现会导致网格畸变，从而终止计算，网格重剖分模型则可以继续完成计算。

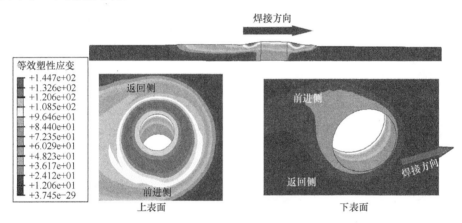

图 3.49  焊速为 2mm/s 时等效塑性应变

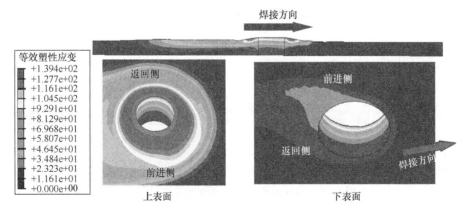

图 3.50  焊速为 3mm/s 时等效塑性应变

　　等效塑性应变的数值还会受搅拌头转速的影响和轴肩压紧力的影响,如图3.51~图3.54所示。

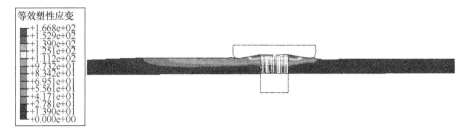

图 3.51　转速为 240r/min 时等效塑性应变

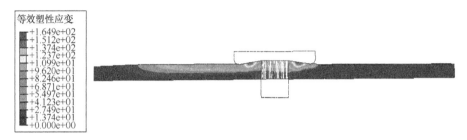

图 3.52　转速为 375r/min 时等效塑性应变

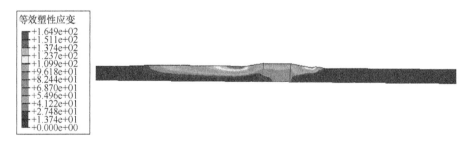

图 3.53　轴肩压紧力为 70MPa 时等效塑性应变

图 3.54　轴肩压紧力为 90MPa 时等效塑性应变

### 3.3.4 焊接缺陷

当焊接参数选择不当时,有可能会导致焊接缺陷,这些焊接参数包括焊速、转速、轴肩压紧力、预热时间等。图 3.55~图 3.62 展示了数值模型中焊接参数选择不当所出现的各种焊接缺陷问题。当轴肩压紧力不足时,如图 3.55 所示,会出现未焊合缺陷,出现在焊接构件下半部分靠近搅拌头处,当轴肩压紧力过大时,如图 3.56 所示,由于压力过大会将搅拌头轴肩下方材料挤起,形成严重的飞边,同样会影响焊接质量。过大的焊速或者过小的搅拌头转速会导致焊接构件出现未焊合的缺陷,如图 3.57 和图 3.58 所示,较小的搅拌头转速得到无缺陷焊缝所允许的焊速的最大值更低,如图 3.59 所示,因此,欲提高搅拌头的焊速必须同时提高搅拌头转速以保证焊接质量。

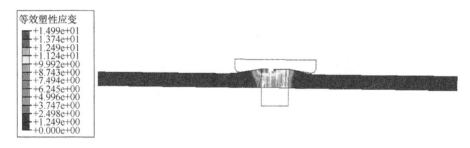

图 3.55　轴肩压力 30MPa

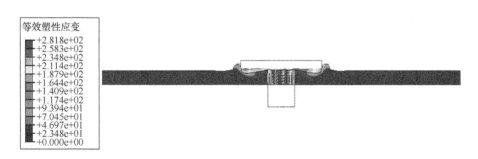

图 3.56　轴肩压力 150MPa

在搅拌摩擦焊过程中,搅拌头插入焊接构件接触面,首先进行旋转预热,几秒后开始平移焊接,旋转预热的过程对随后的焊接过程有明显影响,当预热不足时,在焊接刚刚开始的时刻很容易导致缺陷的发生,如图 3.60~图 3.62 所示。

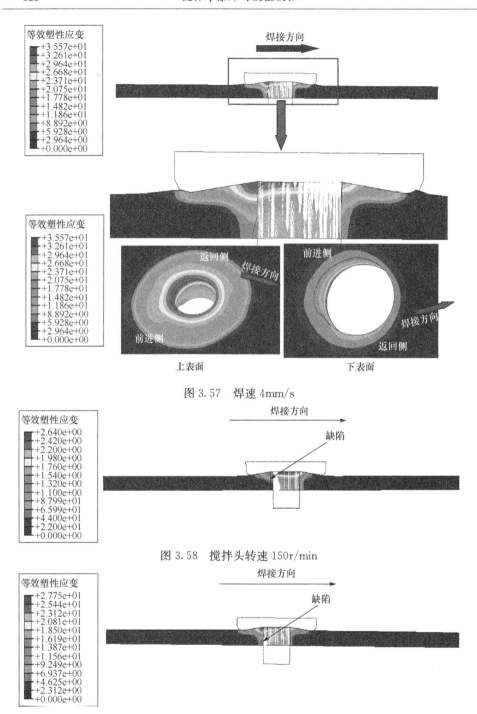

图 3.57 焊速 4mm/s

图 3.58 搅拌头转速 150r/min

图 3.59 搅拌头转速 350r/min、焊速 3.363mm/s

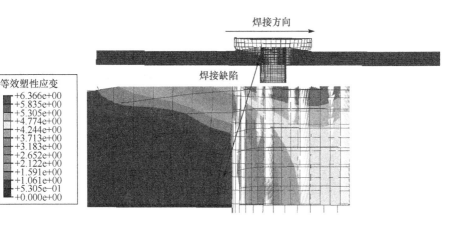

图 3.60　预热时间 0.1s

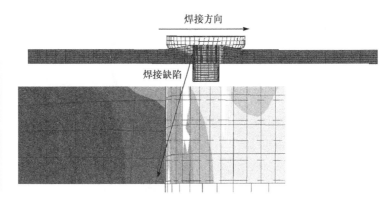

图 3.61　预热时间 0.5s

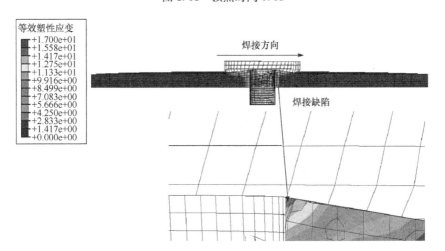

图 3.62　预热时间 1.0s

### 3.3.5　流线分析

AA6061-T6 铝合金搅拌焊上表面下 0.5mm 处流线图如图 3.63 所示,搅拌头直径 20mm,搅拌针直径 6mm。在较高焊速下,受搅拌头影响的区域明显缩小。流线发生绕针运动和弯曲流动的区域,为搅拌区和热力影响区(HAZ、TMAZ)。当轴肩旋转速度上升时,比较图 3.63(a)和(c)可以看出,转速的上升也会明显增大扰动区域。采用流线可以得到更为直观的物质点的运动轨迹,通过流线的速度场进行计算,也可以得到基于流线的变形梯度和应变[29],对于搅拌摩擦焊的进一步模拟是非常有帮助的。

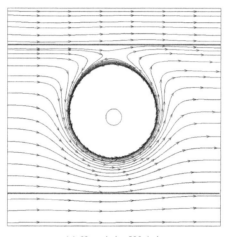

(a) 60mm/min, 500r/min

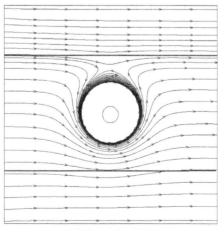

(b) 210mm/min, 500r/min

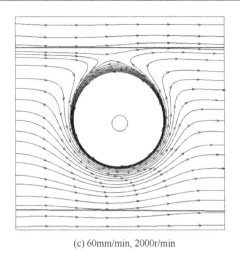

(c) 60mm/min, 2000r/min

图 3.63　不同工况下搅拌头周围流线

# 参 考 文 献

［1］ Zhang Z, Zhang H W. Solid mechanics-based Eulerian model of friction stir welding. International Journal of Advanced Manufacturing Technology, 2014, 72: 1647-1653.

［2］ Popov V J. 接触力学与摩擦学的原理及其应用. 李强, 雒建斌, 译. 北京: 清华大学出版社, 2011.

［3］ Zhang Z, Chen J T. Computational investigations on reliable finite element based thermo-mechanical coupled simulations of friction stir welding. International Journal of Advanced Manufacturing Technology, 2012, 60: 959-975.

［4］ Zhang Z. Comparison of two contact models in the simulation of friction stir welding process. Journal of Materials Science, 2008, 43: 5867-5877.

［5］ Bowden F P, Tabor D. The Friction and Lubrication of Solids. Oxford: Clarendon Press, 2001.

［6］ Zhang Z, Chen J T, Zhang Z W, et al. Coupled thermo-mechanical model based comparison of friction stir welding processes of AA2024-T3 in different thicknesses. Journal of Materials Science, 2011, 46: 5815-5821.

［7］ Tang W, Guo X, McClure J C, et al. Heat input and temperature distribution in friction stir welding. Journal of Materials Processing & Manufacturing Science, 1998, 7: 163-172.

［8］ 张昭, 刘亚丽, 陈金涛, 等. 搅拌摩擦焊接过程中材料流动形式. 焊接学报, 2007, 28(11): 17-21.

［9］ Cui S, Chen Z W, Robson J D. A model relating tool torque and its associated power and specific energy to rotation and forward speeds during friction stir welding/processing. International Journal of Machine Tools and Manufacture, 2010, 50: 1023-1030.

［10］ Schmidt H B, Hattel J H. Thermal modelling of friction stir welding. Scripta Materialia, 2008, 58: 332-337.

[11] Upadhyay P, Reynolds A P. Effects of thermal boundary conditions in friction stir welded AA7050-T7 sheets. Materials Science and Engineering A, 2010, 527:1537-1543.

[12] Schmidt H, Hattel J, Wert J. An analytical model for the heat generation in friction stir welding. Modelling and Simulation in Materials Science and Engineering, 2004, 12:143-157.

[13] Feng Z, Wang X L, David S A, et al. Modelling of residual stresses and property distributions in friction stir welds of aluminium alloy 6061-T6. Science and Technology of Welding and Joining, 2007, 12:348-356.

[14] 方向威. 机械工程材料性能手册. 北京:机械工业出版社, 1995.

[15] 张昭, 陈金涛, 张洪武. 搅拌摩擦焊接中压紧力的变化对焊接过程的影响. 航空材料学报, 2005, 25(6):33-37.

[16] 张洪武, 张昭, 陈金涛. 搅拌摩擦焊接过程的有限元模拟. 焊接学报, 2005, 26(9):13-18.

[17] Guerra M, Schmidt C, McClure J C, et al. Flow patterns during friction stir welding. Materials Characterization, 2003, 49:95-101.

[18] ABAQUS theory manual. HKS Inc, 2003.

[19] Zhang Z, Zhang H W. A fully coupled thermo-mechanical model of friction stir welding. International Journal of Advanced Manufacturing Technology, 2008, 37:279-293.

[20] 张昭, 张洪武. 接触模型对搅拌摩擦焊接数值模拟的影响. 金属学报, 2008, 44:85-90.

[21] David S A, DebRoy T. Current issues and problems in welding science. Science, 1992, 257:497-502.

[22] Zhang H W, Zhang Z, Chen J T. The finite element simulation of the friction stir welding process. Materials Science and Engineering A, 2005, 403:340-348.

[23] Buffa G, Fratini L. Friction stir welding of steel: Process design through continuum based FEM model. Science and Technology of Welding and Joining, 2009, 14:239-246.

[24] Bastier A, Maitournam M H, Dang Van K, et al. Steady state thermomechanical modelling of friction stir welding. Science and Technology of Welding and Joining, 2006, 11:278-288.

[25] Schmidt H, Hattel J. A local model for the thermomechanical conditions in friction stir welding. Modelling and Simulation of Materials Science and Engineering, 2005, 13:77-93.

[26] Zhang Z, Zhang H W. Numerical studies of pre-heating time effect on temperature and material behaviorsin friction stir welding process. Science and Technology of Welding and Joining, 2007, 12(5):436-448.

[27] Arora A, Zhang Z, De A, et al. Strains and strain rates during friction stir welding. Scripta Materialia, 2009, 61:863-866.

[28] Kim D, Badarinarayan H, Kim J, et al. Numerical simulation of friction stir butt welding process for AA5083-H18 sheets. European Journal of Mechanics A/Solids, 2010, 29:204-215.

[29] Farmer L E, Oxley P L B. A computer-aided method for calculating the distributions of strain-rate and strain from an experimental flow field. Journal of Strain Analysis, 1976, 11(1):26-31.

# 第4章 残余状态及热处理

　　焊接过程中材料显微结构的演化伴随着显著的应力变化,导致焊接接头出现焊接残余应力和残余变形,影响构件的装配并降低焊接接头的力学性能。搅拌摩擦焊构件中同时存在拉伸残余应力和压缩残余应力,其中最大拉伸残余应力一般出现在热影响区,而最大压缩残余应力则位于前进侧焊缝边缘位置[1-3]。焊接残余应力对焊接接头力学性能特别是疲劳性能有显著影响,因此研究焊接残余应力分布对搅拌摩擦焊的工程应用具有非常重要的现实意义[4]。

　　Fratini 等[2,3]通过切片法确定焊接残余应力分布,研究发现热影响区残余应力为压缩残余应力,而焊缝区域为拉伸残余应力;Pouget 等[5]通过切片法也得到了相同的结果。Donne 等[6]采用 X 射线衍射方法、切片法等方法测量了焊接残余应力,几种测量方法得到的结果一致,纵向残余应力始终大于横向残余应力,这一关系不受焊接参数的影响,并且纵向残余应力和横向残余应力分布都呈现 M 形。沿构件厚度方向材料都有残余应力存在,但焊接过程中轴肩位置和搅拌针底部的热量输入并不相同,所以其残余应力分布也存在差异。Zhang 等[7]通过数值模型对残余应力进行研究,同样得到了与试验结果特征相符合的残余应力分布。傅田等[8]进行了 7075 铝合金的搅拌摩擦焊接,发现应力曲线为 M 形,焊核区最小,在邻近轴肩处最大,这与 Donne 等[6]的观察结果相同,横向残余应力最大值出现在焊缝中间位置,纵向和横向残余应力在焊核区均为拉伸残余应力,最大纵向残余应力出现在距离焊缝中心约 10mm 的位置,纵向残余应力随着焊接速度的增大而增大,纵向残余应力为非对称分布,前进侧残余应力比返回侧残余应力高 10%左右。Donne 等[6]发现铝合金搅拌摩擦焊构件的残余应力都低于 100MPa,远低于熔化焊接构件的残余应力。

　　焊接参数会影响残余应力的分布形式和数值,因此合理选择焊接参数优化焊接残余应力,对认识搅拌摩擦焊技术具有重要意义。Javadi 等[9]采用超声应力测量技术得到焊接残余应力,然后通过统计方差分析方法研究焊接参数与残余应力之间的关系,其结果显示焊接速度对残余应力影响比其他焊接参数如搅拌针半径、搅拌头转速等更显著。搅拌头转速影响焊接过程中的热输入功率,对焊接残余应力最大值具有一定的影响。Steuwer 等[10]采用 X 射线衍射方法测量残余应力,系统性地研究了焊接残余应力与焊接速度之间的关系,焊缝处纵向残余应力为拉伸应力,残余应力的最大值随着焊接速度的增大而逐渐增大。但随着焊接速度的增大焊缝区域拉伸残余应力的宽度逐渐减小。Solanki 等[11]采用中子衍射法测量了镁合金 AZ31 搅拌摩擦点焊残余应力,发现搅拌头转速、搅拌头轴肩半径和搅拌针形状对残余应力有显著影响。鄢东洋等[12]采用数值方法研究搅拌头力学载荷在搅拌摩擦焊过程中的作用,建立了三组有限元模型:只考虑热载荷作用;考虑热载荷与下压力共同作用;考虑热载荷、下压力和扭矩共同作用。结果表明,由于下压力的作用,焊缝区域焊接残余应力明显减小,而扭矩则使焊接残余应力呈现出非对称分布。另外,机械载荷也会影响焊接残余变形状态。Han 等[13]研究了焊接迅速冷却对焊接残余变形和残余应力的影响。研究发现,焊接迅速冷却可以显著减小焊接残余应力,焊接参数相同时,Al 2024 铝合金最大残余应力可以减小 66%。另外,焊接冷却技术还可以降低焊接残余变形。Milan 等[14]采用切片技术研究了 Al 2024 铝合金残余应力分布情况,发现前进侧材料拉伸残余应力大于返回侧材料拉伸残余应力。在焊接构件边界横向压缩残余应力较大,但是在焊缝区域横向拉伸残余应力小于纵向拉伸残余应力。焊接构件厚度会影响厚度方向的温度梯度,进而影响焊接残余应力。Staron 等[15]研究了不同厚度铝合金薄板搅拌摩擦焊残余应力分布情况,厚度为 6.3mm 搅拌摩擦焊薄板残余应力分布形式呈现双峰现象,最大纵向残余应力为 130MPa,出现在热影响区域,横向残余应力远小于纵向残余应力。Sadeghi 等[16]采用超声波方法测量厚板搅拌摩擦焊构件的残余应力,通过不同频率下的纵向临界折射波获得沿厚度方向的残余应力,同时建立了数值模型对焊接过程进行仿真,结合试验结果和数值结果得到了厚度方向残余应力分布形式。Liu 等[17]研究了厚度为 4mm 和 8mm 铝合金构件焊接残余应力,纵向残余应力并没有呈现出明显的 M 形分布,最大拉伸残余应力为 168MPa,出现在前进侧区域,沿厚度方向残余应力为非均匀分布。Xu 等[18]进行了厚板的搅拌摩擦焊,在焊接构件顶面残余应力为传统的 M 形分布,最大拉伸残余应力出现在热影响区,构件底面残余应力呈现 V 形分布。

和熔化焊相比,搅拌摩擦焊可以得到更高质量的焊接接头和较小的残余变形。但大尺寸铝合金薄板,经过搅拌摩擦焊焊接会产生严重的面外变形,影响焊接薄板的装配和使用[12],所以如果构件尺寸较大,焊接残余变形并不能被忽略[12,19]。在高速列车和造船领域,一些大型壁板结构均可采用搅拌摩擦焊技术进行金属连接。

# 4.1　残余应力

## 4.1.1　基于温度场的热力耦合模型

文献[20]提供了一种简单的残余应力计算方法,将 ALE 模型获得的温度场施加到重新构建的焊接平板上,材料为 6061-T6,焊接平板的尺寸为 80mm×80mm×3mm,共划分 19200 个六面体单元和 26244 个节点,采用理想弹塑性本构模型,在 ABAQUS/STANDARD 中进行热力耦合计算,将温度降至室温后释放绝大部分约束,可以得到焊接构件的残余应力分布。根据文献[21]和[22],残余应力主要由焊接温度而非焊接塑性变形控制,因此,采用温度场计算焊接残余应力是可行和可信的。

图 4.1 显示了 $v=2.363$mm/s 和 $\omega=240$r/min 时的残余应力分布,纵向残余应力最大值为 144.2MPa,而同时横向残余应力的最大值仅为 70.7MPa。纵向残余应力明显高于横向残余应力,同时,纵向残余应力展示出双峰特征,这符合对搅拌摩擦焊构件残余应力的试验观测结果[23,24]。

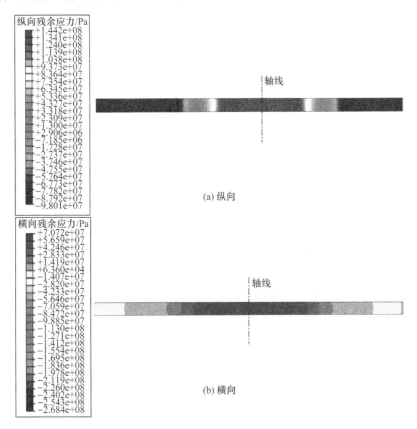

图 4.1　残余应力($v=2.363$mm/s,$\omega=240$r/min)

当然,对残余应力的计算也可以采用文献[25]和[26]提供的基于半热力耦合模型的残余应力计算方法。在半热力耦合模型中,虽然求解方案是基于热力耦合的,但是温度场计算要依托于试验测量的温度场,这种方案对于建立二维简化模型、降低计算成本是具有吸引力的。通过半热力耦合模型进行搅拌摩擦焊的数值模拟,将计算结果作为静力学问题进行降温和应力平衡求解,就可以得到残余应力场。

### 4.1.2　热力耦合模型

文献[27]提供了一种全热力耦合的搅拌摩擦焊残余应力计算方法。由于在搅拌摩擦焊过程中搅拌头的变形很小,所以在数值模拟过程中假定搅拌头为刚体。Russell 等[28]认为在 FSW 过程中,搅拌针产生的热量仅占搅拌头与焊接构件之间摩擦产生的总热量的 2%,因此本节的搅拌头模型忽略了搅拌针,如图 4.2 所示,轴肩直径为 18mm,倒角半径为 1mm。焊接构件采用 200mm×60mm×3mm 的铝合金薄板,材料为 AA6061-T6 合金,模型如图 4.3 所示。

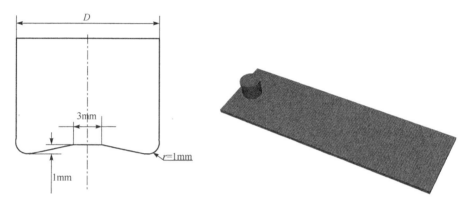

图 4.2　轴肩几何示意图　　　　　图 4.3　焊接构件和搅拌头的网格剖分图

在搅拌摩擦焊过程中,预热时间为 1.8s,焊接时间为 49s,得到的焊缝长度约为 165mm。采用五种不同的网格密度对焊接构件的有限元模型进行剖分,节点数和单元数以及计算所用的机时如表 4.1 所示。

表 4.1　五种不同的网格数量

| 参数 | 网格 1 | 网格 2 | 网格 3 | 网格 4 | 网格 5 |
|---|---|---|---|---|---|
| 节点数 | 14105 | 25755 | 37230 | 47430 | 56280 |
| 单元数 | 10800 | 20000 | 29000 | 37000 | 44000 |
| 最小单元尺寸/轴肩直径 | 0.123 | 0.111 | 0.077 | 0.067 | 0.056 |
| 机时/h | 9.1 | 20.3 | 32.7 | 48.5 | 69.8 |

由表 4.1 可得计算所需时间与单元数量的关系为(机器 CPU 主频为 3.4GHz)

$$T_{tot} = 3 \times 10^{-8} n_e^2 + 9 \times 10^{-5} n_e + 6.7926 \qquad (4.1)$$

式中,$n_e$ 表示单元数量。

对于搅拌摩擦焊过程中的接触分析,当网格密度增加,即轴肩作用区域的网格得到细化时,模拟结果所显示的焊接构件接头的温度分布及力学特性就会与试验吻合得更好,如图 4.4~图 4.6 所示。当网格密度较大时,如采用网格 1 的划分方案,得到的温度分布和纵向残余应力值失真现象很严重,温度值较高且波动较为剧烈,如图 4.4 所示,残余应力的大小和分布特征也与相关试验相差甚远,在网格较大的情况下计算结果不能很好地反映真实的搅拌摩擦焊过程。

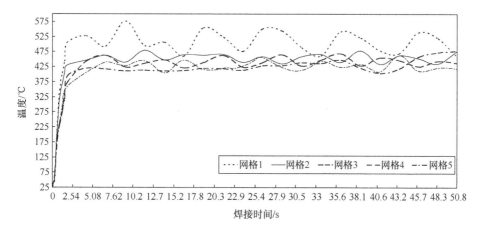

图 4.4　焊接过程中不同网格密度的焊接构件的温度分布

随着网格尺寸的减小即网格数量的增加,采用网格方案 3、网格方案 4、网格方案 5 时,模拟结果所显示的温度分布逐渐平稳,采用不同网格密度所产生的模拟结果之间的差异逐渐减小,残余应力的分布形式逐渐与相关试验结果吻合。温度场基于焊缝近似对称,且高温区域总是随着搅拌头的移动而移动,最高温度出现在轴肩的边缘。温度等值线呈封闭的椭圆形,由于搅拌头前方是未焊接的材料,所以在搅拌头前方的区域温度梯度较大,后方梯度较小。焊接构件残余应力的双峰特征很明显,如图 4.5(d)和图 4.5(e)、图 4.6(d)和 4.6(e)所示,最大残余应力发生在热影响区的边界,残余应力的分布形式与试验观测[23, 24]吻合良好。焊接构件上表面纵向残余应力的分布如图 4.5(d)所示,残余应力在焊缝两侧并不是严格对称分布,焊缝中心线附近的残余应力低于与其毗邻区域的残余应力,这一结果与 Sutton 等[29]通过试验所测结果一致。在焊接构件的前进侧和后退侧,残余应力的变化是从焊缝中心线附近较高的拉伸残余应力逐渐变化为焊接构件边缘压缩的残余应力。在沿焊缝方向纵向残余应力值的大小近似一致,轻微的波动状态是由焊接过程中温度的小幅波动造成的。

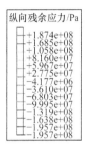
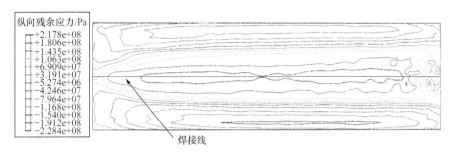

(a) 网格1

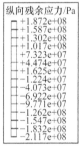
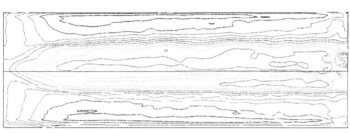

(b) 网格2

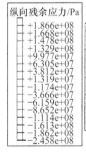
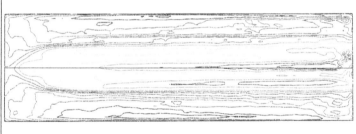

(c) 网格3

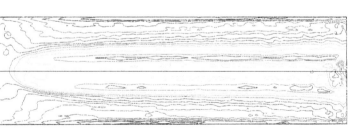

(d) 网格4

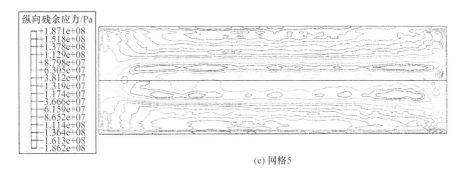

纵向残余应力/Pa

+1.871e+08
+1.518e+08
+1.378e+08
+1.129e+08
+8.798e+07
+6.305e+07
+3.812e+07
+1.319e+07
+1.174e+07
-3.666e+07
-6.159e+07
-8.652e+07
-1.114e+08
-1.364e+08
-1.613e+08
-1.862e+08

(e) 网格5

图 4.5　焊接构件表面的纵向残余应力分布等值线

模拟结果的精度随着网格密度的增加得到提高,这是由于在模拟过程中假定搅拌头为刚性体,在刚性体和变形体之间应用主从接触,网格的细化通常是很重要的[30],细小的网格能够准确地给出变形体在模拟过程中变形的几何尺寸,在这种情况下,有限元模型对网格比较敏感,作为焊接构件的变形体是单纯的从属表面,因此必须足够细化以适应在搅拌头压入和移动过程中轴肩作用区域的变形特征,从而使模拟结果更加细致地反映出焊接接头的行为特性。

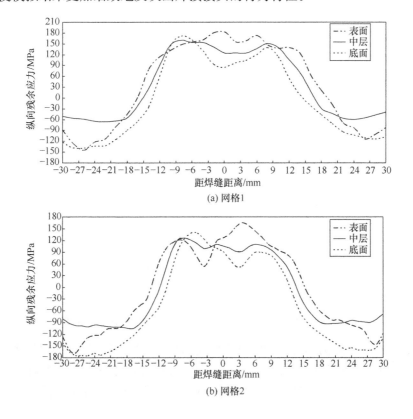

(a) 网格1

(b) 网格2

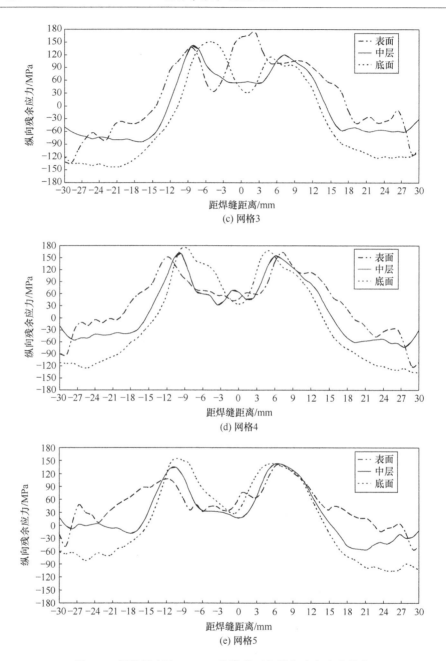

图 4.6　焊缝长度为 152mm 的横截面上纵向残余应力分布

　　然而,在完全热力耦合的计算过程中使用显式算法,每一时刻的时间步长由当前增量步的稳定性条件即稳定极限控制,稳定极限与最小网格尺寸及材料波速有关,网格尺寸越小,稳定极限步长也越小,从而增加了计算过程中的循环次数。虽然本书采用了质量放缩系数,使单个方案的计算时间大大减少,但在这五个方案中,网格尺寸相对较小的网格方案 4 和网格方案 5 计算时间却要增加很多,从而大大增加了计算成本,如表 4.1 所示。轴肩尺寸即轴肩作用区域在一定程度上影响着网格尺寸的选取,从本书的计算结果看,单元最小尺寸/轴肩直径不大于 0.067 时,计算结果符合试验观测且继续增加网格数量对计算精度的影响明显降低,比较方案网格 4 和网格 5 可知,当网格加密到一定程度时,计算结果的精度并没有呈比例的增加。轴肩作用区域网格密度越大,变形网格的数目也就越多,也是导致计算时间增长的因素之一。同时在显式算法中,磁盘空间和内存需求与单元数量成正比,单元数量越多对计算机硬件设施的要求也越高。

由此可以看出,在数值模拟过程中,选取适当的网格尺寸和划分适量的网格数量对计算结果有较大的影响,选取恰当的网格参数既是真实精确地反映焊接接头行为特性,又是节省机时、提高运算效率的关键。

### 4.1.3　顺序热力耦合模型

与上述两个模型不同,顺序热力耦合模型可以同时体现残余应力和残余变形,是针对残余状态计算更为常见的方法,首先进行瞬态传热分析,计算焊接过程中焊接构件温度场变化历程。然后将计算得到的温度场结果作为温度载荷施加到热应力计算模型之中,计算温度变化引起的残余应力和残余变形。

焊接薄板尺寸为 304mm×304mm×6.35mm,如图 4.7 所示,材料为 Al 6061-T6 铝合金,搅拌头转速为 1250 r/min,焊速为 280mm/min,搅拌头的轴肩半径为 9.5mm,搅拌针的半径为 3.175mm,搅拌针的高度为 6mm。焊接从距离起始端 30mm 处开始到距离结束端 30mm 处结束。采用八节点六面体单元对模型进行网格划分,模型共包含 115311 个节点,98040 个单元。

有限元模型未建立底面支撑和夹具模型,传热计算时采用等效的热学边界条件代替。热应力计算时,底面支撑与夹具用等效的力学边界条件代替。在焊接和冷却过程中,模型底面与夹具位置作为固定约束,约束节点所有的自由度,如图 4.7 所示。薄板冷却至室温以后,去掉底面和夹具的约束,在 A 处选取少量节点约束所有方向的自由度,在 B 处选取少量节点约束竖向和横向方向的自由度,放开节点沿焊接方向的自由度,使薄板能够自由伸展,又可以避免计算过程中产生刚体位移。

构件内部残余应力为自平衡的内应力场,焊缝区域表现为拉伸应力,则其相邻区域表现为压缩残余应力,如图 4.8 所示,数值模型预测的纵向残余应力和横向残余应力与试验结果[31]吻合良好。预测纵向残余应力最大值为 141.2MPa,横向残余应力最大值为 39.3MPa,试验结果[31]的最大纵向残余应力和最大横向残余应力分别为 141.8MPa 和 43.1MPa,误差分别为 0.4% 和 8.8%。

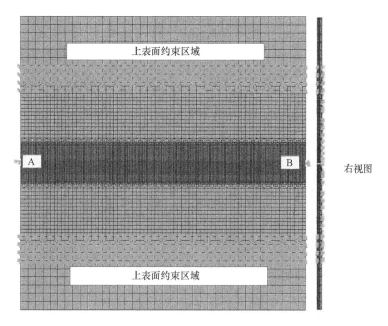

图 4.7　有限元模型及模型约束形式

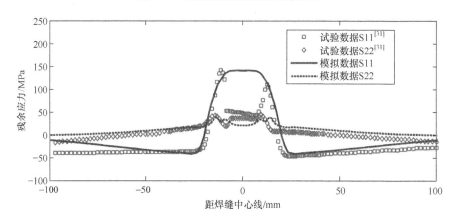

图 4.8　纵向残余应力(S11)及横向残余应力(S22)与试验结果[31]比较

　　顺序热力耦合模型可以进一步应用于 T 型等复杂形式的搅拌头,焊接薄板尺寸为 304mm×200mm×3mm,筋板的几何形状如图 4.9 所示,筋板厚度为 3mm。采用八节点六面体单元对有限元模型进行网格划分,焊缝区域最小网格尺寸为 0.5mm×0.5mm×0.5mm,远离焊缝位置焊接温度逐渐降低,可以采用粗网格进行网格划分,筋板和薄板都采用过渡网格进行细网格和粗网格之间的网格过渡。模型共包含 280592 个单元和 333018 个节点。焊接速度为 2mm/s,焊接起始位置距离边界 52mm,焊接长度为 200mm。

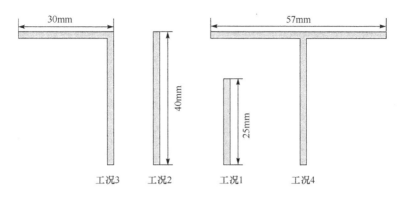

图 4.9 T 型焊接筋板形状和尺寸

焊接过程中,夹具的位置会影响焊后残余变形形式和残余应力的分布情况,本书根据文献[32]合理地安排夹具位置,如图 4.10 所示。数值模型未建立夹具的有限元模型,计算时采用等效的热学边界条件和力学边界条件代替。瞬态热传导计算过程中,将夹具考虑为等效的对流换热边界条件。进行热应力计算时,焊接和冷却过程中夹具考虑为等效的固定约束,即在夹具位置约束节点的所有自由度。焊接构件温度冷却至室温以后,放开夹具位置节点约束,使构件可以自由变形。为了避免在计算过程中出现刚体位移,选取模型中的少量节点作为固定约束。

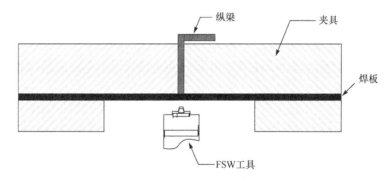

图 4.10 T 型焊接夹具约束形式

T 型焊接的目的是连接薄板和筋板,增加薄板结构的刚度和抗拉强度,而搅拌针的形状与尺寸对焊接接头质量有显著影响。本书工作选取文献[33]搅拌头尺寸对 T 型焊接过程进行数值模拟,如图 4.11 所示。双轴肩搅拌头可分为两级,第一级轴肩的半径为 12mm,第二级轴肩的半径为 6mm,高度为 2mm。搅拌针的形状为锥形,顶部半径为 2mm,高度为 3mm,锥角为 30°。T 型焊接采用的搅拌头形状与平板对接焊搅拌头形状存在差异,采用移动热源模拟双轴肩搅拌针,需要确定焊接过程中搅拌头产热功率和各部位所占比例。本书只考虑搅拌头与构件之间的相对摩擦所产生的热量,推导了双轴肩搅拌头的产热功率计算公式。热量主要来自于搅拌头一级轴肩、搅拌头二级轴肩和侧面,以及搅拌针侧面和底面与构件之间的摩擦生热。

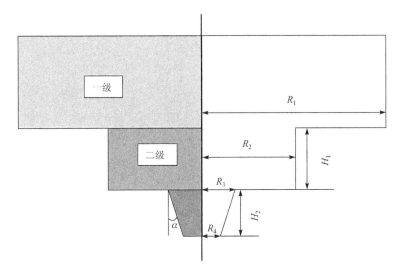

图 4.11　搅拌头几何形状

假设搅拌头与构件之间的接触摩擦力为 $\tau_{\text{contact}}$,搅拌头转速为 $\omega$,则双轴肩搅拌头与构件之间摩擦生热功率可由下面公式计算。

1) 搅拌头一级

搅拌头一级产热功率为搅拌头一级轴肩与构件之间的摩擦生热功率可表示为

$$Q_1 = \int_0^{2\pi} \int_{R_2}^{R_1} \omega \tau_{\text{contact}} r^2 \mathrm{d}r \mathrm{d}\theta$$
$$= \frac{2}{3} \pi \omega \tau_{\text{contact}} (R_1^3 - R_2^3) \qquad (4.2)$$

式中,$\omega$ 为转速。

2) 搅拌头二级

搅拌头二级轴肩与构件之间的摩擦生热功率可表示为

$$Q_2 = \int_0^{2\pi} \int_{R_3}^{R_2} \omega \tau_{\text{contact}} r^2 \mathrm{d}r \mathrm{d}\theta$$
$$= \frac{2}{3} \pi \omega \tau_{\text{contact}} (R_2^3 - R_3^3) \qquad (4.3)$$

搅拌头二级侧面与构件之间的摩擦生热功率可表示为

$$Q_3 = \int_0^{2\pi} \int_0^{H_1} \omega \tau_{\text{contact}} R_2^2 \mathrm{d}z \mathrm{d}\theta$$
$$= 2\pi \omega \tau_{\text{contact}} R_2^2 H_1 \qquad (4.4)$$

3) 搅拌针

搅拌针侧面与构件之间的摩擦生热功率可表示为

$$Q_4 = \int_0^{2\pi} \int_{R_4}^{R_3} \omega \tau_{\text{contact}} r^2 \frac{\mathrm{d}r\mathrm{d}\theta}{\sin\alpha}$$

$$= \frac{2\pi\omega\tau_{\text{contact}}}{3\sin\alpha}(R_3^3 - R_4^3) \tag{4.5}$$

搅拌针底面与构件之间的摩擦生热功率可表示为

$$Q_5 = \int_0^{2\pi} \int_0^{R_4} \omega \tau_{\text{contact}} r^2 \,\mathrm{d}r\mathrm{d}\theta$$

$$= \frac{2\pi\omega\tau_{\text{contact}} R_4^3}{3} \tag{4.6}$$

搅拌头产热功率为

$$Q_{\text{tot}} = Q_1 + Q_2 + Q_3 + Q_4 + Q_5$$

$$= \frac{2\pi\omega\tau_{\text{contact}}}{3}\left(R_1^3 - R_3^3 + R_4^3 + 3R_2^2 H_1 + \frac{R_3^3 - R_4^3}{\sin\alpha}\right) \tag{4.7}$$

搅拌头一级、二级和搅拌针产热功率所占的比例分别如下。

搅拌头一级为

$$\text{Efficient}_1 = \frac{Q_1}{Q_{\text{tot}}} = \frac{R_1^3 - R_2^3}{R_1^3 - R_3^3 + R_4^3 + 3R_2^2 H_1 + \dfrac{R_3^3 - R_4^3}{\sin\alpha}} = 77.2\% \tag{4.8}$$

搅拌头二级为

$$\text{Efficient}_2 = \frac{Q_2 + Q_3}{Q_{\text{tot}}} = \frac{R_2^3 - R_3^3 + 3R_2^2 H_1}{R_1^3 - R_3^3 + R_4^3 + 3R_2^2 H_1 + \dfrac{R_3^3 - R_4^3}{\sin\alpha}} = 21.7\% \tag{4.9}$$

搅拌针为

$$\text{Efficient}_3 = \frac{Q_3 + Q_5}{Q_{\text{tot}}} = \frac{\dfrac{R_3^3 - R_4^3}{\sin\alpha} + R_4^3}{R_1^3 - R_3^3 + R_4^3 + 3R_2^2 H_1 + \dfrac{R_3^3 - R_4^3}{\sin\alpha}} = 1.1\% \tag{4.10}$$

可以看出,焊接热量主要来自于搅拌头一级和搅拌头二级与构件之间的摩擦生热,搅拌针与构件之间的摩擦生热在总热量中所占比例较小。

数值仿真过程中并没有建立搅拌头的有限元模型,而是通过移动热源的形式模拟搅拌头的作用。搅拌头一级所产生的热量用移动面热源进行模拟,搅拌头二级和搅拌针所产生的热量用移动体热源进行模拟,如式(4.11)~式(4.13)所示,即

$$q_s(r) = \frac{3Q_1 r}{2\pi(R_1^3 - R_2^3)} \tag{4.11}$$

$$q_{p1}(r) = \frac{Q_2 + Q_3}{\pi R_2^2 H_1} \tag{4.12}$$

$$q_{p2}(r) = \frac{3(Q_4 + Q_5)}{\pi(R_3^2 + R_3 R_4 + R_4^2)H_2} \tag{4.13}$$

式中，$q_s(r)$ 为搅拌头一级轴肩热流密度，为面热源；$q_{p1}(r)$ 为搅拌头二级热流密度；$q_{p2}(r)$ 为搅拌针热流密度。

图 4.12 给出了 T 型焊接构件的温度场分布情况（工况 1），T 型焊接构件温度场与对接焊构件温度场分布形式相似：在搅拌头前方温度梯度较大，搅拌头后方温度梯度较小，等温线为椭圆形状。因为薄板厚度仅为 3mm，因此沿薄板厚度方向温度变化并不明显。焊接过程中一部分热量通过热传导作用流入筋板，焊接最高温度并没有出现在焊缝中心位置，而是出现在筋板两侧。筋板吸收热量而升温，当焊接参数一定时，筋板的尺寸必定会对焊接温度产生影响，如表 4.2 所示，流入筋板的热量随着筋板尺寸的增大而逐渐增多，焊接温度逐渐降低。分别提取四种工况下筋板的温度场分布情况，如图 4.13 所示，随着筋板尺寸的增大，筋板的温度逐渐降低。

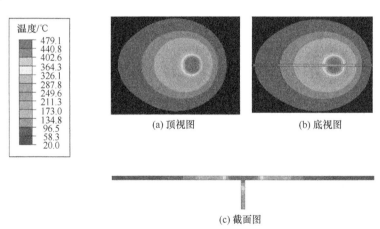

（a）顶视图　　　　　　（b）底视图

（c）截面图

图 4.12　T 型焊接温度场分布云图

**表 4.2　T 型焊接最高温度**

| 工况 | 工况 1 | 工况 2 | 工况 3 | 工况 4 |
|------|--------|--------|--------|--------|
| 温度/℃ | 479.1 | 475.0 | 471.5 | 470.0 |

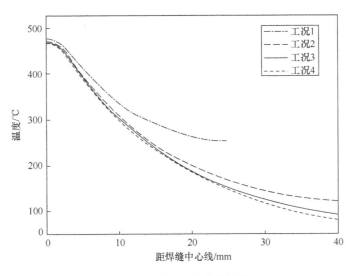

图 4.13　筋板温度分布情况

　　图 4.14 为焊接过程中纵向应力与温度变化历程曲线。搅拌头与焊接构件之间摩擦产生的热量使热影响区和热力影响区的材料温度升高,材料受热膨胀挤压周围材料并受到周围材料的约束而表现为压缩应力。随着搅拌头继续向前移动,该部分材料由于热传导作用和对流换热作用温度逐渐降低,此时材料冷却收缩而产生拉伸应力。撤去夹具约束,只固定构件少量节点使构件可以自由变形,以释放内部能量达到新的平衡状态,焊缝处拉伸应力随之降低。

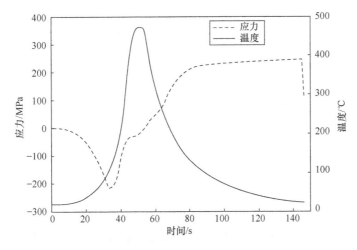

图 4.14　焊接过程中应力与温度变化过程

　　T型焊与平板对接焊纵向残余应力对比如图4.15所示。T型焊接构件纵向残余应力与平板对接焊构件纵向残余应力的分布形式相似,焊缝区域材料为拉伸残余应力,远离焊缝区域材料表现为压缩残余应力。对于T型焊接构件,筋板增大了焊接构件的弯曲刚度,撤去夹具约束之后,构件发生弯曲变形需要更多的能量,所以T型焊接构件具有更大的拉伸残余应力和更宽的拉伸残余应力区域,T型焊接构件最大残余应力比平板对接焊构件最大残余应力大15%以上。在距离焊缝中线2mm位置T型焊接纵向残余应力出现局部极小值,这与平板对接焊残余应力分布趋势存在差异。工况2~4T型焊接残余应力分布情况几乎相同,最大拉伸残余应力均小于工况1的最大拉伸残余应力。图4.16为焊缝区域材料塑性应变分布情况。对比残余应力和塑性应变分布曲线可以发现,残余应力分布形式与塑性应变分布形式相似。在冷却过程中,焊缝区域材料的局部塑性变形会阻碍材料的收缩变形,焊缝区域表现为拉伸残余应力,而随着塑性应变的增大阻碍作用逐渐增强,因此最大残余应力出现在焊缝边缘位置。距离焊缝中线2mm处的塑性应变出现局部极小值,因此残余应力也在此处出现局部极小值。撤去约束之前和撤去夹具约束之后构件塑性应变分布形式完全相同,可知撤去约束之后构件内部并不会产生新的塑性变形,构件变形为构件内部应力自平衡而引起的弹性变形。

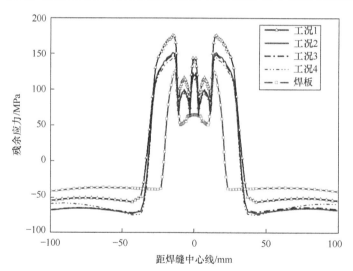

图4.15　平板对接焊与T型焊接纵向残余应力分布情况

　　图4.17为筋板纵向残余应力分布情况。在筋板底部靠近焊缝位置为拉伸残余应力,在筋板顶部为压缩残余应力,这与薄板残余应力分布形式相似。筋板最大拉伸残余应力高于250MPa,出现在距离搅拌头底部2mm处。当高度小于10mm时,工况2~4筋板几乎具有相同的纵向残余应力分布形式。筋板底部材料的纵向

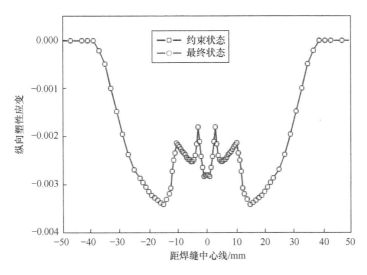

图 4.16 撤去夹具之前与撤去夹具之后纵向塑性应变对比

残余应力可以达到材料屈服极限的 75%,由本章研究内容可知,拉伸残余应力可以增大焊接构件的疲劳裂纹扩展速率,如果裂纹出现在筋板位置可能会直接影响构件的服役寿命,因此对 T 型焊接进行结构设计时应充分考虑筋板对残余应力的影响。撤去夹具约束,筋板底部的材料收缩使得筋板顶部的材料呈现压缩应力,同时工况 1 残余变形为反马鞍面形状,会进一步降低筋板顶部的残余应力,因此工况 1 筋板的残余应力低于工况 2~4 筋板的残余应力。

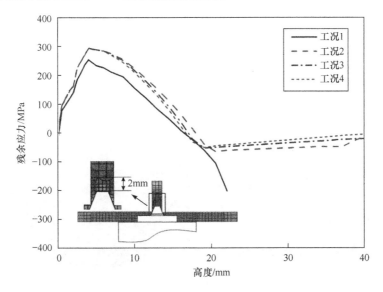

图 4.17 筋板纵向残余应力分布

筋板最大残余应力如表 4.3 所示,筋板高度和筋板最大残余应力之间的关系可以由式(4.14)表示,即

$$S(h) = 0.0076h^3 - 0.9823h^2 + 41.9263h - 295.7475 \qquad (4.14)$$

式中,$h$ 为筋板高度;$S(h)$ 为最大残余应力。为了验证方程(4.14)的正确性,选取筋板高度为 27mm 对 T 型焊接进行数值仿真,筋板最大残余应力为 269.4MPa。根据方程(4.14)预测筋板最大残余应力为 270.2MPa,误差小于 1%,从而验证了关系式(4.14)的可行性。

表 4.3　筋板最大残余应力

| 筋板高度/mm | 25 | 29 | 32 | 35 | 40 |
|---|---|---|---|---|---|
| 最大残余应力/MPa | 257.6 | 280.0 | 289.8 | 295.3 | 297.6 |

### 4.1.4　焊接叶轮残余应力

移动热源模型不仅适用于 FSW 的数值模拟,也可以适用于熔焊工艺的数值模拟。采用双椭球移动热源,基于顺序热力耦合模型,采用双椭球热源模型,模拟叶轮焊接中的温度变化以及残余应力的分布,材料选用 15MnNiCrMoV,其材料力学性能和热物理参数随温度变化[34]。所选取的焊接参数和热源参数如表 4.4 和表 4.5 所示。

表 4.4　焊接工艺参数

| 电流 $I$/A | 电压 $U$/V | 焊接速度 $v$/(mm/s) | 焊接热效率 $\eta$ | 焊接角度 $\beta$/℃ |
|---|---|---|---|---|
| 180 | 24 | 31.4 | 0.7 | 45 |

表 4.5　热源参数

| $f_1$ | $f_2$ | $a_1$/mm | $a_2$/mm | $b$/mm | $c$/mm |
|---|---|---|---|---|---|
| 1 | 1 | 4 | 1 | 2 | 2 |

叶轮几何模型和有限元模型如图 4.18 所示。

(a) 几何形状　　　　　　　　　　　　(b) 有限元模型

图 4.18　叶轮几何形状及有限元模型

为了对基于 ABAQUS 开发的 FORTRAN 子程序模块进行验证,参考 Deng[35]等对平板对接焊的数值温度场、应力场的计算,建立有限元模型如图 4.19 所示,构件尺寸、材料属性和焊接工艺参数均与文献保持一致,所得到的温度云图如图 4.20 所示。所得到的最高焊接温度为 1869℃,参考节点的温度历史与文献结果的对比如图 4.21 所示,通过对比发现当前模型所预测的温度历史与文献吻合良好,验证了模型和程序的有效性。

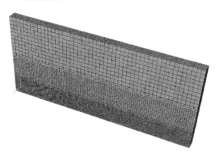

图 4.19 平板有限元网格

图 4.20 温度场

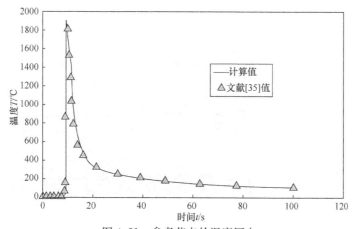

图 4.21 参考节点的温度历史

图 4.22 所示为预测得到的残余应力分布与参考文献的对比,展现了较好的吻合规律,在验证温度预测正确性的前提下,进一步验证了模型对纵向残余应力预测的有效性。

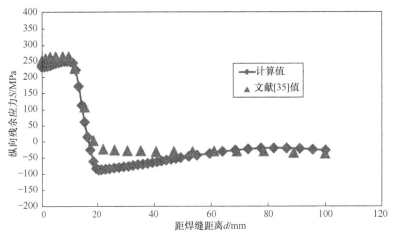

图 4.22　纵向残余应力

叶轮焊接温度场、叶片焊接部位局部等温线如图 4.23 所示,热源在移动过程中,焊接区内各点温度迅速升高,之后逐渐形成稳态,焊接最高温度为 1569℃,在

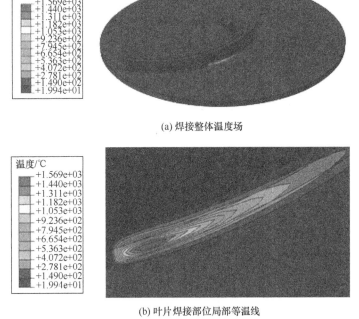

(a) 焊接整体温度场

(b) 叶片焊接部位局部等温线

图 4.23　焊接温度场计算结果

熔池附近区域,存在明显的温度梯度。选取焊接构件上不同区域的各点,绘制热循环曲线如图 4.24 所示。在叶片上离开焊缝 2.5mm 处,最高焊接温度降低为 150℃,离焊缝越远,焊接温度越低,离开焊缝 7.5mm,最高温度进一步降低为 48.1℃,轮盘上距焊缝 13.6mm 处,焊接温度降至 74.7℃,轮盘上各点散热程度低于叶片上各点。

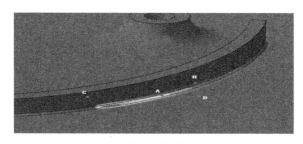

(a) 热循环节点位置

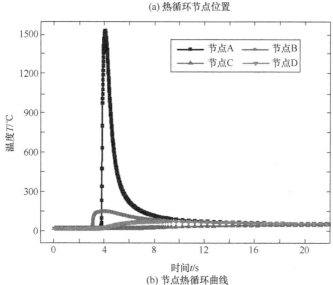

(b) 节点热循环曲线

图 4.24 轮盘不同位置温度曲线

焊接工艺参数对最大焊接温度的影响如表 4.6 所示,定义线能量 $\gamma = UI/v \geqslant$ 183,越接近此值,焊接温度越接近材料熔点,随着 $\gamma$ 的增加,焊接温度随之升高。

表 4.6 焊接参数对最大焊接温度的影响

| 参数 | 工况 1 | 工况 2 | 工况 3 | 工况 4 | 工况 5 | 工况 6 |
|------|--------|--------|--------|--------|--------|--------|
| 电压 $U/V$ | 24 | 24 | 24 | 24 | 24 | 18 |
| 电流 $I/A$ | 160 | 180 | 200 | 220 | 240 | 180 |
| 焊接速度 $v/(mm/s)$ | 31.4 | 31.4 | 31.4 | 31.4 | 31.4 | 31.4 |
| 最高温度/℃ | 1025 | 1155 | 1294 | 1399 | 1569 | 909 |

| 参数 | 工况 7 | 工况 8 | 工况 9 | 工况 10 | 工况 11 | 工况 12 |
|---|---|---|---|---|---|---|
| 电压 $U$/V | 20 | 22 | 26 | 24 | 24 | 24 |
| 电流 $I$/A | 180 | 180 | 180 | 180 | 180 | 180 |
| 焊接速度 $v$/(mm/s) | 31.4 | 31.4 | 31.4 | 15 | 22 | 25 |
| 最高温度/℃ | 992 | 1077 | 1259 | 2118 | 1657 | 1402 |

将工况 1 得到的温度场作为热载荷计算的残余应力分布,如图 4.25 所示,同一截面上,最大应力出现在叶片外侧的热影响区内,垂直焊缝方向应力最大值出现在叶片内侧,叶片表面的残余应力数值较高,且靠近焊缝一侧的叶片表面残余应力数值远高于叶片另外一侧。

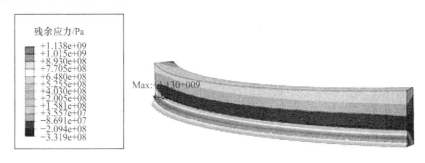

(a) 沿焊缝方向

(b) 垂直焊缝方向

图 4.25　残余应力

为了观测叶片焊接温度和焊接热应力之间的关系,图 4.26 显示了随焊接温度的不断变化,热应力逐渐增加,当焊接温度达到峰值时,热应力滞后几秒达到最大值,之后随焊接温度的不断减小,热应力有下降趋势,在最后的卸载时刻出现相对较为明显的应力下降,最后得到的应力场即残余应力场,残余应力的数值与文献[36]接近。

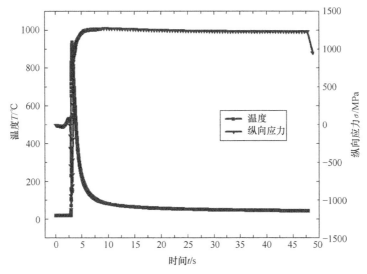

图 4.26　叶片温度与应力和塑性应变时程曲线

　　叶片厚度对残余状态的影响如图 4.27 所示,随着叶片厚度的增加,焊接区域残余塑性变形略有减小。远离焊缝的位置残余应力随叶片板厚增加而减小,焊缝附近残余应力则随叶片厚度增加而略有增加。

　　轮盘厚度对残余状态的影响如图 4.28 所示,随着轮盘厚度的增加,轮盘刚度随之增加,与之相对应的叶片残余变形增加,从而导致叶片残余应力随轮盘厚度的增加而增加,这说明残余应力的分布与叶片和轮盘的刚度比有关。

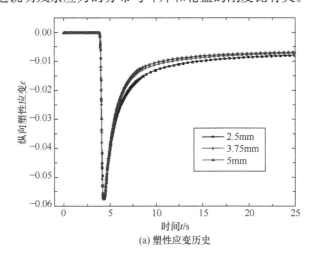

(a) 塑性应变历史

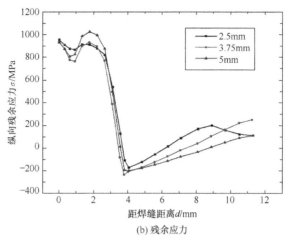

(b) 残余应力

图 4.27　叶片厚度对残余状态的影响

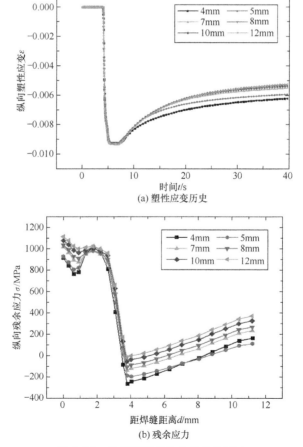

(a) 塑性应变历史

(b) 残余应力

图 4.28　轮盘厚度对残余状态的影响

叶轮通常会采用 TIG 等熔焊焊接形式进行连接,采用 FSW 固态焊接工艺显然会显著降低残余应力的数值,但是关于 FSW 在叶轮上的应用需要进一步研究。

## 4.2 残余变形

构件焊接残余变形表现为材料收缩引起的弯曲变形,如果保持焊接参数不变,改变构件的几何尺寸,即改变了构件的弯曲刚度,势必会影响构件的焊接残余变形。为了研究模型尺寸对残余变形的影响,本书建立了 9 组不同尺寸的有限元模型,模型厚度均为 6.35mm,模型长度和宽度如表 4.7 所示。

表 4.7　9 组模型尺寸情况

| 工况 1 /mm | 工况 2 /mm | 工况 3 /mm | 工况 4 /mm | 工况 5 /mm | 工况 6 /mm | 工况 7 /mm | 工况 8 /mm | 工况 9 /mm |
|---|---|---|---|---|---|---|---|---|
| 304×304 | 304×608 | 304×912 | 608×304 | 608×608 | 608×912 | 1216×304 | 1216×608 | 1216×912 |

选取模型上表面 C 点与下表面 D 点,如图 4.29 所示,记录焊接过程中应力的变化情况。选取模型边线和中线位置提取模型残余变形值,对比模型尺寸对纵向和横向弯曲变形的影响。分别取 B 点和 A 点作为参考点,即在提取不同模型变形曲线之后,把 B 点与 A 点作为坐标原点,研究模型尺寸对残余变形的影响。选取E 点比较不同模型相对位移(B 点位移减去 E 点位移),定量分析模型尺寸变化对焊后残余变形的影响。

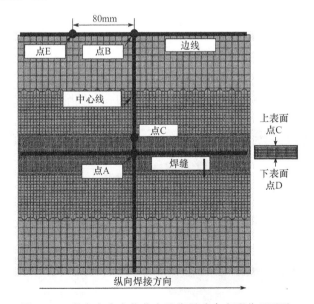

图 4.29　考察应力变化节点及衡量残余变形位置选取

应力随时间的变化曲线如图 4.30 所示,随着搅拌头的向前移动,搅拌头逐渐接近 C 点,C 点材料温度逐渐升高。搅拌头搅拌区域材料受热膨胀,挤压周围材料,因此随着搅拌头的前移,C 点和 D 点应力表现为压缩应力,并且压缩应力逐渐增大。随着温度的进一步升高,材料的屈服极限逐渐降低,此时压缩应力会随着屈服极限的降低而减小。搅拌头经过 C 点继续向前移动,C 处温度由于热传导和热对流作用逐渐降低,材料收缩并逐渐表现为受拉状态。当构件冷却至室温,薄板下表面拉伸应力大于上表面拉伸应力,所以放开薄板约束之后,下表面材料收缩比上表面材料收缩更加剧烈,薄板将产生向上的弯曲变形。

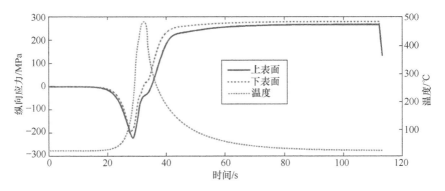

图 4.30　应力和温度随时间的变化曲线

构件的长度保持不变,增加构件的宽度,即增大了构件的纵向弯曲刚度,弯曲曲率与弯曲刚度有如下关系,即

$$\frac{1}{r} \propto \frac{1}{EI} \tag{4.15}$$

式中,EI 为构件弯曲刚度。焊缝纵向应力是由于材料收缩受到约束引起的,撤去夹具约束之前,拉伸应力局限于靠近焊缝位置的一个较窄的区域,如图 4.31 所示,

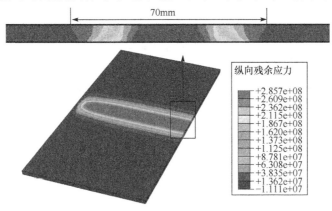

图 4.31　撤去夹具约束之前纵向应力分布

距离焊缝越远应力值越小,焊接残余变形主要受焊缝区域应力控制。当焊接参数相同时,即使增大了构件的宽度,其控制变形的应力区域并没有显著变化。因此,当焊接长度相同时,构件纵向残余变形的曲率随着构件宽度的增大而逐渐降低,如图 4.32～图 4.34 所示。

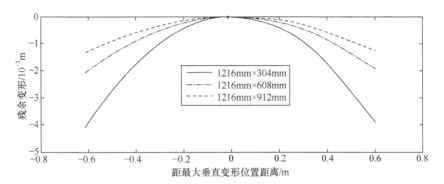

图 4.32　构件长度为 1216mm 时纵向残余变形

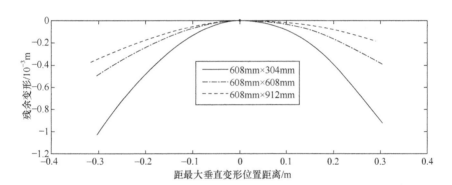

图 4.33　构件长度为 608mm 时纵向残余变形

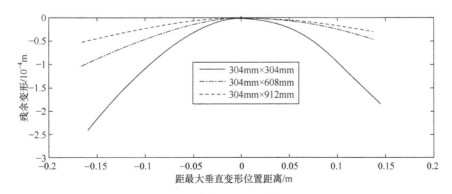

图 4.34　构件长度为 304mm 时纵向残余变形

　　图 4.35～图 4.37 给出了构件宽度相同时构件长度对残余变形的影响。纵向残余变形的曲率随着构件长度的增大而逐渐增大,但构件长度对残余变形的影响并没有宽度对其影响显著。当构件宽度为 304mm 时,构件长度对构件残余变形曲率几乎没有影响,如图 4.37 所示。构件尺寸的变化对横向残余变形影响较小,如图 4.38 所示。横向弯曲变形主要由焊缝区域弯曲变形引起,远离焊缝区域几乎没有弯曲变形发生。

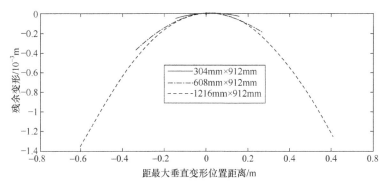

图 4.35　构件宽度为 912mm 时纵向残余变形

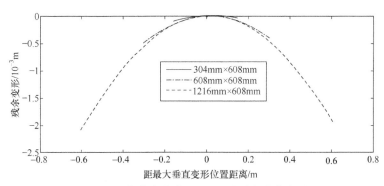

图 4.36　构件宽度为 608mm 时纵向残余变形

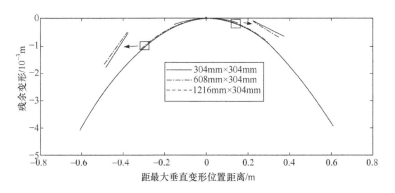

图 4.37　构件宽度为 304mm 时纵向残余变形

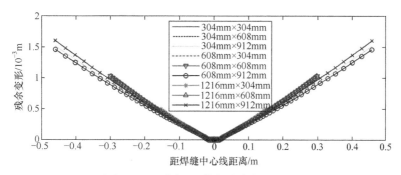

图 4.38　不同工况横向残余变形对比

提取九组尺寸构件最大残余变形,如表 4.8 所示,最大变形量与模型尺寸的关系可由式(4.16)表示,即

$$f(L, W) = (-1605 + 34.05L - 7.441W + 0.01395L^2$$
$$- 0.04596L \times W + 0.03087W^2) \times 10^{-4} \tag{4.16}$$

式中,$L$ 和 $W$ 分别为构件的长度和宽度。

表 4.8　最大残余变形　　　　　　　　　　　　　　(单位:mm)

| 工况 1 | 工况 2 | 工况 3 | 工况 4 | 工况 5 | 工况 6 | 工况 7 | 工况 8 | 工况 9 |
|---|---|---|---|---|---|---|---|---|
| 0.648 | 0.9931 | 1.458 | 1.472 | 1.485 | 1.859 | 4.555 | 3.113 | 2.902 |

为了验证方程(4.16)的正确性,对构件尺寸为 456mm×304mm、456mm×456mm 和 456mm×608mm 的三组模型进行数值仿真,预测最大残余变形分别为 1.004mm、1.07mm 和 1.182mm,如图 4.39~图 4.41 所示。通过方程预测结果分别为 1.104mm、1.029mm 和 1.097mm,误差都在 10% 以内,因此该方程可用于搅拌摩擦焊残余变形的预测。

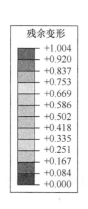

图 4.39　残余变形,456mm×304mm

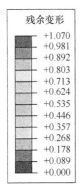

图 4.40　残余变形,456mm×456mm

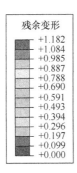

图 4.41　残余变形,456mm×608mm

　　进一步焊接平板修改为 T 型板,得到的计算结果如下。图 4.42 所示为工况 1
残余变形分布形式,当筋板的高度为 25mm 时,T 型焊接构件残余变形与平板对
接焊残余变形形式相似,呈现出反马鞍面形状,沿焊接方向产生向上的弯曲变形,
沿宽度方向产生下凹的变形。宽度方向变形主要由焊缝处的材料变形引起,远离
焊缝区域几乎没有弯曲变形发生,而 T 型焊接构件厚度仅为 3mm,焊缝区域上下
表面材料温度差异很小,并且筋板对宽度方向的变形具有一定的限制作用[37]。因
此 T 型焊接残余变形主要表现为沿焊接方向上的弯曲变形。

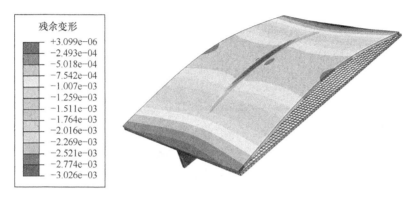

图 4.42　T 型焊接构件残余变形分布(工况 1)

　　工况 2～4 焊接构件残余变形如图 4.43～图 4.45 所示,焊接构件沿焊接方向
产生向下的弯矩变形,表现为马鞍面形状,这与工况 1 焊接构件残余变形形式存在
显著差异。表 4.9 给出了工况 1～4 截面的几何形心和放开夹具约束之前 C-C 截
面规范化的弯矩($\overline{M}_i$),其中 $\overline{M}_i$ 定义为

$$\overline{M}_i = \frac{M_i}{|M_4|}, \quad i = 1, 2, 3, 4 \tag{4.17}$$

式中,$i$ 表示工况;$M_i$ 为工况 $i$ 截面 C-C 处的弯矩。

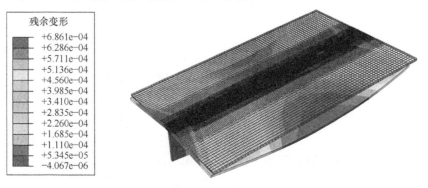

图 4.43　T 型焊接构件残余变形分布(工况 2)

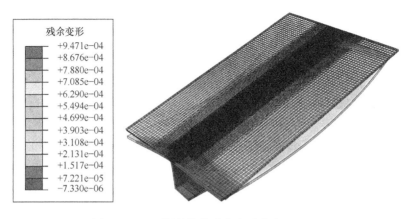

图 4.44　T 型焊接构件残余变形分布（工况 3）

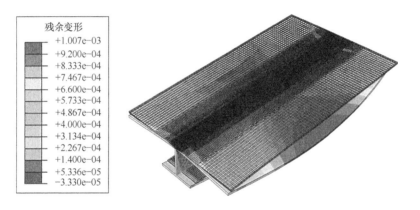

图 4.45　T 型焊接构件残余变形分布（工况 4）

表 4.9　工况 1～4 截面的几何形心和规范化的截面弯矩

| 工况 | 工况 1 | 工况 2 | 工况 3 | 工况 4 |
|---|---|---|---|---|
| 截面几何形心/mm | 3.1 | 5.1 | 8.8 | 11.8 |
| 规范化的弯矩 | 0.299 | −0.173 | −0.567 | −1 |

　　工况 1 截面 C-C 处规范化的弯矩为正值，而工况 2～4 截面 C-C 处规范化的弯矩均为负值，因此工况 1 沿焊接方向产生向上的弯曲变形，而工况 2～4 沿焊接方向产生向下的弯曲变形。工况 4 的筋板为 T 型板，其尺寸大于工况 2 筋板的尺寸，所以工况 4 焊接构件具有更大的弯曲刚度。但工况 4 焊接构件放开约束之前具有更大的截面弯矩，如表 4.9 所示，工况 4 焊接构件具有更大的残余变形，工况 4 和工况 2 最大残余变形分别为 1.01mm 和 0.69mm。工况 3 筋板为 L 型板，为非对称结构，工况 3 残余变形也呈现非对称分布。由以上分析可知，筋板尺寸和形状对焊接构件残余变形和残余应力具有显著影响，筋板不仅可以增大焊接构件的

刚度,而且会改变构件截面几何形心的位置。因此焊接构件残余变形不仅和构件刚度有关,还与构件形心位置有关,通过增大筋板尺寸并不一定可以降低焊接构件的残余变形。

　　根据上述分析可知,筋板的尺寸和形状会影响构件残余变形的大小和形式。筋板高度为 24mm 时,焊接构件产生向上的弯曲变形,而筋板高度为 40mm 时,焊接构件产生向下的弯曲变形。因此,当筋板高度为 25～40mm 变化时,必定可以找到一个筋板尺寸,使焊接构件几乎不产生纵向弯曲变形。当筋板高度为 29mm 时,构件产生向上的弯曲变形,最大残余变形为 0.93mm,远小于筋板高度为 25mm 时焊接构件的残余变形 3.03mm,如图 4.46 所示。增大筋板高度至 35mm,构件产生向下的弯曲变形,如图 4.47 所示。将筋板高度由 35mm 减小为 32mm,焊接构件几乎没有产生弯曲变形,如图 4.48 所示,最大残余变形为 0.13mm,产生在焊缝中心位置,为材料受热膨胀而引起的局部变形,并非结构整体的弯曲变形。因此,进行搅拌摩擦焊 T 型焊接时可以通过优化筋板的尺寸和形状,达到减小焊接构件残余变形的目的,这对搅拌摩擦焊的工程应用具有重要意义。

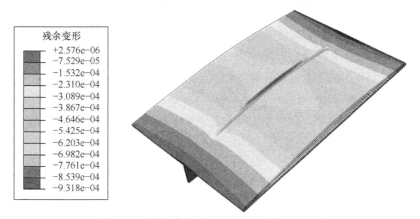

图 4.46　筋板高度为 29mm 时残余变形形式

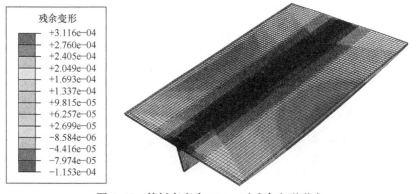

图 4.47　筋板高度为 35mm 时残余变形形式

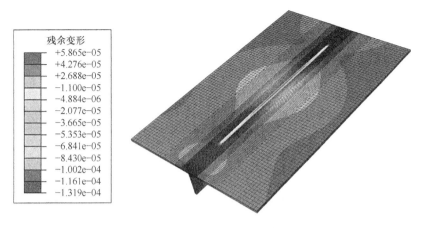

图 4.48　筋板高度为 32mm 时残余变形形式

## 4.3　热处理影响

　　焊接残余应力会影响构件的损伤容限[38]和疲劳寿命[39,40]，一般情况下搅拌摩擦焊构件焊缝处残余应力为拉伸应力，研究表明：当裂纹产生在焊缝区时，焊接残余应力将降低焊接构件的服役寿命。同时，较大的拉伸残余应力降低了焊接构件承受拉伸载荷的能力，使材料更容易屈服。因此，消除焊接构件残余应力对构件的工程应用具有重要意义。本节采用焊后热处理的方法考察热作用对焊接残余应力的影响，焊后热处理是将焊接构件加热至一定温度，并保温一定时间，然后再进行缓慢冷却的过程。

### 4.3.1　焊接平板

　　为对比 FSW 焊接与 TIG 焊接过程，建立平板有限元焊接模型，平板焊接过程具有极强的对称性，因此仅建立半块平板有限元模型，如图 4.49 所示。在实际焊接过

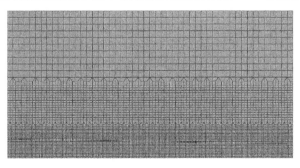

图 4.49　平板有限元模型

程中,FSW 焊接应设有相应的夹具约束,用以约束焊材的自由移动,TIG 焊接过程中,焊材则相对自由,因此 TIG 有限元建模过程中未考虑焊接夹具对构件温度场及残余应力场的影响。焊接薄板尺寸为 200mm×200mm×9mm,模型中共包含 61434 个节点,53200 个单元。

焊接材料选择 S15 钢,材料参数[35]如图 4.50 和图 4.51 所示。

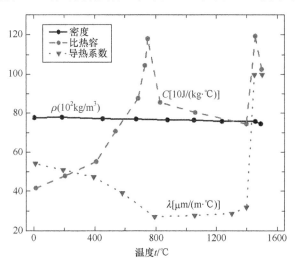

图 4.50　S15 钢热学参数

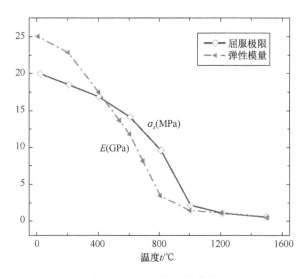

图 4.51　S15 钢力学参数

　　计算中,对两种焊接方式采用不同的移动热源模型,FSW 焊接采用面热源模型,只考虑轴肩与构件之间的摩擦生热,热流密度可表示为公式(4.18)[41];TIG 焊接采用双椭球热源模型,热流密度可表示为公式(4.19)和公式(4.20)[42],即

$$q_s(r) = \frac{3Qr}{2\pi(R_0^3 - R_1^3)}, \quad R_1 \leqslant r \leqslant R_0 \tag{4.18}$$

前半球热源分布函数为

$$q(r) = \frac{6\sqrt{3}f_1 Q}{\pi^{3/2} a_1 bc} \exp\left\{-3\left[\left(\frac{x}{a_1}\right)^2 + \left(\frac{y}{b}\right)^2 + \left(\frac{z}{c}\right)^2\right]\right\} \tag{4.19}$$

后半球热源分布函数为

$$q(r) = \frac{6\sqrt{3}f_2 Q}{\pi^{3/2} a_2 bc} \exp\left\{-3\left[\left(\frac{x}{a_2}\right)^2 + \left(\frac{y}{b}\right)^2 + \left(\frac{z}{c}\right)^2\right]\right\} \tag{4.20}$$

式中,$Q$ 为热输入功率;$R_0$、$R_1$ 分别为搅拌头轴肩半径、搅拌针半径;$a_1$、$a_2$、$b$、$c$ 分别为双椭球热源模型前半轴长、后半轴长、椭球宽度、椭球深度;$f_1$、$f_2$ 为热输入功率 $Q$ 在前后半球的分布系数,且 $f_1 + f_2 = 2$。

　　模拟两种不同焊接方式时应选择合适的焊接工艺参数,以保证焊接最高温度达到工程实际焊接温度范围内,计算所采用焊接工艺参数及焊接温度场结果如表 4.10 所示。焊接过程中,起焊 14s 后温度场如图 4.52 和图 4.53 所示,焊接过程中,FSW 焊接温度场较 TIG 焊接数值较低,且仅为熔点的 70% 左右,瞬时温度场中焊接尾焰较 TIG 焊接短,这代表着 FSW 焊接过程中,焊接部分降温速度更为明显,且计算中,FSW 焊接过程中热输入功率为 1500W,TIG 焊接过程热输入功率为 3000W,焊接最高温度分别为 1007℃ 及 1683℃,从能量利用率角度评估焊接效率,则 FSW 焊接、TIG 焊接能量利用率分别为 67.8% 和 56.1%,这样的计算结果表明,FSW 焊接在保证焊接所需温度的前提下,相比于熔化焊需要更少的能量输入功率,就可完成焊接任务,FSW 焊接方式具有更好的节能效果。

表 4.10　焊接工艺参数及焊接温度

| 焊接方式 | 焊速 $v$/(mm/s) | 焊接工艺参数/mm | | | | 热输入功率 $Q$/W | 稳态下最高焊接温度 $T$/℃ |
|---|---|---|---|---|---|---|---|
| FSW | 10 | $R_0$ | | $R_1$ | | 1500 | 1065 |
| | | 4 | | 12 | | | |
| TIG | 10 | $a_1$ | $a_2$ | $b$ | $c$ | 3000 | 1683 |
| | | 4 | 2 | 3 | 2 | | |

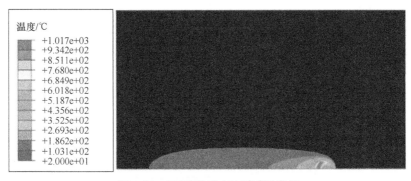

图 4.52　FSW 焊接 14s 瞬时温度场

图 4.53　TIG 焊接 14s 瞬时温度场

为进一步观察焊接过程中的温度变化,给出焊缝处及距焊缝 10.3mm、21.4mm、54.8mm 处的温度场时程曲线,如图 4.54 和图 4.55 所示,两种焊接过程中,热循环曲线规律基本相同,但 FSW 相对 TIG 焊接具有较低的焊接温度,随着离焊缝距离的增大,这种温度的差异性降低,焊接最高温度趋近相同,在远离焊缝位置基本一致。

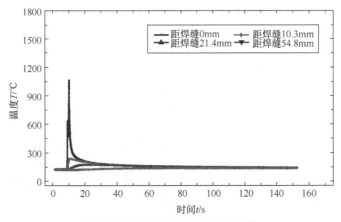

图 4.54　FSW 焊接节点温度曲线

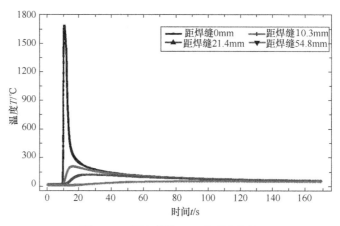

图 4.55　TIG 焊接 14s 瞬时温度场

　　将焊接温度场作为初始条件施加于应力场计算模型中,纵向残余应力云图如图 4.56 和图 4.57 所示,取构件中间截面上距焊缝表面不同距离位置的截面纵向残余应力,绘制曲线如图 4.58 和图 4.59 所示。计算结果表明 FSW 焊接最大纵向残余应力为 228.5MPa,低于材料屈服强度 8.6%,TIG 焊接最大纵向残余应力为 289MPa,超出材料屈服强度 15.6%,FSW 焊接最大残余应力约为 TIG 焊接的 20%[43];FSW 焊接高应力区仅集中在距离焊缝较近的位置,在热影响区内夹具边缘位置出现明显的拉应力,在远离焊缝位置应力分布较为均匀,TIG 焊接的高应力区范围则相对较大,在热影响区内小范围内出现较陡的应力梯度,纵向应力在很小的范围内由高拉伸应力迅速变小并转变为拉应力,这样的应力分布对结构的力学性能是极其不利的,而在远离焊缝位置则形成中间大两侧小的压应力分布,应力与分布程度均不如 FSW 焊接;在垂直方向不同位置的应力对比中,FSW 焊接仅在中间表面的焊核区及热影响区范围内出现一定的应力增大现象,但随着截面位置靠近上下表面,应力将缓慢降低,TIG 焊接中,由于热源的穿透作用,焊核区内均将出现极大的纵向拉伸应力,所以,垂直方向的纵向残余应力分布仍为 FSW 焊接较好。

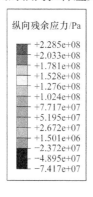

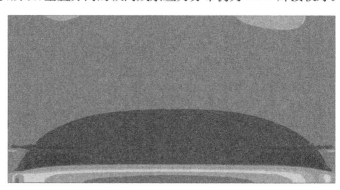

图 4.56　FSW 焊接纵向残余应力

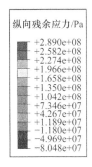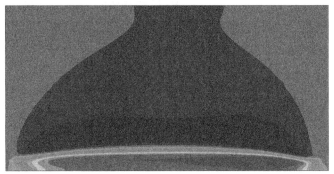

图 4.57　TIG 焊接纵向残余应力

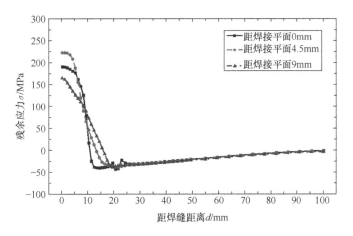

图 4.58　FSW 焊接不同平面内纵向残余应力

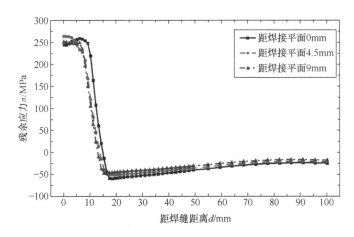

图 4.59　TIG 焊接不同平面内纵向残余应力

为了对比热输入功率对 FSW 焊接及 TIG 焊接温度场、残余应力场的影响,对两种焊接方式的热输入分别进行调整,工况热输入功率如表 4.11 所示,焊后温度场、残余应力场如图 4.60 和图 4.61 所示。

**表 4.11　焊接热输入工况**

| 焊接方式 | 工况 1 | 工况 2 | 工况 3 | 工况 4 | 工况 5 |
|---|---|---|---|---|---|
| FSW | 1300W | 1400W | 1500W | 1600W | 1700W |
| TIG | 2600W | 2800W | 3000W | 3200W | 3400W |

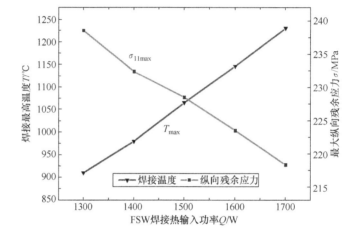

图 4.60　FSW 焊接不同平面内纵向残余应力

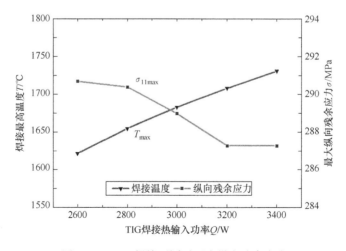

图 4.61　TIG 焊接不同平面内纵向残余应力

以上结果表明,两种焊接方式下热输入功率对温度场及残余应力场的影响具有一致性,即焊接最高温度随热输入功率增加而升高,最大纵向残余应力随热输入功率增加而减低,本计算中热输入功率对焊接过程的影响与郭柱等[44]对焊接速度与纵向残余应力的关系相似,低焊速将导致更高的焊接热输入,进而使得焊接温度升高,这样的高热输入将导致相对较低的纵向残余应力,郭柱等将这种现象解释为高热输入可以使得焊接区及热影响区内产生较为均匀、范围较广的温度场,减少冷却过程中膨胀不均的现象[45],Reynolds 等[23]针对搅拌摩擦焊的试验显示较高转速对应的纵向残余应力峰值较小,但是同时高转速对应的较高残余应力分布区域较宽。

为了降低焊接残余应力,工程实际中经常将焊后构件迅速置于热处理容器中,对构件进行整体均匀加热,当温度达到某一合适值时进行长时间的保温,使得构件内的残余塑性应变在缓慢加热过程中得以降低,并使得构件内的残余应力在整个过程中进行重新分布,之后进行均匀缓慢的降温过程,使构件恢复原始状态。本模型中为了对比 FSW 焊接与 TIG 焊接残余应力场经焊后热处理后的状态,对上述残余状态下的平板进行再次加热,经过 30min 的加热及 30min 保温过程,随后进行 30min 的冷却共 90min 热处理过程。计算中工况温度分别为:402℃、540℃、639℃、805℃,热处理后构件对称轴处焊接表面纵向残余应力如图 4.62 和图 4.63 所示,各温度下热处理残余应力云图如图 4.64 和图 4.65所示。

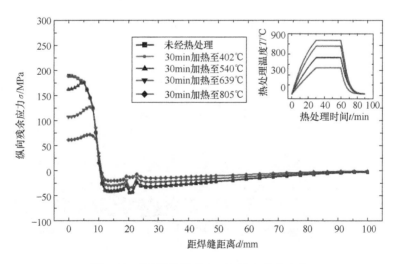

图 4.62　FSW 热处理 60min 纵向残余应力

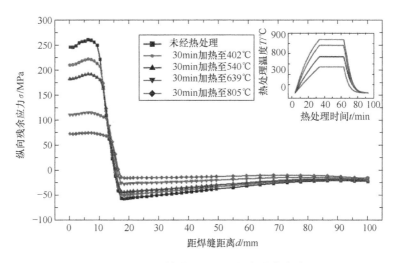

图 4.63　TIG 热处理 60min 纵向残余应力

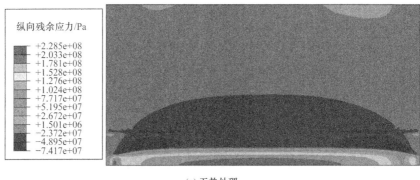

(a) 无热处理

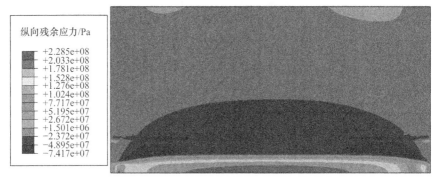

(b) 30min 加热至 402℃保温 30min，之后经 30min 冷却至室温

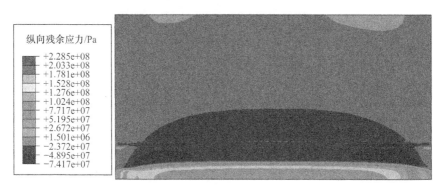

(c) 30min加热至540℃保温30min，之后经30min冷却至室温

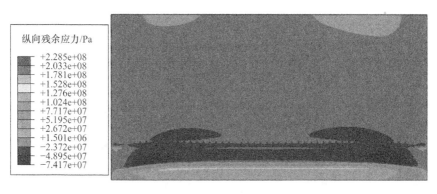

(d) 30min加热至639℃保温30min,之后经30min冷却至室温

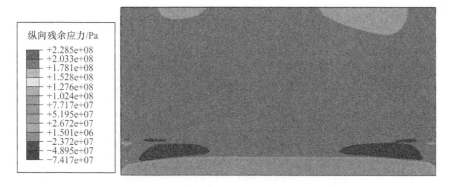

(e) 30min加热至805℃保温30min,之后经30min冷却至室温

图 4.64 FSW 热处理 60min 时纵向残余应力

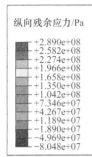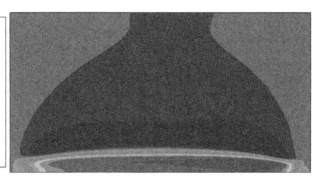

(a) 无热处理

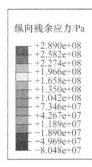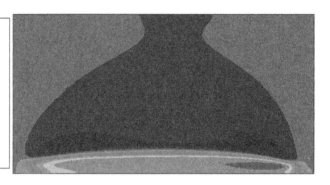

(b) 30min加热至402℃保温30min,之后经30min冷却至室温

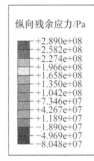

(c) 30min加热至540℃保温30min,之后经30min冷却至室温

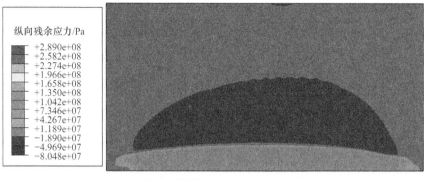

(d) 30min加热至639℃保温30min,之后经30min冷却至室温

(e) 30min加热至805℃保温30min,之后经30min冷却至室温

图 4.65　TIG 热处理 60min 时纵向残余应力

计算结果表明,随着热处理温度升高,焊后热处理对残余应力的降低作用越明显,FSW 焊接中,当温度较低时,残余应力基本保持不变,但随着温度的升高,热处理效果开始逐渐明显,当温度达到 800℃左右时,最大纵向残余应力已经下降了超过 60%,而远离焊缝位置的应力也开始逐渐降低;TIG 焊后热处理则效果更佳明显,温度在 400℃以下时的应力降低现象就已经开始体现,随着热处理温度的升高,残余应力的降低幅度越来越大,当温度达到 800℃时,TIG 焊接的焊后纵向残余应力已经下降了达 71.65%,远离焊缝位置的应力已几乎趋近于零。

### 4.3.2　T型板

T 型板焊接构件共经历五个阶段,如图 4.66 所示,构件首先进行搅拌摩擦焊,包括焊接过程和冷却过程两个阶段。然后进行焊后热处理,包括三个阶段,即设置外部环境温度为指定温度 $T_0$(100℃、200℃、300℃和 400℃),通过构件与外部环境的对流换热以及构件内部的热传导作用,经过一定时间构件温度升高至 $T_0$;将构件保持在 $T_0$ 温度 30min;将环境温度设置为室温 $T_a$,构件通过对流换热作用与周围环境进行热交换冷却至 $T_a$。

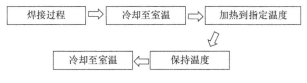

图 4.66 焊接与热处理过程

图 4.67 给出了焊缝处材料温度变化历史曲线,焊接和冷却阶段模型参数相同,因此四种工况下温度变化曲线完全一致。第三阶段,构件分别加热到指定温度 $T_0$,$T_0$ 温度越高,构件与外部环境温差越大,单位时间内进入构件的热量越多,构件温度升高更快,但是达到指定温度 $T_0$ 需要更长的时间,同样也需要更长的时间才能冷却至室温。

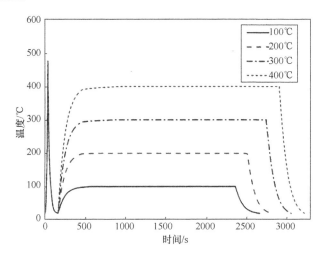

图 4.67 不同加热工况下温度历史曲线

图 4.68 所示为不同焊后热处理工况下残余应力的分布情况。当加热温度为 100 ℃时,残余应力最大值为 273.0MPa,如图 4.68(a)所示,与焊接残余应力几乎没有差异,不能消除焊接残余应力。当加热温度为 200℃、300℃ 和 400℃时,残余应力分别为 161.2MPa、52.5MPa 和 28.4MPa。随着加热温度的升高,经过焊后热处理作用,构件的残余应力逐渐减小。当温度 $T_0$ 大于 300℃时,焊后热处理作用可以显著消弱焊接残余应力。材料屈服应力随温度升高而降低,如图 4.69 所示,材料温度为 100℃、200℃、300℃ 和 400℃时对应的材料屈服应力分别为 331MPa、151MPa、47MPa 和 21MPa。对比焊后热处理残余应力和材料屈服极限可知:焊后热处理可以降低焊接残余应力,但残余应力的消除是有限度的,残余应力不会被消除至加热温度对应的屈服极限以下。

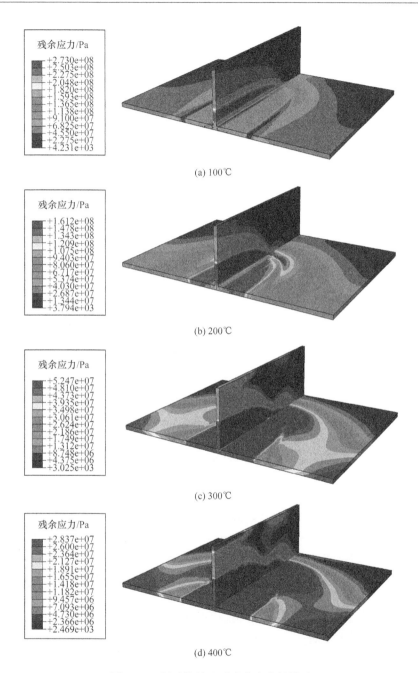

(a) 100℃

(b) 200℃

(c) 300℃

(d) 400℃

图 4.68　焊后热处理对残余应力的影响

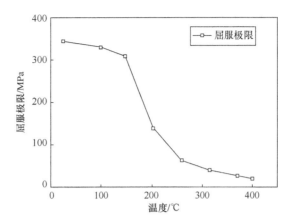

图 4.69　Al 2024 铝合金屈服极限随温度变化曲线

# 参 考 文 献

[1] Mishra R S, Ma Z Y. Friction stir welding and processing. Materials Science and Engineering R, 2005, 50: 1-78.

[2] Fratini L, Pasta S, Reynolds A P. Fatigue crack growth in 2024-T351 friction stir welded joints: Longitudinal residual stress and microstructural effects. International Journal of Fatigue, 2009, 31: 495-500.

[3] Fratini L, Zuccarello B. An analysis of through-thickness residual stresses in aluminium FSW butt joints. International Journal of Machine Tools and Manufacture, 2006, 46: 611-619.

[4] Biro A L, Chenelle B F, Lados D A. Processing, microstructure, and residual stress effects on strength and fatigue crack growth properties in friction stir welding: A review. Metallurgical and Materials Transactions B, 2012, 43: 1622-1637.

[5] Pouget G, Reynolds A P. Residual stress and microstructure effects on fatigue crack growth in AA2050 friction stir welds. International Journal of Fatigue, 2008, 30: 467-472.

[6] Donne C D, Lima E, Wegener J, et al. Investigations on residual stresses in friction stir welds. Proceedings of the Third International Symposium on Friction Stir Welding, Kobe, 2001: 27-28.

[7] Zhang Y, Sato Y S, Kokawa H, et al. Microstructural characteristics and mechanical properties of Ti-6Al-4V friction stir welds. Materials Science and Engineering A, 2008, 485: 448-455.

[8] 傅田, 李文亚, 余意, 等. 7075-T651 铝合金搅拌摩擦焊对接接头残余应力研究. 热加工工艺, 2014, 43(3): 15-18.

[9] Javadi Y, Sadeghi S, Najafabadi M A. Taguchi optimization and ultrasonic measurement of residual stressesin the friction stir welding. Materials & Design, 2014, 55: 27-34.

[10] Steuwer A, Hattingh D G, James M N, et al. Residual stresses, microstructure and tensile properties in Ti-6Al-4V friction stir welds. Science and Technology of Welding and Joining, 2012, 17: 525-533.

[11] Solanki K N, Jordon J B, Whittington W, et al. Structure-property relationships and residual stress quantification of a friction stir spot welded magnesium alloy. Scripta Materialia, 2012, 66: 797-800.

[12] 鄢东洋, 史清宇, 吴爱萍, 等. 铝合金薄板搅拌摩擦焊接残余变形的数值分析. 金属学报, 2009, 45 (2): 183-188.

[13] Han W T, Wan F R, Li G, et al. Effect of trailing heat sink on residual stresses and welding distortion in friction stir welding Al sheets. Science and Technology of Welding and Joining, 2011, 16: 453-458.

[14] Milan M T, Bose Filho W W, Tarpani J R, et al. Residual stress evaluation of AA2024-T3 friction stir welded joints. Journal of Materials Engineering and Performance, 2007, 16: 86-92.

[15] Staron P, Koçak M, Williams S. Residual stresses in friction stir welded Al sheets. Applied Physics A: Materials Science & Processing, 2002, 74: s1161-s1162.

[16] Sadeghi S, Najafabadi M A, Javadi Y, et al. Using ultrasonic waves and finite element method to evaluate through-thickness residual stresses distribution in the friction stir welding of aluminum plates. Materials & Design, 2013, 52: 870-880.

[17] Liu C, Yi X. Residual stress measurement on AA6061-T6 aluminum alloy friction stir butt welds using contour method. Materials & Design, 2013, 46: 366-371.

[18] Xu W, Liu J, Zhu H. Analysis of residual stresses in thick aluminum friction stir welded butt joints. Materials & Design, 2011, 32: 2000-2005.

[19] Shi Q Y, Silvanus J, Liu Y, et al. Experimental study on distortion of Al-6013 plate after friction stir welding. Science and Technology of Welding and Joining, 2008, 13: 472-478.

[20] Zhang Z, Zhang H W. Numerical studies on controlling of process parameters in friction stir welding. Journal of Materials Processing Technology, 2009, 209(1): 241-270.

[21] Peel M, Steuwer A, Preuss M, et al. Microstructure, mechanical properties and residual stresses as a function of welding speed in aluminium AA 5083 friction stir welds. Acta Materialia, 2003, 51: 4791-4801.

[22] Woo W, Choo H, Brown D W, et al. Deconvoluting the influences of heat and plastic deformation on internal strainsgenerated by friction stir processing. Applied Physics Letters, 2005, 86: 231902(1-3).

[23] Reynolds A P, Tang W, Gnaupel-Herold T, et al. Structure, properties, and residual stress of 304L stainless steel friction stir welds. Scripta Materialia, 2003, 48: 1289-1294.

[24] Staron P, Kocak M, Williams S, et al. Residual stress in friction stir-welded Al sheets. Physica B, 2004, 350: e491-e493.

[25] Zhang Z,Zhang H W. The simulation of residual stresses in friction stir welds. Journal of Mechanics of Materials and Structures,2007,2(5):951-964.

[26] 张洪武,张昭,陈金涛. 不同过程参数对搅拌摩擦焊接中材料流动以及残余应力分布的影响. 机械工程学报,2006,42(7):103-108.

[27] 刘亚丽,张昭,陈金涛,等. 搅拌摩擦焊接数值模拟的网格敏感性分析. 计算力学学报,2012,29(1):140-145.

[28] Russell M J,Shercliff H R. Analytical modeling of microstructure development in friction stir welding. Proceedings of the First International Symposium on Friction Stir Welding,Thousand Oaks,CA,1999.

[29] Sutton M A,Reynolds A P,Wang D Q,et al. A study of residual stresses and microstructure in 2024-T3 aluminum friction stir butt welds. Journal of Engineering Materials and Technology,2002,124:215-221.

[30] Belystchko T,Liu W K,Moran B. 连续体和结构的非线性有限元. 庄茁,译. 北京:清华大学出版社,2002.

[31] Feng Z,Wang X L,David S A,et al. Modelling of residual stresses and property distributions in friction stir welds of aluminium alloy 6061-T6. Science and Technology of Welding and Joining,2007,12:348-356.

[32] Hou X,Yang X,Cui L,et al. Influences of joint geometry on defects and mechanical properties of friction stir welded AA6061-T4 T-joints. Materials & Design,2014,53:106-117.

[33] Fratini L,Pasta S. On the residual stresses in friction stir-welded parts:Effect of the geometry of the joints. Proceedings of the Institution of Mechanical Engineers,Part L:Journal of Materials:Design and Applications,2010,224:149-161.

[34] 张敏,范文婧,褚巧玲. 风机叶轮热处理工艺优化的数值模拟. 金属热处理,2014,39(5):132-137.

[35] Deng D. FEM prediction of welding residual stress and distortion in carbon steel considering phase transformation effects. Materials & Design,2009,30(2):359-366.

[36] 王鹏,谢普,赵海燕,等. 焊接塑性应变演变过程——不锈钢薄板焊接塑性应变演变过程. 焊接学报,2014,35(1):72-74.

[37] Yan D Y,Wu A P,Silvanus J,et al. Predicting residual distortion of aluminum alloy stiffened sheet after friction stir welding by numerical simulation. Materials & Design,2011,32:2284-2291.

[38] Galatolo R,Lanciotti A. Fatigue crack propagation in residual stress fields of welded plates. International Journal of Fatigue,1997,19:43-49.

[39] Fitzpatrick M E,Edwards L. Fatigue crack/residual stress field interactions and their implications for demage-tolerant design. Journal of Materials Engineering and Performance,1998,7:190-198.

[40] Withers P J. Residual stress and its role in failure. Reports on Progress in Physics,2007,70:

2211-2264.

[41] 汪建华,姚舜,魏良武,等. 搅拌摩擦焊接的传热和力学计算模型. 焊接学报,2000,21:
61-64.

[42] Goldak J,Chakravarti A,Bibby M. A new finite element model for welding heat sources.
Metallurgical Transactions B,1984,15(2):299-305.

[43] 王训宏,王快社,沈洋,等. 搅拌摩擦焊和钨极氩弧焊焊接接头的残余应力. 机械工程材
料,2007,31(1):26-28.

[44] 郭柱,朱浩,崔少朋,等. 7075 铝合金搅拌摩擦焊接头温度场及残余应力场的有限元模拟.
焊接学报,2015,36(2):92-96.

[45] 王大勇,冯吉才,王攀峰. 搅拌摩擦焊接热输入数值模型. 焊接学报,2005,26(3):25-28.

# 第 5 章  焊接构件疲劳与寿命

随着大型结构和高强材料在机械生产中的广泛应用,一些按传统强度理论和常规设计方法制造的产品,先后发生了由于材料断裂引起的灾难性的事故。例如,1943~1947 年美国生产的 5000 余艘焊接船连续发生了 1000 多起断裂事故,其中 238 艘完全报废[1]。1950 年,美国北极星导弹固体燃料发动机在试验时发生了爆炸。1965 年,美国著名的 260SL-1 固体火箭在对发动机进行水压试验时,压力壳发生了脆性断裂,断裂时应力远比材料的屈服极限要小[2]。这些灾难性的事故引起了人们的震惊和警觉,但却无法合理地解释引发事故的原因,因为断裂应力远远低于材料的强度极限。后来人们慢慢从大量的断裂事故分析中发现,构件发生断裂的主要原因是结构中有缺陷或裂纹的存在。经过半个多世纪的迅速发展,断裂力学作为一个研究领域已经相当成熟[3]。断裂力学主要研究的是裂纹的萌生、扩展和破坏的过程,并通过对裂纹扩展速率和剩余寿命的评估为结构损伤容限设计提供参考和理论基础。自 1892 年 Larmor 首次研究了孔洞对构件强度的影响以后,越来越多的研究人员对裂纹或者缺口附近的应力、应变场产生了浓厚的研究兴趣[4]。1903~1904 年,法国工程师 Charpy 对含有不同缺口的试样进行了著名的"Charpy 试验"——冲击载荷试验,为缺口断裂力学奠定了基础。英国科学家Griffith 从能量角度出发提出了著名的 Griffith 判据,但这一理论只适用于玻璃、陶瓷等脆性材料[5]。基于前人的工作,Irwin[6] 经过 10 年在断裂力学领域中的探索,对 Griffith 判据进行了修正,并提出了应变能释放率(strain energy release rate,SERR)的概念。后来应变能释放率成为断裂力学中三个最为基本的参数之一。在二维裂纹上,产生面积为 $\Delta A$ 的裂纹面所需要的能量被定义为应变能释放率 $G$,即

$$G = -\frac{\mathrm{d}\Pi}{\mathrm{d}A} = -\lim_{\Delta a \to 0} \frac{\mathrm{d}\Pi}{\Delta A} = -\lim_{\Delta a \to 0} \frac{\mathrm{d}\Pi}{B \Delta a} \tag{5.1}$$

式中,$a$ 为裂纹长度;$B$ 为裂纹体厚度;$\Pi = U - W$ 为势能,$W$ 为外力功,$U$ 为裂纹体的应变能。

1957 年,Irwin 又在对裂纹尖端应力场的研究中,发现了另一个断裂力学的基本参量,即应力强度因子(stress intensity factor,SIF)$K$,该物理量对线弹性断裂力学影响深远。Irwin 提出的判据是建立在线弹性材料的基础上的。对于塑性材料,当裂纹尖端或前沿的应力达到了材料屈服极限,或者当裂纹发生较大范围的塑

性变形时,Irwin 提出的线弹性断裂理论就不再适用。针对这一问题,Rice[7] 于
1968 年提出了断裂力学中最后一个基本参数 $J$ 积分,这个参数是基于能量守恒的
概念描述由于裂纹的存在所吸收的能量,并且因为其与积分路径无关的特性,可以
很好地回避裂纹尖端应力奇异的问题。此外,Well 提出了适应塑性变形效应的张
开位移判据(crack opening displacement,COD),以及在分析硬化材料张开型裂纹
的尖端应力场时,由 Hutchinson、Rosengren 和 Rice 三人共同提出的 HRR 判据。

由断裂力学的发展可以看到,目前发展最成熟的是线弹性断裂力学。应力强
度因子一经被 Irwin 提出来就被人们高度重视,迅速成为线弹性断裂力学中最重
要、最基本的物理参量之一。应力强度因子反映了裂纹尖端区域的应力奇异性的
强弱。无论裂纹的扩展速率还是预估构件的剩余寿命,都需要先求出构件中裂纹
的应力强度因子。可见,裂纹尖端应力强度因子的研究对正确分析断裂问题十分
重要。

对于在二维状态下的张开型裂纹,Irwin 从能量角度给出了尖端区域的应变
能释放率的数学解析式,这种方法也被称为解析裂纹封闭积分法,为应力强度因子
的计算奠定了基础,在解析裂纹闭合积分方法基础上对其进行离散化处理,先求出
应变能释放率 $G_1$,再通过 $G_1$ 与应力强度因子 $K_1$ 的对应关系,求出 $K_1$ 值,这种
方法称为虚拟裂纹闭合法(virtual crack closure technique,VCCT)。同时,Rice 从
另一角度出发,依据能量守恒定律提出了 $J$ 积分的概念,从而导出了 $K_1$ 值,由于
$J$ 积分的数值与围绕裂纹的积分路径无关,所以对裂纹尖端应力奇异性的依赖较
弱。实际中,在 $J$ 积分的积分围路上求解应力和应变是相当困难的,而且在靠近
裂纹尖端时,求解会出现较大误差。对这一问题,Moran 等[8] 和 Shivakumar 等[9]
提出了等效积分区域法对 $J$ 积分进行求解,该方法是通过散度定理,用裂纹尖端
附近的一个区域来代替积分回路进行计算,它不仅有效地解决了 $J$ 积分计算不可
行的缺点,而且继承了 $J$ 积分对裂纹尖端应力奇异性小的优点,所以应用也最为
广泛。随着研究工作者对构件裂纹萌生和扩展的探究,对于二维状态下的应力强
度因子的理论和计算方法,目前已趋近于成熟,国内外学者也取得了许多科研成
果。苏成等[10] 采用解边界元法解决了求解奇异边界的困难,对二维裂纹应力强度
因子进行求解分析。西北工业大学的陈芳等[11] 对平面复合型裂纹进行了有限元
计算分析。Mëos[12] 提出了模拟平板裂纹扩展的扩展有限元方法。周忠山[13] 应用
FRANCE 2D/L 软件对二维疲劳裂纹进行了分析,结果与解析解十分吻合。赵伟
等[14] 对三点弯曲模型上的三维裂纹进行了有限元模拟分析。谭晓明等[15] 通过对
三维多裂纹应力强度因子有限元的模拟,分析了多裂纹之间的相互影响。

基于断裂力学,将裂纹的疲劳破坏根据其发展大致可以分为四个阶段,即疲劳
裂纹成核阶段、微观裂纹扩展阶段、宏观裂纹扩展阶段和构件断裂失稳阶段。由于

目前的检测手段只能检测到宏观裂纹,所以对于以废旧叶轮为修复对象的再制造产业,主要关心和研究的是宏观裂纹扩展阶段。为了获得研究裂纹扩展速率与各数学参量的表达式,人们进行了大量的研究。1963 年 Paris[16] 提出了著名的 Paris疲劳扩展公式,指出表征裂纹尖端应力场和物理场的参量应力强度因子,也应该是影响裂纹扩展速率的重要参量。Paris 公式因为使用方便,成为目前最为大家所熟知并应用最广泛的计算裂纹扩展速率和寿命预测的方法。Forman[17] 等考虑了裂纹在临界应力强度因子时加速扩展的效应,在 Paris 公式的基础上进行了修正,许多试验证明了 Forman 公式的有效性,特别是在高强度铝合金材料上。但对于高韧性材料应力强度因子的临界值很难通过试验测得,所以 Walker[18] 又提出了有效应力强度因子幅$\overline{\Delta K_{\mathrm{I}}}$的概念,进一步改良了 Paris 公式。通过对这三种公式的积分便可以求得周期性载荷作用下裂纹的疲劳寿命。

## 5.1　应力强度因子与裂纹扩展速率

应力强度因子是线弹性断裂力学中非常重要的一个物理量,它反映了裂纹尖端附近应力场的强度。在断裂力学中,根据外力作用的方式进行划分,可将裂纹扩展形式划分为三种形式[19-23],如图 5.1 所示,分别称为Ⅰ型裂纹、Ⅱ型裂纹和Ⅲ型裂纹。Ⅰ型裂纹为张开型裂纹,受到垂直于裂纹面且方向相反的力。在裂纹上下表面,位移方向相反且都垂直于裂纹的扩展方向,这是工程中最常见的一种裂纹形式。Ⅱ型裂纹为滑开型裂纹,受到与裂纹扩展方向平行且方向相反的力,裂纹上下表面位移方向相反且都平行于裂纹扩展方向。Ⅲ型裂纹为撕开型裂纹,受到与裂纹面平行、垂直于裂纹扩展方向且方向相反的力,裂纹上下表面产生方向相反的离面位移。在实际工程中,结构所受外载荷比较复杂,但裂纹尖端的变形形式都可由这三种裂纹形式组合而成。

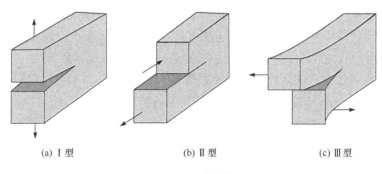

(a) Ⅰ型　　　　　　　　(b) Ⅱ型　　　　　　　　(c) Ⅲ型

图 5.1　裂纹扩展模式

根据线弹性断裂力学理论可以得到裂纹尖端附近的应力场[24,25]为

$$\sigma_{ij} = \frac{K}{\sqrt{2\pi r}} f_{ij}(\theta) \tag{5.2}$$

式中,$r$ 和 $\theta$ 为裂纹尖端柱坐标,如图 5.2 所示;$\sigma_{ij}$ 为裂纹尖端应力场;$f_{ij}$ 为角分布函数,且为无量纲量,与裂纹形式相关;$K$ 为应力强度因子;对于 Ⅰ 型、Ⅱ 型和 Ⅲ 型裂纹,应力强度因子分别表示为 $K_{\mathrm{I}}$、$K_{\mathrm{II}}$ 与 $K_{\mathrm{III}}$。

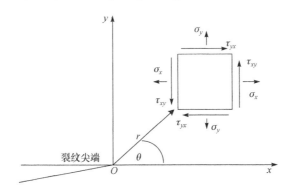

图 5.2　裂纹尖端坐标系和微元体

对于一些特定的裂纹类型和载荷工况,应力强度因子可以通过经验公式计算得到[26-30],对于 Ⅰ 型裂纹,有如下结论。

Ⅰ 型中间裂纹[27]

$$K_{\mathrm{I}} = \sigma \sqrt{\pi a} \sqrt{\sec \frac{\pi a}{W}} \tag{5.3}$$

Ⅰ 型边界裂纹[29]

$$\Delta K = \frac{\Delta P}{B \sqrt{W}} F \tag{5.4}$$

式中,$a$ 为裂纹长度;$W$ 为构件宽度。

对于图 5.2 所示坐标系,如果已知应力强度因子,可以得到裂纹尖端附近任意一点的应力场和位移场[31,32]。如果定义材料弹性模量为 $E$,泊松比为 $\nu$,剪切模量为 $G$,Kolossov 常量为

$$\begin{cases} k = 3 - 4\nu, & \text{平面应变} \\ k = \dfrac{3-\nu}{1+\nu}, & \text{平面应力} \end{cases} \tag{5.5}$$

(1) Ⅰ 型裂纹。

应力场

$$\begin{cases} \sigma_{xx}^{\mathrm{I}}(r,\theta) = \dfrac{K_{\mathrm{I}}}{\sqrt{2\pi r}}\cos\dfrac{\theta}{2}\left(1-\sin\dfrac{\theta}{2}\sin\dfrac{3\theta}{2}\right) \\[2mm] \sigma_{yy}^{\mathrm{I}}(r,\theta) = \dfrac{K_{\mathrm{I}}}{\sqrt{2\pi r}}\cos\dfrac{\theta}{2}\left(1+\sin\dfrac{\theta}{2}\sin\dfrac{3\theta}{2}\right) \\[2mm] \sigma_{xy}^{\mathrm{I}}(r,\theta) = \dfrac{K_{\mathrm{I}}}{\sqrt{2\pi r}}\cos\dfrac{\theta}{2}\sin\dfrac{\theta}{2}\cos\dfrac{3\theta}{2} \\[2mm] \sigma_{xz}^{\mathrm{I}}(r,\theta) = 0 \\[1mm] \sigma_{yz}^{\mathrm{I}}(r,\theta) = 0 \\[1mm] \sigma_{zz}^{\mathrm{I}}(r,\theta) = \nu(\sigma_{xx}^{\mathrm{I}}+\sigma_{yy}^{\mathrm{I}}),\quad \text{平面应变} \\[1mm] \sigma_{zz}^{\mathrm{I}}(r,\theta) = 0,\quad \text{平面应力} \end{cases} \tag{5.6}$$

位移场

$$\begin{cases} u_x^{\mathrm{I}}(r,\theta) = \dfrac{K_{\mathrm{I}}}{2G}\sqrt{\dfrac{r}{2\pi}}\cos\dfrac{\theta}{2}(k-\cos\theta) \\[2mm] u_y^{\mathrm{I}}(r,\theta) = \dfrac{K_{\mathrm{I}}}{2G}\sqrt{\dfrac{r}{2\pi}}\sin\dfrac{\theta}{2}(k-\cos\theta) \\[2mm] u_z^{\mathrm{I}}(r,\theta) = 0,\quad \text{平面应变} \end{cases} \tag{5.7}$$

（2）Ⅱ型裂纹。

应力场

$$\begin{cases} \sigma_{xx}^{\mathrm{II}}(r,\theta) = -\dfrac{K_{\mathrm{II}}}{\sqrt{2\pi r}}\sin\dfrac{\theta}{2}\left(2+\cos\dfrac{\theta}{2}\cos\dfrac{3\theta}{2}\right) \\[2mm] \sigma_{yy}^{\mathrm{II}}(r,\theta) = \dfrac{K_{\mathrm{II}}}{\sqrt{2\pi r}}\sin\dfrac{\theta}{2}\cos\dfrac{\theta}{2}\cos\dfrac{3\theta}{2} \\[2mm] \sigma_{xy}^{\mathrm{II}}(r,\theta) = \dfrac{K_{\mathrm{II}}}{\sqrt{2\pi r}}\cos\dfrac{\theta}{2}\left(1-\sin\dfrac{\theta}{2}\sin\dfrac{3\theta}{2}\right) \\[2mm] \sigma_{xz}^{\mathrm{II}}(r,\theta) = 0 \\[1mm] \sigma_{yz}^{\mathrm{II}}(r,\theta) = 0 \\[1mm] \sigma_{zz}^{\mathrm{II}}(r,\theta) = \nu(\sigma_{xx}^{\mathrm{II}}+\sigma_{yy}^{\mathrm{II}}),\quad \text{平面应变} \\[1mm] \sigma_{zz}^{\mathrm{II}}(r,\theta) = 0,\quad \text{平面应力} \end{cases} \tag{5.8}$$

位移场

$$\begin{cases} u_x^{\mathrm{II}}(r,\theta) = \dfrac{K_{\mathrm{II}}}{2G}\sqrt{\dfrac{r}{2\pi}}\sin\dfrac{\theta}{2}(2+k+\cos\theta) \\[2mm] u_y^{\mathrm{II}}(r,\theta) = \dfrac{K_{\mathrm{II}}}{2G}\sqrt{\dfrac{r}{2\pi}}\cos\dfrac{\theta}{2}(2-k-\cos\theta) \\[2mm] u_z^{\mathrm{II}}(r,\theta) = 0,\quad \text{平面应变} \end{cases} \tag{5.9}$$

（3）Ⅲ型裂纹。

应力场

$$
\begin{cases}
\sigma_{xx}^{\mathbb{II}}(r,\theta)=0 \\
\sigma_{yy}^{\mathbb{II}}(r,\theta)=0 \\
\sigma_{xy}^{\mathbb{II}}(r,\theta)=0 \\
\sigma_{xz}^{\mathbb{II}}(r,\theta)=-\dfrac{K_{\mathbb{II}}}{\sqrt{2\pi r}}\sin\dfrac{\theta}{2} \\
\sigma_{yz}^{\mathbb{II}}(r,\theta)=\dfrac{K_{\mathbb{II}}}{\sqrt{2\pi r}}\cos\dfrac{\theta}{2} \\
\sigma_{zz}^{\mathbb{II}}(r,\theta)=0
\end{cases}
\tag{5.10}
$$

位移场

$$
\begin{cases}
u_x^{\mathbb{II}}(r,\theta)=0 \\
u_y^{\mathbb{II}}(r,\theta)=0 \\
u_z^{\mathbb{II}}(r,\theta)=\dfrac{2K_{\mathbb{II}}}{G}\sqrt{\dfrac{r}{2\pi}}\,\sin\dfrac{\theta}{2}
\end{cases}
\tag{5.11}
$$

（4）Ⅰ型和Ⅱ型复合型裂纹。

在实际的工程中，Ⅰ型和Ⅱ型复合裂纹是最为常见的裂纹形式，其应力场和位移场可表示如下[20]。

应力场

$$
\begin{cases}
\sigma_{xx}^{\mathrm{I}}(r,\theta)=\dfrac{K_{\mathrm{I}}}{\sqrt{2\pi r}}\cos\dfrac{\theta}{2}\left(1-\sin\dfrac{\theta}{2}\sin\dfrac{3\theta}{2}\right)-\dfrac{K_{\mathbb{II}}}{\sqrt{2\pi r}}\sin\dfrac{\theta}{2}\left(2+\cos\dfrac{\theta}{2}\cos\dfrac{3\theta}{2}\right) \\[2mm]
\sigma_{yy}^{\mathrm{I}}(r,\theta)=\dfrac{K_{\mathrm{I}}}{\sqrt{2\pi r}}\cos\dfrac{\theta}{2}\left(1+\sin\dfrac{\theta}{2}\sin\dfrac{3\theta}{2}\right)+\dfrac{K_{\mathbb{II}}}{\sqrt{2\pi r}}\sin\dfrac{\theta}{2}\cos\dfrac{\theta}{2}\cos\dfrac{3\theta}{2} \\[2mm]
\sigma_{xy}^{\mathrm{I}}(r,\theta)=\dfrac{K_{\mathrm{I}}}{\sqrt{2\pi r}}\cos\dfrac{\theta}{2}\sin\dfrac{\theta}{2}\cos\dfrac{3\theta}{2}+\dfrac{K_{\mathbb{II}}}{\sqrt{2\pi r}}\cos\dfrac{\theta}{2}\left(1-\sin\dfrac{\theta}{2}\sin\dfrac{3\theta}{2}\right) \\[2mm]
\sigma_{xz}^{\mathrm{I}}(r,\theta)=0 \\
\sigma_{yz}^{\mathrm{I}}(r,\theta)=0 \\
\sigma_{zz}^{\mathrm{I}}(r,\theta)=2\nu\dfrac{K_{\mathrm{I}}}{\sqrt{2\pi r}}\cos\dfrac{\theta}{2}-2\nu\dfrac{K_{\mathbb{II}}}{\sqrt{2\pi r}}\sin\dfrac{\theta}{2},\quad 平面应变 \\[2mm]
\sigma_{zz}^{\mathrm{I}}(r,\theta)=0,\quad 平面应力
\end{cases}
\tag{5.12}
$$

位移场

$$
\begin{cases}
u_x^{\mathrm{I}}(r,\theta)=\dfrac{K_{\mathrm{I}}}{2G}\sqrt{\dfrac{r}{2\pi}}\cos\dfrac{\theta}{2}(k-\cos\theta)+\dfrac{K_{\mathrm{II}}}{2G}\sqrt{\dfrac{r}{2\pi}}\sin\dfrac{\theta}{2}(2+k+\cos\theta) \\[3mm]
u_y^{\mathrm{I}}(r,\theta)=\dfrac{K_{\mathrm{I}}}{2G}\sqrt{\dfrac{r}{2\pi}}\sin\dfrac{\theta}{2}(k-\cos\theta)+\dfrac{K_{\mathrm{II}}}{2G}\sqrt{\dfrac{r}{2\pi}}\cos\dfrac{\theta}{2}(2-k-\cos\theta) \\[3mm]
u_z^{\mathrm{I}}(r,\theta)=0
\end{cases}
$$

有限元软件可以提供多种本构和单元类型,为了更好地模拟裂纹尖端的应力奇异性,在建模过程中,两种方法均可以采用特殊单元方法,如图 5.3 所示,把裂纹尖端附近的单元靠近裂纹尖端的三个点收缩到一个点的位置,对于弹性材料,将单元中间节点移动到裂纹尖端方向的 1/4 处,旋转一周将裂纹尖端包围,进而模拟裂纹尖端的奇异性,保证了计算结果的精度。

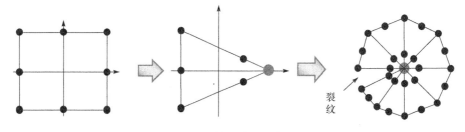

图 5.3　特殊单元示意图

(1) 1/4 节点法。

在线弹性范围内,选择奇异单元来模拟裂纹尖端的奇异性,将中间节点移到 1/4 处,根据裂纹尖端周围应力、应变场公式,则可以推导出裂纹尖端 1/4 处对应的应力强度因子的值。对于 I 型裂纹,$K_{\mathrm{I}}$ 可以写为[3]

$$
K_{\mathrm{I}}=\frac{2\mu}{\kappa+1}\lim_{r\to 0}\left(V_{(1/4)}\sqrt{\frac{2\pi}{r_{(1/4)}}}\right) \tag{5.13}
$$

式中,$V_{(1/4)}$ 为 1/4 处节点垂直于裂纹方向的位移分量;$\mu$ 为剪切模量;$\kappa$ 为膨胀模量,对于平面应变问题时,$\kappa=3-4\nu$,对于平面应力问题时,$\kappa=(3-\nu)/(1+\nu)$;$\nu$ 为泊松比。

这种计算方法的特点是需要的参数少,建模和计算简便,但对裂纹尖端附近应力应变场的精度要求比较高,网格精度对结果的影响较大,合理地划分网格是正确计算应力强度因子的关键。

(2) 外推法。

$K_{\mathrm{I}}$ 是裂纹尖端处 $r=0$ 时的值,显然通过直接数值计算是无法得出的,因此采用外推法来计算应力强度因子。外推法又分为应力外推法和位移外推法,应力外推法是最直接的求解方法。

在有限元分析中,虽然不能直接计算出裂纹尖端处的 $K_{\mathrm{I}}$ 值,但是裂纹尖端周围那些非奇异单元是可以计算的,对于每一个距离裂纹尖端 $r$ 的单元积分点都对应一个 $\sigma_y$ 值,$r$ 和 $\sigma_y$ 的拟合关系曲线如图 5.4 所示,受应力奇异性影响,随着单元的细化,裂纹尖端的应力值也趋于无限大。

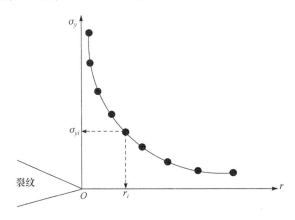

图 5.4 $r$ 和 $\sigma_y$ 拟合关系曲线[3]

在距离为 $r_i$ 的积分点对应的应力值为 $\sigma_{yi}$,相应也有一个对应的 $K_{\mathrm{I}i}$,三者关系为

$$K_{\mathrm{I}i} = \sigma_{yi}\sqrt{2\pi r_i} \tag{5.14}$$

这样就构造出了 $(r, K_{\mathrm{I}i})$ 的数据对,应用最小二乘法来拟合数据点,当数据点与设定曲线之间的方差最小时,拟合的曲线为最佳。假定 $r_i$ 与 $K_{\mathrm{I}i}$ 呈线性关系,即

$$K_{\mathrm{I}i} = Ar + B \tag{5.15}$$

当 $r=0$ 时,$K_{\mathrm{I}i} \approx K_{\mathrm{I}i}(r=0) = B$。

在有限元分析中,位移是数值计算的第一基本变量,而应力是通过应变和位移联系推导得出的,应力的精度要低于位移,因此,另一种计算应力强度因子的外推方法就是利用节点位移,通过对裂纹尖端附近非奇异单元的计算,同样建立距离 $r$ 和位移 $v$ 的关系曲线如图 5.5 所示,并构造数据对 $(r, K_{\mathrm{I}i})$,

$$K_{\mathrm{I}} = \frac{2\mu}{\kappa+1} v_i \sqrt{\frac{2\pi}{r_i}} \tag{5.16}$$

同样采用最小二乘法对这些数据进行拟合,其余分析方法与应力外推法一样,曲线的截距 $B$ 就是应力强度因子。

(3) $J$ 积分方法。

基于能量守恒定律,由 Rice 首次提出了一个处理非线性断裂问题的重要断裂参数——$J$ 积分的概念,这一参数受裂纹尖端应力奇异性的影响较小,不需要对裂纹尖端做特殊单元处理,简化了建模的复杂性。对于任意一条围绕裂纹尖端的逆时针回路 $\Gamma$,如图 5.6 所示,其数学表达式[7]为

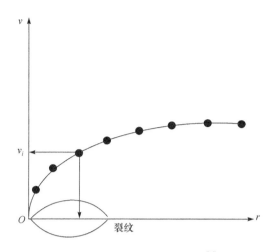

图 5.5　$r$ 和 $v$ 拟合关系曲线[3]

$$J = \int_\Gamma \left( \omega \, \mathrm{d}x_2 - T_i \frac{\partial \boldsymbol{u}_i}{\partial x_1} \mathrm{d}s \right) \tag{5.17}$$

式中, $\mathrm{d}s$ 为积分路径 $\Gamma$ 上的增量; $\boldsymbol{u}_i$ 为位移的矢量分量; $\omega$ 为应变能密度因子, 定义表达式为

$$\boldsymbol{\omega} = \int_0^{\varepsilon_{ij}} \boldsymbol{\sigma}_{ij} \, \mathrm{d}\boldsymbol{\varepsilon}_{ij} \tag{5.18}$$

式中, $\boldsymbol{\sigma}_{ij}$ 表示应力张量; $\boldsymbol{\varepsilon}_{ij}$ 表示应变张量。

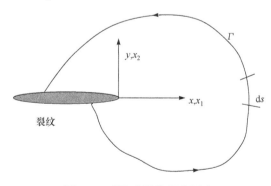

图 5.6　裂纹尖端的积分回路

$T_i$ 定义为张力矢量, 表示围线回路中构建的自由体边界上的正应力, 可以通过应力来计算, 即

$$\boldsymbol{T}_i = \boldsymbol{\sigma}_{ij} \boldsymbol{n}_j \tag{5.19}$$

式中, $\boldsymbol{n}_j$ 为回路 $\Gamma$ 上的单位法向矢量。

J 积分也可以用应力强度因子来表达,表征 J 积分和 K 值关系的数学表示式为

$$J = \frac{1}{8\pi} \boldsymbol{K}^{\mathrm{T}} \boldsymbol{B}^{-1} \boldsymbol{K} \tag{5.20}$$

式中,$\boldsymbol{K} = [K_{\mathrm{I}}, K_{\mathrm{II}}]^{\mathrm{T}}$;$\boldsymbol{B}$ 称为对数能量因子矩阵。对于均匀各向同性材料 $\boldsymbol{B}$ 是对角阵,方程(5.20)可化简为

$$J = \frac{1}{E} (K_{\mathrm{I}}^2 + K_{\mathrm{II}}^2) \tag{5.21}$$

对于平面应力问题,其中 $\overline{E} = E$;对于平面应变问题 $\overline{E} = E/(1-\nu^2)$,$\nu$ 为泊松比;对于 I 型裂纹,应用 J 积分求解应力强度因子的表达式可以写为如下形式:

平面应力问题

$$K_{\mathrm{I}} = \sqrt{JE} \tag{5.22}$$

平面应变问题

$$K_{\mathrm{I}} = \sqrt{\frac{JE}{1-\nu^2}} \tag{5.23}$$

经过 Rice 的计算和推导,证明了 J 积分的值与围绕裂纹的积分回路路径无关,故 J 积分也被称为路径无关积分,在计算时可以选取远离裂纹尖端的积分回路来避开裂纹尖端应力值奇异的影响。由于 J 积分的不依赖裂纹尖端奇异性的特点,计算出 K 值的准确性得到了更好的保证。

Paris 首先将裂纹扩展速率与应力强度因子幅值 $\Delta K$ 联系起来,用公式表示为[33,34]

$$\frac{\mathrm{d}a}{\mathrm{d}N} = C(\Delta K)^n \tag{5.24}$$

式中,$a$ 为裂纹长度;$N$ 为循环次数;$C$ 和 $n$ 为材料常数。方程(5.24)称为 Paris 公式或者疲劳裂纹扩展方程,该方程建立了疲劳裂纹扩展速率与 $\Delta K$ 之间的关系,是研究疲劳断裂问题的基本方程。

当载荷幅值不变时,裂纹扩展速率会受应力比 R 的影响[35],裂纹扩展速率随着应力比的增大而增大[36-39]。如果保持应力强度因子幅值恒定而改变应力比的大小,通过方程(5.24)计算得到的疲劳裂纹扩展速率并没有变化,可知 Paris 公式并不能考虑应力比 R 对裂纹扩展速率的影响。

Walker 引入应力比 R 对方程(5.24)进行了改进,表示为[18]

$$\frac{\mathrm{d}a}{\mathrm{d}N} = C[\Delta K (1-R)^{m-1}]^n \tag{5.25}$$

Forman 等引入了断裂韧度 $K_c$ 对方程(5.25)的进一步改进,表示为[17]

$$\frac{\mathrm{d}a}{\mathrm{d}N} = \frac{C(\Delta K)^n}{(1-R)K_c - \Delta K} \tag{5.26}$$

式(5.26)考虑了应力比和断裂韧度对裂纹扩展速率的影响,可以描述$\frac{\mathrm{d}a}{\mathrm{d}N}$和$\Delta K$曲线的第二阶段和第三阶段,如图5.7所示。第一阶段裂纹缓慢扩展,当$\Delta K$小于门槛值$\Delta K_{\mathrm{th}}$时,裂纹基本不扩展。第二阶段近似于一条直线,可以用方程(5.25)或者方程(5.26)描述。第三阶段随着裂纹的进一步扩展,$\Delta K$接近断裂韧度$K_c$,裂纹扩展速率迅速增大,在较短的时间内裂纹就会失稳断裂。

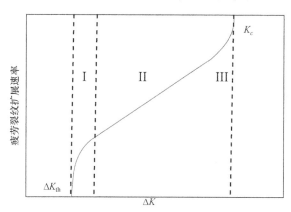

图 5.7　疲劳裂纹扩展的三个特征区域

Nasgro方程考虑门槛值$\Delta K_{\mathrm{th}}$和断裂韧度$K_c$,可以完整地描述$\frac{\mathrm{d}a}{\mathrm{d}N}$和$\Delta K$的三个阶段,Nasgro方程可表示为[40]

$$\frac{\mathrm{d}a}{\mathrm{d}N}=C\left[\left(\frac{1-f}{1-R}\right)\Delta K\right]^n\frac{\left(1-\dfrac{\Delta K_{\mathrm{th}}}{\Delta K}\right)^p}{\left(1-\dfrac{K_{\max}}{K_c}\right)^q} \tag{5.27}$$

式中,$C$、$n$为材料常数;$R$为应力比;$\Delta K$为应力强度因子变化范围;$\Delta K_{\mathrm{th}}$与$K_c$分别为应力强度因子门槛值和断裂韧度;$p$和$q$为形状系数;$f$为裂纹闭合率。

Elber[41]发现了裂纹闭合现象,可用于解释很多复杂问题,如应力比$R$对裂纹扩展速率的影响、小裂纹特异扩展行为等。在循环载荷的作用下,由于裂纹尖端出现塑性变形区[42],载荷较小时,裂纹会发生闭合,如图5.8所示,当施加载荷小于裂纹张开应力$\sigma_{\mathrm{op}}$时,裂纹闭合。Elber将有效应力强度因子幅值$\Delta K_{\mathrm{eff}}$表示为[43]

$$\Delta K_{\mathrm{eff}}=(\sigma_{\max}-\sigma_{\mathrm{op}})\ Y\ \sqrt{\pi a} \tag{5.28}$$

并指出裂纹扩展速率可以唯一地由$\Delta K_{\mathrm{eff}}$决定,其关系可表示为[44]

$$\frac{\mathrm{d}a}{\mathrm{d}N}=f(\Delta K_{\mathrm{eff}}) \tag{5.29}$$

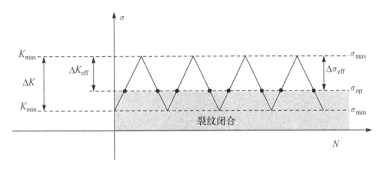

图 5.8　有效应力强度因子幅值和裂纹闭合效应

Elber 结合铝合金 2024-T3 试验数据给出有效应力强度因子幅值和应力强度因子幅值比率与应力比之间的关系为[43]

$$U = \frac{\Delta K_{\text{eff}}}{\Delta K} = \frac{\sigma_{\max} - \sigma_{\text{op}}}{\sigma_{\max} - \sigma_{\min}} = 0.5 + 0.4R \quad (5.30)$$

由方程(5.30)可以得到

$$\frac{\sigma_{\text{op}}}{\sigma_{\max}} = \frac{\sigma_{\max} - U(\sigma_{\max} - \sigma_{\min})}{\sigma_{\max}} = 1 - U(1-R) = 0.5 + 0.4R + 0.4R^2 \quad (5.31)$$

由方程(5.31)可知，$\sigma_{\text{op}}$ 随着应力比的减小而逐渐减小，则虚拟裂纹闭合法可以考虑应力比对裂纹扩展速率的影响，计算得到裂纹扩展速率之后，可以通过积分的方式计算已知裂纹长度下构件的疲劳寿命。

## 5.2　叶轮轮轴接触部位裂纹扩展

叶轮为旋转对称结构，在离心力和过盈配合的作用下 Mises 应力和位移沿叶轮的周向均匀分布。图 5.9(a)为工作转速为 3000r/min 和过盈量为 0.68mm 轮轴配合时，叶轮整体的 Mises 应力云图，图 5.9(b)为该工况下叶轮整体的位移云图。从图 5.9(a)中可见，叶轮模型没有出现局部应力集中，最大应力位于过盈接触面上，为 360MPa，在离心力载荷和过盈配合作用下，叶轮接触面处于拉伸状态，并未达到 40CrNiMo 的材料许用应力值屈服极限。

图 5.10 是过盈量 $\delta = 0.68$mm 下工作转速分别为 3000r/min、4250r/min、4500r/min、4750r/min、5000r/min、5250r/min、5500r/min、5750r/min 工况时叶轮接触面的接触压力分布情况，接触压力沿周向均匀分布，说明非线性接触得到了很好的收敛。由于该闭式叶轮的轴孔较大、跨度较短，接触压力随工作转速的变化明显。低转速时轮轴配合面上接触压力分布均匀，随着转速的增大，轮盘一侧的接触压力迅速减小至零，而轮盖一侧始终保持较高接触压力，保证了叶轮与轴稳定的过盈装配。

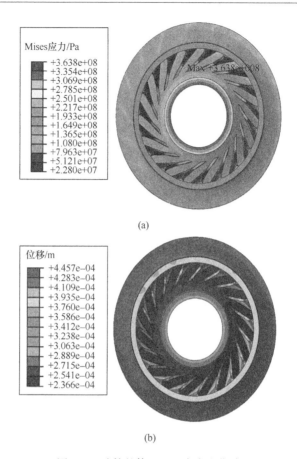

图 5.9 叶轮整体 Mises 应力和位移

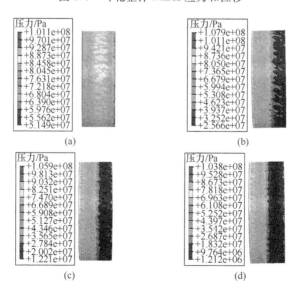

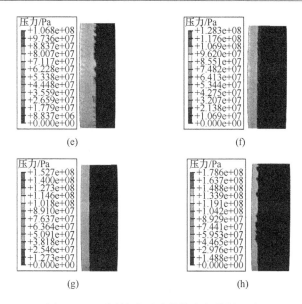

图 5.10　不同转速下叶轮的法向接触压力

　　将叶轮的接触表面展开简化成二维平面有限元模型,模型尺寸与叶轮三维实体模型保持一致,轴向长度为 145mm,展开的叶轮内孔周长为 1162.4mm。分别在简化的接触面上沿轴向方向不同位置排布等长的四条中间裂纹,并在两侧设置两条边界裂纹,假设认为叶轮上的裂纹全部为穿透性裂纹。模型材料属性与叶轮的三维模型一致,选取 40CrNiMo 钢材,弹性模量为 210GPa,泊松比为 0.3。对于不同位置的裂纹网格划分一致,如图 5.11 所示,保证了影响每条裂纹变量的单一

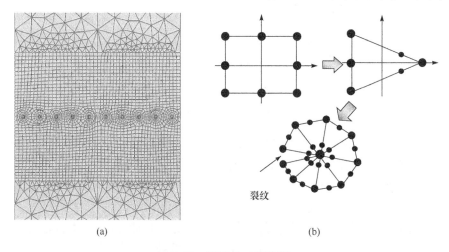

图 5.11　裂纹的二维建模

性。为了更好地模拟裂纹尖端附近的应力场分布情况,对裂纹附近的单元进行了局部细化,在靠近裂纹的位置选用八节点四边形单元,共 2536 个单元,为减少计算量将远离裂纹的两侧选取六节点三角形单元,共 1647 个单元。

由线弹性断裂力学可知,距离无限接近裂纹尖端的应力值趋近于无穷大,即尖端应力具有奇异性,通过对裂纹尖端进行特殊单元处理可以很好地模拟裂纹尖端的应力奇异性,特殊单元是将四边形单元一边的三个积分点收缩到一个点的位置,并将两条临边上的积分点移到 1/4 处,最后旋转一周形成对裂纹尖端的网格划分,如图 5.11(b)所示。

由于叶轮的特殊几何构造,沿轴向距离的叶轮表面位移不为等值,所以可以通过不同工况下叶轮接触面的法向位移变化,研究不同工况对叶轮接触面裂纹的影响。提取三维叶轮整体模型在不同工况下过盈配合面上的法向位移 $d_n$,如图 5.12(a)所示。根据圆周公式,由接触面节点的法向位移推导出接触面的周长变化 $C'$ 为

$$C' = 2\pi(R_n - R_0) = 2\pi d_n \tag{5.32}$$

式中,$d_n$ 为法向位移。在二维模型两侧分别施加拉伸位移 $C'/2$,施加的位移沿轴向距离变化的曲线如图 5.12(b)所示。

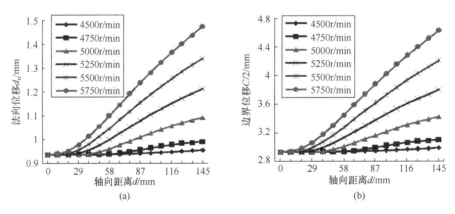

图 5.12　三维实体模型轴向位移和二维模型边界位移

在对裂纹尖端进行特殊单元处理,更好地模拟裂纹尖端应力奇异性的基础上,采用 $J$ 积分方法计算裂纹的应力强度因子。图 5.13 为转速为 4750r/min,过盈量为 0.68mm 时,在配合面不同位置上布置了穿透性裂纹的应力云图,中间裂纹长度为 14.5mm,两侧裂纹长度为 7.25mm。由图可以看出,在裂纹尖端产生了应力集中的现象,应力在裂纹尖端附近向 45°和 −45°方向延伸,这一现象符合材料最大切应力理论,即单向拉伸时构件的最大切应力与载荷成 45°夹角。

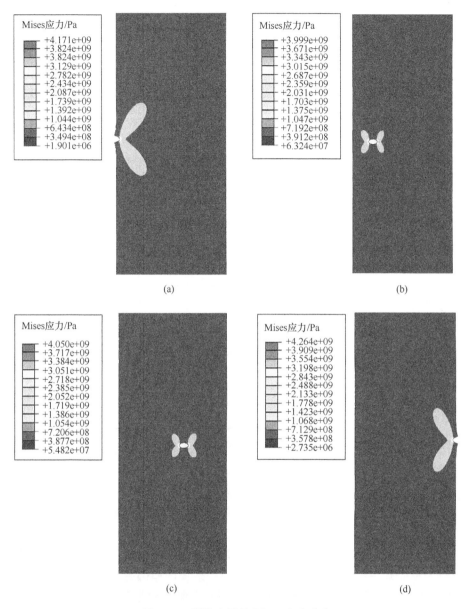

图 5.13　裂纹尖端的 Mises 应力分布

应用有限元软件 ABAQUS 选择 $J$ 积分理论来计算应力强度因子。因为 $J$ 积分的值与积分路径无关,所以根据 $J$ 积分理论算出的 $K_{\mathrm{I}}$ 值也应与积分路径无关。以图 5.13(a)为例,在该工况下,应用有限元软件,围绕裂纹尖端不同节点构成三条回路所计算出的裂纹尖端的 $K_{\mathrm{I}}$ 值十分接近,证明了 $J$ 积分理论与路径无关和

不依赖尖端应力的特征。单向拉伸具有长为 $2a$ 的穿透性裂纹的应力强度因子 $K_I$ 的解析式为

$$K_I = \alpha\sigma \sqrt{\pi a} \tag{5.33}$$

根据公式(5.33)计算出的应力强度因子 $K_I$ 与有限元计算结果对比如表 5.1 所示。由表可以看出,用有限元软件计算的张开型裂纹应力强度因子的有限元结果和解析式所得结果十分接近,相对误差保持在 0.1% 之内,说明应用此模型计算的应力强度因子具有很高的精度。

应力强度因子的大小是判断裂纹危险性的重要指标,比较不同位置上裂纹的危险程度对能否再制造临界阈值和叶轮裂纹危险位置的确定有积极意义。在配合面上排布相距 14.5mm 的 6 条裂纹,包括 4 条 14.5mm 长的内置裂纹和两条长 7.25mm 的边界裂纹。每条裂纹独立计算,先不考虑裂纹之间的相互影响作用。为了消除网格划分对计算结果的影响,不同位置裂纹的有限元模型的网格划分完全一致。

表 5.1　有限元解与理论解对比

| 项目 | 裂纹尖端 1 | | | 裂纹尖端 2 | | |
|---|---|---|---|---|---|---|
| | 回路 1 | 回路 2 | 回路 3 | 回路 1 | 回路 2 | 回路 3 |
| 有限元解 | 58.106 | 58.114 | 58.116 | 58.138 | 58.145 | 58.147 |
| 解析解 | | 58.075 | | | 58.107 | |
| 绝对误差 | 0.031 | 0.039 | 0.041 | 0.031 | 0.038 | 0.040 |
| 相对误差 | 0.05% | 0.07% | 0.07% | 0.05% | 0.07% | 0.07% |

图 5.14 为不同位置上的裂纹分别在 4500r/min、4750r/min、5000r/min、5250r/min、5500r/min、4750r/min 转速下,过盈量为 0.60mm 时的应力强度因子 $K_I$ 的对比。由图可知,在转速 4500～5000r/min 时,叶轮接触面法向位移沿轴向变化非常小,所以中间裂纹的应力强度因子 $K_I$ 差别不大,两侧自由边界上的裂纹的应力强度因子 $K_I$ 略高。随着转速的提高,靠近轮盘一侧的裂纹应力强度因子 $K_I$ 迅速增大,且增幅随着转速的提高而提高。而靠近轮盖一侧裂纹的应力强度因子 $K_I$ 反而有一定程度上的减小。造成这一现象的原因是,当转速提高时,轮盘一侧的位移较大,促使模型整体向轮盖一侧挤压,裂纹的张开位移反而减小。由此可见,在高转速时,叶轮轮盘一侧的裂纹要比其他位置的裂纹更加危险。

图 5.15 为转速为 4750r/min,过盈量分别为 0.60mm、0.64mm、0.68mm、0.72mm、0.76mm、0.80mm 共 6 种轮轴配合时,不同位置裂纹的应力强度因子 $K_I$ 的曲线图。随着过盈量的增大,不同位置的裂纹的应力强度因子 $K_I$ 全部随着过盈量的增大而增大。可见,在叶轮接触面出现裂纹时,过大的过盈量对叶轮的破坏性相对过盈量较小时更大。由此可以得出,合理的选择过盈量的大小是叶轮剩

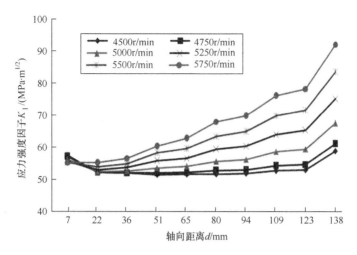

图 5.14　转速对应力强度因子的影响

余强度和使用寿命的重要保障。在其他转速下,得到的过盈量对应力强度因子的影响规律一致。

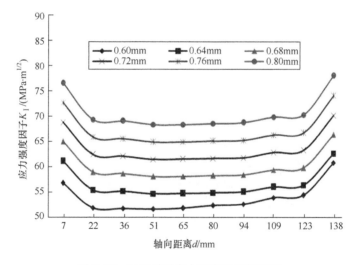

图 5.15　过盈量对应力强度因子的影响

　　影响裂纹之间相互作用的主要因素包括裂纹之间的距离和裂纹的长度等。平面内两条同向裂纹相互影响的示意图如图 5.16 所示。以裂纹 Ⅰ 左侧裂纹尖端为研究对象时,不对裂纹 Ⅰ 进行任何改动;以裂纹 Ⅱ 为变量时,通过改变其所在位置及裂纹长度,研究对裂纹 Ⅰ 的影响。两条裂纹邻近尖端的距离为 $l$,裂纹 Ⅰ 的长度为 $2a_Ⅰ$,裂纹 Ⅱ 的长度为 $2a_Ⅱ$。

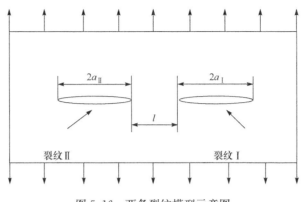

图 5.16　两条裂纹模型示意图

　　在叶轮接触面二维简化模型上同时布置两条长度相等均为 14.5mm 的裂纹,固定裂纹 I 的位置,不断增大两条裂纹之间的距离 $l$,裂纹 I 的应力强度因子 $K_I$ 变化如图 5.17 所示。图 5.17(a) 和 (b) 分别表示不同转速和不同过盈量下,裂纹间距 $l$ 对应力强度因子 $K_I$ 的影响。随着裂纹间距 $l$ 的增大,裂纹之间相互的影响越小。当间距 $l$ 到 40mm 以上,裂纹 I 的应力强度因子 $K_I$ 趋近于裂纹 I 独立作用时的值。由此可以确定两条长度相等的裂纹之间的安全影响距离 $l_s$ 为 40mm,并且发现安全影响距离 $l_s$ 的值不受过盈量或转速变化的影响。

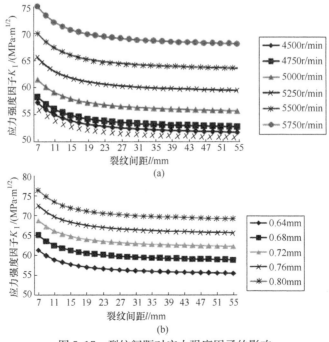

图 5.17　裂纹间距对应力强度因子的影响

在过盈量为 0.60mm、转速为 4750r/min 的工况下,在两条裂纹之间的距离保持不变,裂纹Ⅰ的长度为 14.5mm,增大裂纹Ⅱ的长度,裂纹Ⅰ的应力强度因子变化如图 5.18 所示。随着裂纹Ⅱ长度从 14.5mm 增大到 23.5mm,裂纹Ⅰ的应力强度因子从 54.888MPa·$m^{1/2}$ 增大到 57.49MPa·$m^{1/2}$,且呈线性增加。

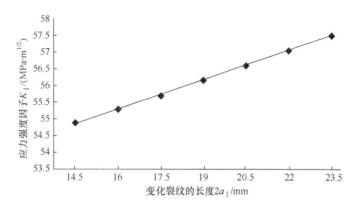

图 5.18  裂纹长度对裂纹之间的影响

由于材料自身缺陷的不确定性,出现在构件上的裂纹的方向也具有随机性。当裂纹的方向与载荷方向垂直时,裂纹属于张开型裂纹,裂纹应力强度因子只需考虑 $K_I$ 的值;而当裂纹的方向与载荷方向的夹角不为 90° 时,裂纹属于复合型裂纹,受几种裂纹模式的同时作用,对于平面复合裂纹,需要研究裂纹的应力强度因子 $K_I$ 和 $K_{II}$ 值之间的关系。

平面复合裂纹的分析模型如图 5.19 所示,施加 1mm 的边界位移,裂纹长度 $2a$ 为 14.5mm 保持不变,改变裂纹与载荷的夹角 $\theta$,分别取 $\theta=0°$,$\theta=10°$,$\theta=20°$,$\theta=30°$,$\theta=40°$,$\theta=45°$,$\theta=50°$,$\theta=60°$,$\theta=80°$,$\theta=90°$。由文献[11]可知,对于单向拉伸具有长 $2a$ 的穿透性斜裂纹板,裂纹与载荷夹角为 $q$ 的应力强度因子的理论公式为

$$K_I = \sigma\sqrt{\pi a}\sin^2\theta, \quad K_{II} = \sigma\sqrt{\pi a}\sin\theta\cos\theta \tag{5.34}$$

中心穿透性斜裂纹板应力强度因子随裂纹角的变化如图 5.20 所示。可以看出,随着裂纹与载荷的夹角由 0° 增大到 90°,应力强度因子 $K_I$ 值不断增大,但随着角度的增加,增大的幅度随之减小。当夹角为 0°~45° 变化时,$K_{II}$ 值随夹角增大而增大;当夹角为 45°~90° 变化时,$K_{II}$ 值随夹角增大而减小,这时复合型裂纹问题逐渐向单纯张开型裂纹问题转变。根据复合型裂纹扩展的最大周向应力准则,裂纹的开裂角可由如下公式求得,即

$$K_I\cos\theta_0 + K_{II}(3\sin\theta_0 - 1) = 0 \tag{5.35}$$

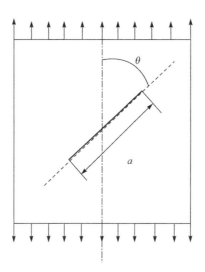

图 5.19　复合裂纹分析模型

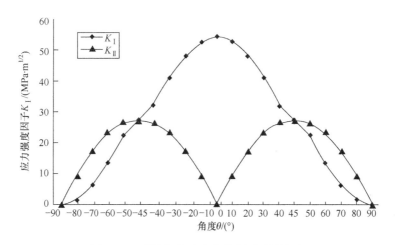

图 5.20　裂纹角度对应力强度因子的影响

　　叶轮在工作过程中一旦发生低频周期性的转速变化,由此对裂纹造成的应力强度因子幅 $\Delta K$ 是叶轮裂纹扩展的重要参数。根据应力强度因子幅 $\Delta K$ 可以计算出裂纹的扩展速率,从而判断裂纹的危险系数以及预估叶轮的剩余寿命。根据 Paris 公式

$$\frac{\mathrm{d}a}{\mathrm{d}N} = C(\Delta K)^n \tag{5.36}$$

式中，$C$、$n$ 为材料的常数，可由试验测得；$\Delta K$ 为应力强度因子幅，由线弹性断裂力学可知，应力强度因子幅 $\Delta K$ 的计算公式为

$$\Delta K = K_{max} - K_{min} = (1-R)K_{max} \tag{5.37}$$

式中，$R$ 为交变应力载荷的最小值与最大值的比；$K_{max}$ 为一个交变载荷周期内计算出的应力强度因子的最大值；$K_{min}$ 为相对的最小值。

假设 0.60mm 过盈量装配的叶轮转速为 4500～5750r/min，发生高周恒载的转速波动，由之前计算得出在不同转速下的裂纹的 $K_{\mathrm{I}}$ 值，代入式(5.37)可计算出应力强度因子幅 $\Delta K_{\mathrm{I}}$。从参考资料[44]中查出，叶轮所用材料为 40CrNiMo 钢，当应力强度因子幅 $\Delta K_{\mathrm{I}}$ 处于 21.7～93.0MPa·$m^{1/2}$ 范围内时，测量得出材料常数 $C$ 为 $(1.51～2.65)\times10^{-11}$，$n$ 为 2.5。当 $\Delta K_{\mathrm{I}} < 21.7$MPa·$m^{1/2}$ 时，裂纹处于疲劳扩展的第一阶段，扩展速率是十分缓慢的，在不考虑其他影响裂纹条件的情况下，认为裂纹在该载荷下是安全的；而当 $\Delta K_{\mathrm{I}} > 21.7$MPa·$m^{1/2}$ 时，裂纹扩展进入第二阶段，取 $C=2.65\times10^{-11}$，$n=2.5$，代入式(5.36)中可求出裂纹的扩展速率，如表5.2 所示。由于在 $\Delta K_{\mathrm{I}}$ 较低时，加载频率对裂纹扩展的影响很小，所以不考虑加载频率对裂纹扩展速率的影响。

表 5.2　不同位置裂纹的疲劳扩展速率

| 裂纹尖端位置/mm | 7.25 | 21.75 | 36.25 | 50.75 | 65.25 | 79.75 | 94.25 | 108.75 | 123.25 | 137.75 |
|---|---|---|---|---|---|---|---|---|---|---|
| $\Delta K_{\mathrm{I}}$ /(MPa·$m^{1/2}$) | 2.28 | 2.89 | 4.54 | 8.80 | 11.20 | 16.22 | 17.91 | 23.28 | 25.08 | 33.21 |
| $\dfrac{\mathrm{d}a}{\mathrm{d}N}$ /($10^{-8}$m/周) | | | 安全 | | | | | 6.93 | 8.34 | 16.84 |

由表5.2可以看出，在距离轮盖94.25mm之内的裂纹处于疲劳扩展的第一阶段，认为这些裂纹为安全裂纹。对于轮盘一侧的裂纹，在由转速变化引起的交变载荷作用下，产生了相对较快的扩展速度。通过试验可以测得，材料的裂纹扩展的门槛值 $\Delta K_{\mathrm{th}}$ 可以进一步判断哪些裂纹为无限寿命裂纹。以转速范围为变量，还可以根据 $\Delta K_{\mathrm{th}}$ 对叶轮进行无限寿命设计，依据 $\Delta K_{\mathrm{th}}$ 反推出允许转速变化的临界值 $\Delta n_{\mathrm{th}}$，令叶轮上的全部裂纹的应力强度因子幅 $\Delta K_{\mathrm{I}} < \Delta K_{\mathrm{th}}$，裂纹就不会扩展，这样就保证了叶轮的无限寿命要求。

根据试验还可以测得材料的断裂韧性 $K_{\mathrm{I c}}$ 并根据公式(5.36)推导可以得出裂纹的临界长度由如下公式求出，即

$$a_c = a\left(\frac{K_{\mathrm{I}c}}{K_{\mathrm{I}}}\right)^2 \tag{5.38}$$

分别假设 40CrNiMo 材料的 $K_{\mathrm{I}c}$ 的值为 $100\mathrm{MPa \cdot m^{1/2}}$，$97\mathrm{MPa \cdot m^{1/2}}$ 和裂纹进入扩展第三阶段的临界点 $93\mathrm{MPa \cdot m^{1/2}}$，忽略载荷随位置的变化，求得靠近轮盘的三条裂纹的剩余寿命如表 5.3 所示。

**表 5.3　裂纹寿命预估**

| 尖端位置/mm | 108.75 | 123.25 | 137.75 |
| --- | --- | --- | --- |
| $K_{\mathrm{I}c}=100\mathrm{MPa \cdot m^{1/2}}$ | $1.085\times10^5$次 | $0.816\times10^5$次 | $0.144\times10^5$次 |
| $K_{\mathrm{I}c}=97\mathrm{MPa \cdot m^{1/2}}$ | $0.973\times10^5$次 | $0.722\times10^5$次 | $0.094\times10^5$次 |
| $K_{\mathrm{I}c}=93\mathrm{MPa \cdot m^{1/2}}$ | $0.816\times10^5$次 | $0.590\times10^5$次 | $0.022\times10^5$次 |

## 5.3　叶轮叶片的概率失效

离心式叶轮有限元模型及网格划分见图 5.21。叶轮是旋转对称结构，模型共18 个叶片，轮盘直径 160mm，轴孔直径 19.5mm，共划分 27498 个单元，45703 个节点，自由度数为 137109。叶轮材料选用 40CrNiMoA 钢，材料参数见表 5.4。

图 5.21　叶轮有限元分析模型

**表 5.4　40CrNiMoA 钢的材料参数[45,46]**

| $E/\mathrm{GPa}$ | $\rho/(\mathrm{kg/m^3})$ | $\sigma_s/\mathrm{MPa}$ | $K_{\mathrm{I}c}$ $/(\mathrm{MPa \cdot m^{1/2}})$ | $\nu$ | $C$ | $n$ |
| --- | --- | --- | --- | --- | --- | --- |
| 209 | 7830 | 1579 | 42.2 | 0.3 | $1.51\times10^{-11}$ | 2.5 |

当坐标轴转换时，同一点的各应力分量如式（5.39）所示[47]，即

$$\sigma_{i'j'} = \sigma_{ij} n_{i'i} n_{j'j} \tag{5.39}$$

式中，$n_{i'i}$ 的下标 $i'=1',2',3'$ 对应于新坐标 $x',y',z'$（即 $x_1',x_2',x_3'$），下标 $i=1,2,3$ 对应于老坐标 $x,y,z$（即 $x_1,x_2,x_3$）。当坐标轴转换时，应力分量遵循二阶张量的

变换规律,虽然转轴后各应力分量都改变了,但其分量作为一个"整体",所描绘的一点的应力状态是不变的。

等寿命条件下的 $\sigma_a$-$\sigma_m$ 关系可以表达为 Goodman 直线方程[48],即

$$\frac{\sigma_a}{\sigma_{-1}} + \frac{\sigma_m}{\sigma_u} = 1 \tag{5.40}$$

式中,$\sigma_a$ 为循环应力幅;$\sigma_m$ 为平均应力;$\sigma_{-1}$ 为疲劳极限;$\sigma_u$ 为高强脆性材料的极限抗拉强度或延性材料的屈服强度。此关系式简单,且在给定寿命下,由此得出的 $\sigma_a$-$\sigma_m$ 关系估计式偏于保守,故在工程实际中常用。

预测疲劳裂纹扩展寿命有多种方法,其中最简单、应用最广泛的是 Paris[49] 公式,其表达式为

$$\frac{\mathrm{d}a}{\mathrm{d}N} = C(\Delta K)^n$$

$$\Delta K = K_{max} - K_{min} = Y\sigma_{max}\sqrt{\pi a} - Y\sigma_{min}\sqrt{\pi a} \tag{5.41}$$

则疲劳扩展寿命为

$$N = \begin{cases} \dfrac{2}{(n-2)C(Y\Delta\sigma\sqrt{\pi})^n}(a_0^{1-\frac{n}{2}} - a_c^{1-\frac{n}{2}}), & n \neq 2 \\[3mm] \dfrac{1}{C(\Delta\sigma\sqrt{\pi})^2}\ln\dfrac{a_c}{a_0}, & n = 2 \end{cases} \tag{5.42}$$

式中,$C$、$n$ 为材料常数;$\Delta K$ 为应力强度因子幅度;$Y$ 为几何形状因子;$\Delta\sigma$ 为应力变化范围;$a_0$ 为初始裂纹尺寸;$a_c$ 为临界裂纹尺寸。

初始裂纹尺寸 $a_0$、应力变化范围 $\Delta\sigma$ 及材料常数 $C$ 均服从对数正态分布[50],由式(5.42)可知疲劳寿命 $N$ 也服从对数正态分布,即 $X = \ln N$ 是服从正态分布的。正态分布和对数正态分布参数的转换关系为

$$S_X = \sqrt{\ln\left(1 + \frac{S_N^2}{E_N^2}\right)}, \quad E_X = \ln E_N - \frac{S_X^2}{2} \tag{5.43}$$

则可靠度为 $p$ 时的对数疲劳寿命的计算公式为[48]

$$X_p = u_p S_X + E_X \tag{5.44}$$

如果考虑置信度,则可靠度为 $p$、置信度为 $r$ 时的对数疲劳寿命的计算公式为[48]

$$X_{pr} = E_X + k S_X \tag{5.45}$$

式中,$E_X$、$S_X$ 分别为相应变量的均值和标准差;$u_p$ 是与可靠度 $p$ 对应的标准正态偏量;$k$ 是单侧容限因数。

应用蒙特卡罗方法预测叶轮的疲劳扩展寿命,首先按照 Paris 公式,对各随机变量每次抽取一个随机数,得到一个 $N_i$,模拟 $w$ 次,然后计算所得寿命的均值及标准差,最后得到一定可靠度和置信度下的疲劳寿命,其流程图见图 5.22。

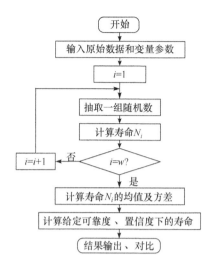

图 5.22　蒙特卡罗模拟流程图

　　因为Ⅰ型裂纹表面与受力方向垂直,所以需要转换坐标轴的方向求得与裂纹表面方向垂直的拉应力。图 5.23 为坐标轴转换前后等效应力的对比图,转轴前的等效应力与转轴后的等效应力吻合良好,验证了数值模拟的真实性和有效性。

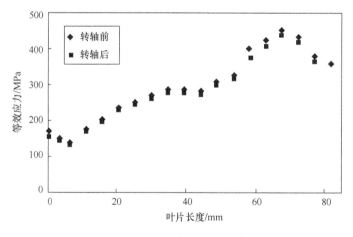

图 5.23　等效应力对比图

　　叶轮的转速为 $m=53075\text{r/min}$,有限元计算分析表明,叶轮在稳定工作状态下,叶片前缘根部的拉应力 $\sigma=86.7044\text{MPa}$。叶轮在正常工作时受离心惯性力载荷和气动载荷的共同作用,离心惯性力载荷是不随时间变化的常值,而气动载荷是随时间变化的周期性载荷,因此气动载荷是引起叶轮产生交变应力和促使叶轮发生疲劳破坏的根本原因。在叶片表面施加 $\sigma_d=0.04\text{MPa}$ 的面力模拟气动载荷,叶片前缘根部的拉应力 $\sigma=0.6528\text{MPa}$,应力比 $R=-1$ 时的应力幅 $\sigma_{a(R=-1)}=$

0.6907MPa,则应力变化范围 $\Delta\sigma=1.3815$MPa。工程中的变异系数 C.V 一般为 $0.03\sim0.1$[51],从最不利出发,取 C.V$=0.1$,具体统计参数见表 5.5。

表 5.5　随机变量及其统计特性

| 基本变量 | 均值 | 变异系数 | 概率分布 |
|---|---|---|---|
| $a_0$/mm | 0.5 | 0.1 | 对数正态分布 |
| $\Delta\sigma$/MPa | 1.3815 | 0.1 | 对数正态分布 |
| $C$ | $1.51\times10^{-11}$ | 0.1 | 对数正态分布 |

　　分别运用确定性方法和蒙特卡罗方法预测叶轮的疲劳寿命,结果见图 5.24。由图可知,随着初始裂纹尺寸的增加,疲劳寿命逐渐减小,初始裂纹尺寸对疲劳寿命的影响较大。由表 5.6 可知,相同的初始裂纹尺寸下,理论计算和蒙特卡罗方法求得的疲劳寿命误差均在 5% 左右,验证了蒙特卡罗法求解疲劳寿命的准确性与可行性。

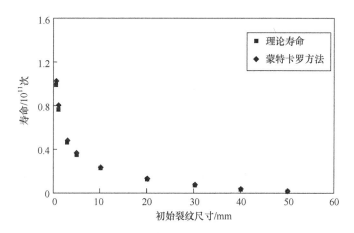

图 5.24　确定性方法与蒙特卡罗方法对比

表 5.6　寿命对比

| $a_0$/mm | 0.2 | 0.5 | 1 | 3 | 5 | 10 |
|---|---|---|---|---|---|---|
| 理论寿命/$10^{11}$次 | 1.357 | 0.9912 | 0.7649 | 0.4776 | 0.3687 | 0.2414 |
| 预测寿命/$10^{11}$次 | 1.431 | 1.046 | 0.8070 | 0.5036 | 0.3889 | 0.2547 |
| 误差/% | 5.453 | 5.529 | 5.504 | 5.444 | 5.479 | 5.509 |

　　为了使预测出的安全寿命不超过其真值,需要考虑可靠度和置信度的影响,如图 5.25 所示。当 $a_0=0.2$mm 时,理论计算 $N=1.357\times10^{11}$ 次,程序计算 $p=0.999$ 时的 $N_p=6.021\times10^{10}$ 次,$p=0.999$、$r=0.9$ 时的 $N_{pr}=5.657\times10^{10}$ 次;当 $a_0=0.5$mm 时,理论计算 $N=9.912\times10^{10}$ 次,程序计算 $p=0.999$ 时的 $N_p=$

$4.396 \times 10^{10}$ 次，$p=0.999$、$r=0.9$ 时的 $N_{pr}=4.131 \times 10^{10}$ 次。出现偏差的主要原因是正常工况下叶轮叶片所受的载荷是波动的，初始裂纹尺寸 $a_0$、应力变化范围 $\Delta \sigma$、材料常数 $C$ 等都存在随机性和不确定性，所以应用蒙特卡罗法抽样求得的结果，更符合实际情况。相同的应力幅值下，随着初始裂纹尺寸的增加，疲劳寿命逐渐减小；相同的初始裂纹尺寸下，随着可靠度的增加，疲劳寿命降低，此规律分别与文献[52]和[53]吻合，说明本书模拟方法的有效性。

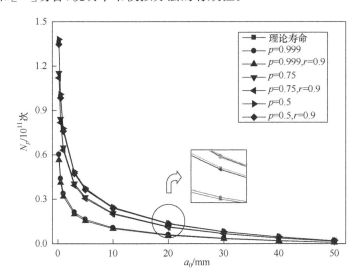

图 5.25　不同初始裂纹尺寸下的疲劳寿命

从以上的分析中可以看出，用概率断裂力学方法依不同的可靠度给出不同的计算结果，由于它把各种参量均当做随机变量，用概率统计的方法处理，因此它得出的结果更可靠，更符合实际。

通过模拟发现，除了初始裂纹尺寸是重要的物理量，其他因素如扩展裂纹尺寸、断裂韧性、变异系数、气动载荷和转速等，对叶轮疲劳寿命均有影响，见图 5.26～图 5.30。图 5.26 所示为不同扩展裂纹尺寸下的疲劳寿命。由图可知，当扩展裂纹尺寸接近零时，寿命趋于零，疲劳寿命随着扩展裂纹尺寸的增加而增加。在相同的扩展裂纹尺寸下，理论计算的疲劳寿命比考虑可靠度时的结果大，可靠度降低，疲劳寿命反而增加。

图 5.27 为不同断裂韧性下的疲劳寿命。由图可知，疲劳寿命随着材料断裂韧性的减小而降低；当 $K_{\mathrm{I}c} \approx 3\mathrm{MPa} \cdot \mathrm{m}^{1/2}$ 时，疲劳寿命趋于零。相同的断裂韧性下，当 $p=0.999$ 时，寿命由 $6.021 \times 10^{10}$ 次下降到 $7.607 \times 10^{9}$ 次，$r=0.9$ 时，寿命由 $5.657 \times 10^{10}$ 次下降到 $7.147 \times 10^{9}$ 次；当 $p=0.75$ 时，寿命由 $1.152 \times 10^{11}$ 次下降到 $1.455 \times 10^{10}$ 次，$r=0.9$ 时，寿命由 $1.121 \times 10^{11}$ 次下降到 $1.415 \times 10^{10}$ 次。相同的

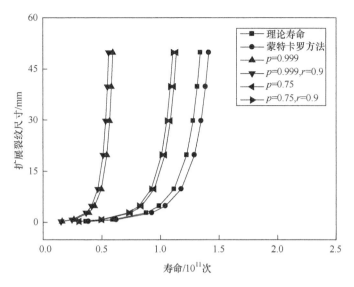

图 5.26　不同扩展裂纹尺寸下的疲劳寿命

断裂韧性时,可靠度越低,疲劳寿命越大;可靠度越高,疲劳寿命越小。考虑参数的
不确定性和随机性时更加安全、可靠。

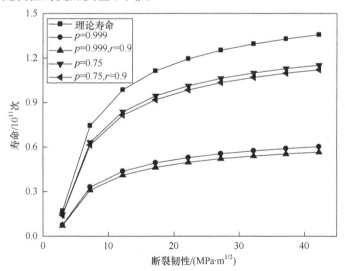

图 5.27　不同断裂韧性下的疲劳寿命

　　图 5.28 为不同变异系数下的疲劳寿命。相同的初始裂纹尺寸下,变异系数增
大,疲劳寿命减小;变异系数减小,疲劳寿命增大,且寿命均随着初始裂纹尺寸的增
大而减小。当 $a_0 = 0.2$mm 时,由图 5.28(a)可知,变异系数为 0.1 时的寿命是 0.3
时的 4.35 倍;由图 5.28(b)可知,变异系数为 0.1 时的寿命是 0.3 时的 1.42 倍。

由此推断,应力变化范围 $\Delta\sigma$ 的变异系数比材料常数 $C$ 的变异系数对疲劳寿命的影响大。

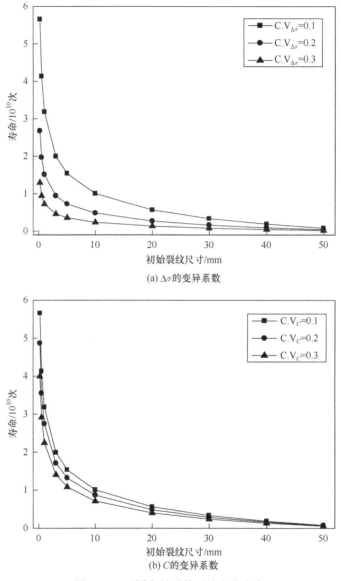

图 5.28　不同变异系数下的疲劳寿命

图 5.29 为不同气动载荷下的疲劳寿命。可以看出,相同的初始裂纹尺寸下,疲劳寿命随着气动载荷的增加而降低;相同的气动载荷下,疲劳寿命随着初始裂纹尺寸的增加而减小。叶片表面在气动载荷作用下的应力低于材料的屈服强度,但是在这种较低能量的交变应力的长期作用下,叶片表面会形成高周疲劳,裂纹在高

周疲劳的作用下逐渐扩展,最终叶片失效。

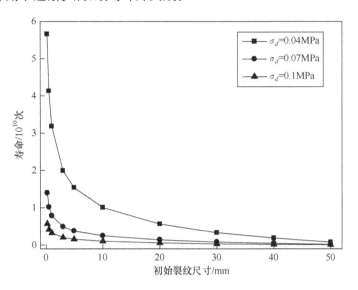

图 5.29　不同气动载荷下的疲劳寿命

图 5.30 为不同转速下的疲劳寿命。可以看出,疲劳寿命随着初始裂纹尺寸的增加而减小,随着转速的增加而减小。转速和气动载荷的改变,均意味着应力幅值的改变:转速增大,应力幅值增大;气动载荷增大,应力幅值增大,且气动载荷的改变对应力幅值的影响较大。

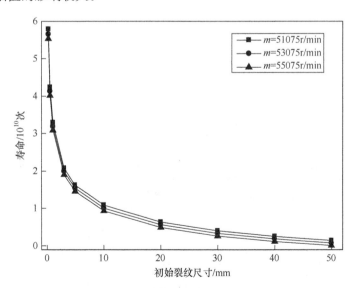

图 5.30　不同转速下的疲劳寿命

# 5.4　搅拌摩擦焊平板寿命预测

采用顺序热力耦合模型,选取 Liljedahl 等[54]、Servetti 等[55] 和 Brouard 等[56] 的工作进行方法验证,构件为含有中间裂纹的 M(T)构件,材料为 Al 2024-T351 铝合金。构件尺寸和焊接方向如图 5.31 所示。

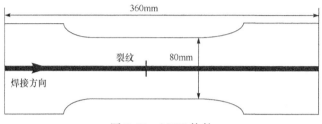

图 5.31　M(T)构件

Liljedahl 等[54]采用中子衍射技术测量得到焊接构件纵向残余应变分布形式, 并将其转化为焊接残余应力。植入裂纹之前,焊接构件残余应力为自平衡的内应力,植入裂纹之后,残余应力在构件内部重新平衡达到新的平衡状态。裂纹长度为 0 时的应力为无裂纹纵向残余应力,即输入残余应力场。基于线弹性断裂力学建立的断裂力学有限元模型,在裂纹尖端应力具有 $1/\sqrt{r}$ 的奇异性,所以模型预测裂纹尖端应力远大于试验结果[54]。但在远离裂纹尖端区域,有限元预测结果与试验结果吻合良好。本书采用 J 积分方法计算残余应力强度因子,积分区域为外层四边形单元,如图 5.32 所示,避开了裂纹尖端应力奇异区域。因此,裂纹尖端的应力奇异性并不会影响应力强度因子的计算。

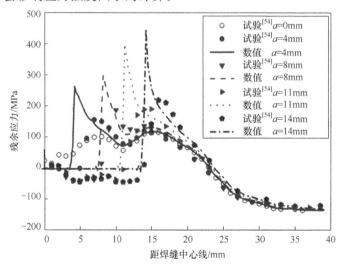

图 5.32　不同裂纹长度下预测应力结果与试验结果[54]对比

通过 J 积分方法计算得到的残余应力强度因子与虚拟裂纹闭合技术（virtual crack closure technique,VCCT）计算结果[55]对比如图 5.33 所示,本书的计算结果与 VCCT 方法计算结果[55]吻合良好,再次验证了本书所建立断裂力学模型的正确性。

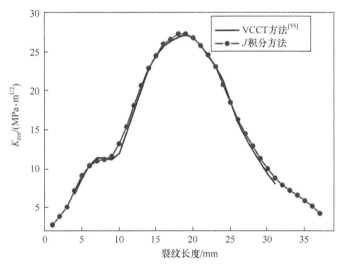

图 5.33　J 积分方法计算结果与 VCCT 方法计算结果[55]对比

预测的疲劳裂纹扩展速率与试验结果[56]对比如图 5.34 所示,预测结果与试验结果[56]吻合良好。通过对疲劳裂纹扩展速率进行积分,计算焊接构件的疲劳寿命,如图 5.35 所示,预测结果与试验结果[56]吻合良好,验证了本书所使用方法的正确性。

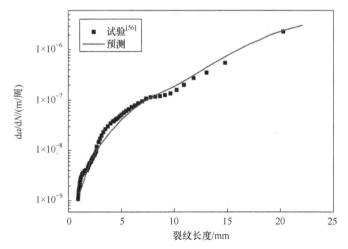

图 5.34　预测疲劳裂纹扩展速率与试验结果[56]对比

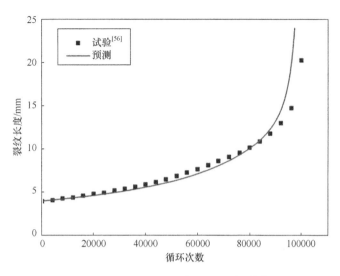

图 5.35　预测构件疲劳寿命与试验结果[56]对比

通过顺序热力耦合模型对搅拌摩擦焊进行数值仿真,计算得到焊接残余应力场,如图 5.36 所示。当搅拌头转速为 300r/min 时,预测最大 Mises 应力为 131.8MPa,远低于材料的屈服极限。为了研究焊接残余应力对疲劳裂纹扩展速率的影响,沿构件横向剖面提取纵向残余应力,如图 5.37 所示。焊缝区域为拉伸残余应力,最大值出现在焊缝边缘位置,远离焊缝区域为压缩残余应力。

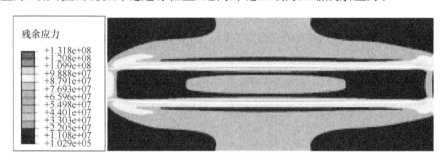

图 5.36　转速为 300r/min 时残余应力场分布

焊接残余应力在焊接构件内部为自平衡应力,将该应力通过 ABAQUS 子程序 SIGINI 引入断裂力学模型进行耦合计算。断裂力学模型存在预置裂纹,因此引入残余应力之后 ABAQUS 将调用"UNBALANCED STRESSES"命令使残余应力在模型中重新达到平衡状态,如图 5.38 和图 5.39 所示。裂纹面上几乎没有残余应力,而在裂纹尖端由于应力的奇异性可以观察到应力集中现象。

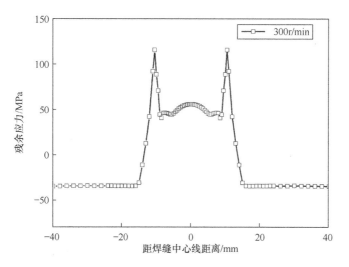

图 5.37　搅拌摩擦焊纵向残余应力分布

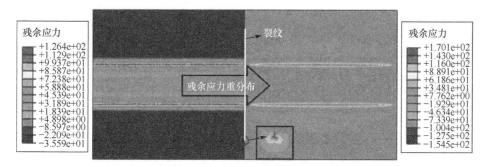

图 5.38　M(T)构件中残余应力重新分布情况,300r/min

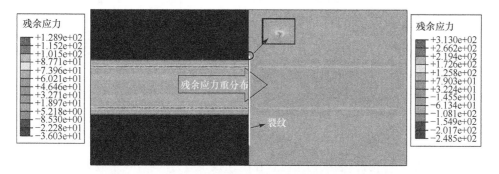

图 5.39　ESE(T)构件中残余应力重新分布情况,300r/min

残余应力在断裂力学模型中达到新的平衡状态,不同裂纹长度下裂纹尖端应力分布如图 5.40 和图 5.41 所示。对于 M(T)构件,裂纹初始位置在焊缝中心位置,处于拉伸残余应力区域。残余应力在断裂力学模型之中再平衡之后,裂纹尖端周围为拉伸应力,此时残余应力强度因子为正值,如图 5.42 所示。裂纹由焊缝中部区域扩展至焊缝边缘位置时,裂纹尖端周围拉伸应力逐渐增大,因此残余应力强度因子也逐渐增大,并在 1 和 2 位置达到最大值。随着裂纹的进一步扩展,裂纹尖端由拉伸残余应力区域进入压缩残余应力区域,但此时裂纹尖端附近的应力始终为拉伸应力,并且拉伸应力随着裂纹的扩展而逐渐减小。因此,随着裂纹的进一步扩展残余应力强度因子逐渐减小,但残余应力强度因子始终为正值,如图 5.42 所示,M(T)构件残余应力强度因子与残余应力具有相似的分布形式。

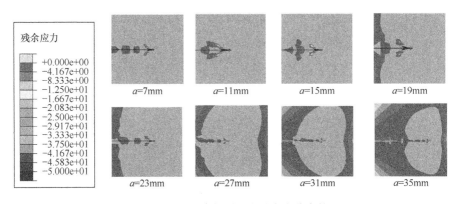

图 5.40　M(T)构件裂纹尖端应力分布情况

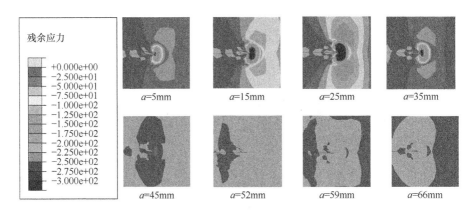

图 5.41　ESE(T)构件裂纹尖端应力分布情况

对于 ESE(T)构件,裂纹初始位置在压缩残余应力区域,残余应力在断裂力学模型中再平衡之后,裂纹尖端应力为压缩应力,所以残余应力强度因子为负值,如图 5.42 所示。当裂纹从边界扩展至 25mm 位置,裂纹尖端附近压缩应力逐渐增大,因此残余应力强度因子逐渐减小,并在 3 位置达到最小值。裂纹继续扩展至

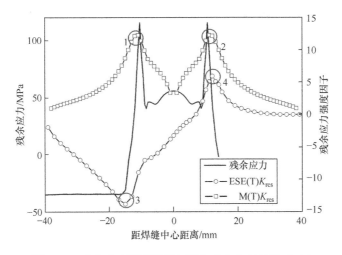

图 5.42　残余应力强度因子与残余应力分布(300r/min)

52mm,裂纹尖端应力由压缩残余应力区域进入拉伸残余应力区域,裂纹尖端周围压缩应力逐渐减小并最终转化为拉伸应力。此时,残余应力强度因子逐渐增大并在 4 位置达到最大值。裂纹由 52mm 处继续向边界扩展,裂纹尖端周围为拉伸应力并逐渐减小,所以残余应力强度因子为正值并逐渐减小。对于 ESE(T)构件,残余应力强度因子分布与残余应力分布形式存在较大的差异。预测的残余应力强度因子在构件边界压缩残余应力区域为负值,随着裂纹的扩展最终转化为正值,这与 Ma 等[57]的计算结果吻合。

　　如果构件中残余应力为 $\sigma_{res}$,则疲劳试验时它将始终作用于应力循环之中,使整个应力循环的应力值偏移 $\sigma_{res}$。疲劳试验载荷平均应力为 $\sigma_m$,应力幅值为 $\sigma_a$,如图 5.43(a)所示。若构件残余应力 $\sigma_{res}$ 为正值,它将与施加应力叠加而增大应力循环幅值,如图 5.43(b)所示,平均应力增大到 $\sigma_{m1}$,应力幅值增大到 $\sigma_{a1}$,将会降低构

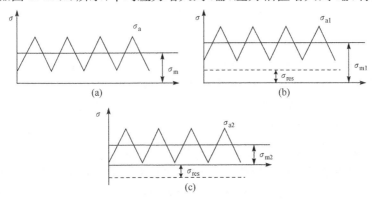

图 5.43　残余应力对应力循环的影响

件的疲劳强度。若残余应力为负值,它将使应力循环降低 $\sigma_{res}$,如图 5.43(c)所示,平均应力降低到 $\sigma_{m2}$,应力幅值减小为 $\sigma_{a2}$,构件的疲劳强度将有所提高。而搅拌摩擦焊残余应力为非均匀分布,焊缝附近为拉伸残余应力,远离焊缝位置为压缩残余应力,其对焊接构件疲劳寿命的影响更加复杂。首先考察焊接残余应力对应力比 $R$ 的影响,如图 5.44 和图 5.45 所示。对于 M(T)构件,裂纹由焊缝位置向构件边缘扩展最终破坏,残余应力强度因子始终为正值。正的残余应力强度因子将增大有效应力比,因此焊接残余应力将增大中间裂纹构件的有效应力比,如图 5.44 所示。当应力比 $R$ 分别为 0.1、0.3 和 0.5 时,有效应力比 $R_{eff}$ 分别为 0.6、0.65 和0.71。可知应力比越小,残余应力对有效应力比的影响越大。对于 ESE(T)构件,有效应力比的分布与残余应力强度因子分布一致,负的残余应力强度因子会减小有效应力比,如图 5.45 所示。当应力比分别为 0.1、0.3 和 0.5 时,有效应力比分别为 $-2.4$、$-0.63$ 和 0.16。分析可知残余应力对有效应力比有显著影响,但随着应力比的增大其影响逐渐减弱。

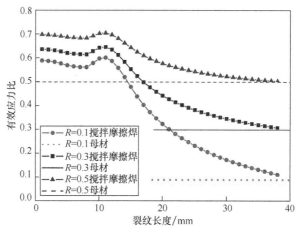

图 5.44　残余应力对 M(T)构件有效应力比的影响

当应力比为 0.1、0.3 和 0.5 时,搅拌摩擦焊残余应力对构件疲劳裂纹扩展速率的影响如图 5.46 和图 5.47 所示。对于 M(T)构件,裂纹初始位置在焊缝中部位置,为拉伸残余应力区域。由于裂纹的存在,残余应力在断裂力学模型中再次达到平衡状态,当裂纹尖端在拉伸残余应力区时,裂纹尖端周围为拉伸应力。拉伸应力可以增大构件的裂纹扩展速率[58,59],所以焊接构件疲劳裂纹扩展速率大于无焊接构件疲劳裂纹扩展速率。裂纹长度为 11mm、应力比为 0.3 时,焊接构件疲劳裂纹扩展速率可以达到无焊接构件的 2.4 倍,可以看出残余应力对构件的疲劳裂纹扩展速率具有显著的影响。当裂纹扩展至压缩残余应力区域时,残余应力在断裂力学模型中再次平衡之后,裂纹尖端应力始终为拉伸应力。但此时拉伸应力被外

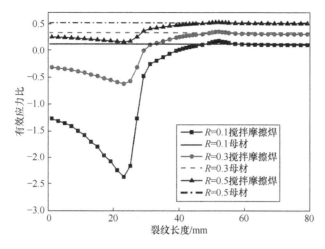

图 5.45　残余应力对 ESE(T)构件有效应力比的影响

部的压缩应力所包围,拉伸应力较小,即残余应力对裂纹扩展速率的影响较小,但依然会增大焊接构件的疲劳裂纹扩展速率。所以对于 M(T)构件,焊接残余应力会增大构件的疲劳裂纹扩展速率,如图 5.46 所示。对于 ESE(T)构件,裂纹起始于构件边缘位置,为压缩残余应力区域。残余应力在断裂力学模型中再次平衡,裂纹尖端为压缩应力。压缩应力可以减小裂纹扩展速率[58,59],所以当裂纹长度小于 45mm 时,焊接构件疲劳裂纹扩展速率小于无焊接构件疲劳裂纹扩展速率,如图 5.47所示。当裂纹长度为 23mm、应力比为 0.3 时,焊接构件疲劳裂纹扩展速率仅为无焊接构件疲劳裂纹扩展速率的 5%。当裂纹长度大于 52mm 时,裂纹尖端周围为拉伸应力,所以焊接构件疲劳裂纹扩展速率大于无焊接构件疲劳裂纹扩展

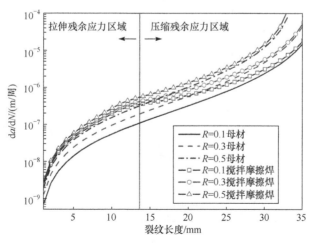

图 5.46　不同应力比下 M(T)构件疲劳裂纹扩展速率

速率,如图 5.47 所示。由图 5.46 和图 5.47 可知,焊接残余应力对裂纹扩展速率的影响随着应力比的增大而逐渐减小。因此应力比较小时,焊接残余应力对焊接构件疲劳裂纹扩展速率的影响不可忽略。

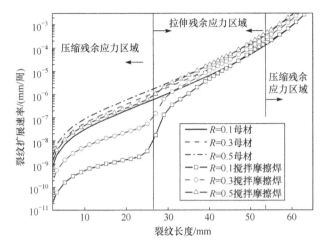

图 5.47　不同应力比下 ESE(T)构件疲劳裂纹扩展速率

定义函数 $H(a)$ 为

$$H(a) = \begin{cases} 1, & \text{如果裂纹扩展速率增加} \\ -1, & \text{如果裂纹扩展速率减小} \end{cases} \tag{5.46}$$

如图 5.48 所示,当残余应力强度因子为正值时,$H(a)$ 的值为 1。当残余应力强度因子为负值时,$H(a)$ 的值为 $-1$。可知,残余应力强度因子直接反映了残余应力对构件疲劳裂纹扩展速率的影响,正的残余应力强度因子可以增大构件的疲劳裂纹扩展速率,负的残余应力强度因子可以减小构件的疲劳裂纹扩展速率。

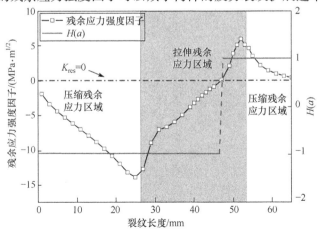

图 5.48　ESE(T)构件残余应力强度因子和 $H(a)$ 分布

对于 M(T)构件,残余应力强度因子为正值,焊接构件的疲劳裂纹扩展速率始终大于无焊接构件的疲劳裂纹扩展速率,所以焊接残余应力会减小 M(T)构件的疲劳寿命,如图 5.49 所示。当初始裂纹长度为 1mm 时,与无焊接构件疲劳寿命对比,焊接构件疲劳寿命减小了 51%。对于 ESE(T)构件,裂纹初始位置在压缩残余应力区域,残余应力强度因子为负值,焊接构件的疲劳裂纹扩展速率小于无焊接构件的疲劳裂纹扩展速率,所以焊接残余应力会增大其疲劳寿命,如图 5.50 所示。当初始裂纹长度为 1mm 时,焊接构件的疲劳寿命可以达到无焊接构件疲劳寿命的 8.8 倍。因此根据焊接残余应力分布形式,在工程中合理使用焊接构件可以增大装备的整体服役寿命。

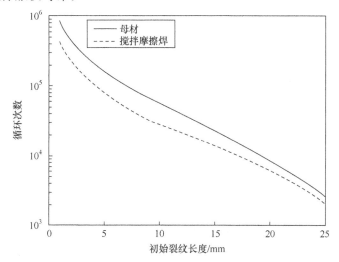

图 5.49　不同裂纹长度下 M(T)构件疲劳寿命,$R=0.3$

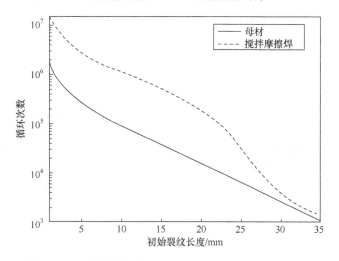

图 5.50　不同裂纹长度下 ESE(T)构件疲劳寿命,$R=0.3$

焊接残余应力最大值随着搅拌头转速的增大而逐渐增大,如图 5.51 所示,这与文献结果[60]相同,但焊缝中部区域拉伸残余应力随着搅拌头转速的增大而逐渐减小。随着搅拌头转速的提高,焊接温度会逐渐升高,热影响区域随之增大。所以拉伸残余应力区域的宽度会随着搅拌头转速的增大而增大。

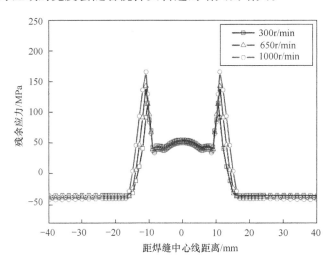

图 5.51 不同转速下纵向残余应力分布

对于 M(T)构件,当裂纹长度为 7mm 时,裂纹尖端周围拉伸应力随着搅拌头转速的增大而减小,如图 5.52 所示,所以构件的疲劳裂纹扩展速率随着搅拌头转速的增大而逐渐减小。当裂纹长度为 1mm 时,搅拌头转速为 650r/min 和 1000r/min,焊接构件的疲劳寿命与转速 300r/min 的焊接构件的疲劳寿命 418414 次循环相比,分别增大了 2.1%和 3.9%,搅拌头转速对 M(T)构件疲劳寿命的影响较小,如图 5.53 所示。

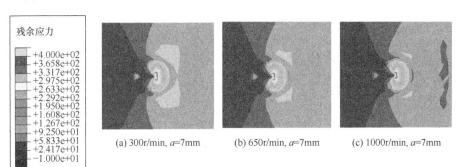

图 5.52 不同转速下 M(T)构件裂纹尖端应力分布

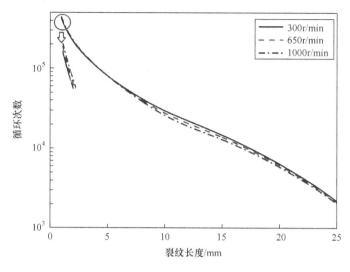

图 5.53　搅拌头转速对 M(T)构件疲劳寿命的影响,$R=0.3$

对于 ESE(T)构件,裂纹起始位置为压缩残余应力区域,残余应力在断裂力学模型中再次达到平衡,裂纹尖端附近为压缩应力,且压缩应力随着搅拌头转速的增大而增大,如图 5.54 所示。因此,构件的疲劳裂纹扩展速率随着搅拌头转速的增大而逐渐减小,即构件疲劳寿命随着搅拌头转速的增大而增大,如图 5.55 所示。当裂纹长度为 15mm,焊接速度分别为 300r/min、650r/min 和 1000r/min 时,构件的疲劳寿命分别为 499481 次循环、963425 次循环和 2355755 次循环。

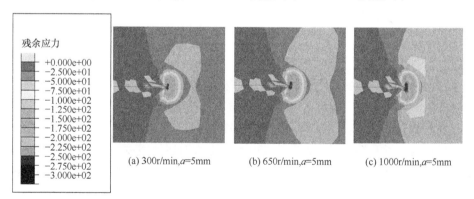

图 5.54　不同转速下 ESE(T)构件裂纹尖端应力分布

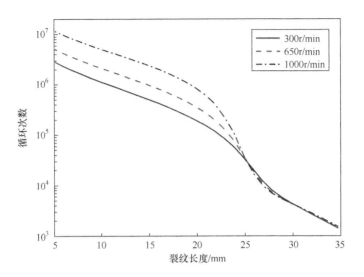

图 5.55　搅拌头转速对 ESE(T)构件疲劳寿命的影响,$R=0.3$

# 5.5　搅拌摩擦焊与 TIG 焊对比

TIG 焊接热源形状为双椭球,前半球热流密度分布为[61,62]

$$q_{\mathrm{f}}=\frac{6\sqrt{3}\eta f_{\mathrm{f}}Q}{a_1 bc\pi\sqrt{\pi}}\mathrm{e}^{\frac{-3x^2}{a_1^2}}\mathrm{e}^{\frac{-3y^2}{b^2}}\mathrm{e}^{\frac{-3z^2}{c^2}} \tag{5.47}$$

后半球热流密度分布为

$$q_{\mathrm{r}}=\frac{6\sqrt{3}\eta f_{\mathrm{r}}Q}{a_2 bc\pi\sqrt{\pi}}\mathrm{e}^{\frac{-3x^2}{a_2^2}}\mathrm{e}^{\frac{-3y^2}{b^2}}\mathrm{e}^{\frac{-3z^2}{c^2}} \tag{5.48}$$

式中,$f_{\mathrm{f}}$ 和 $f_{\mathrm{r}}$ 分别为热源前后半球能量分布系数;$a_1$、$a_2$、$b$ 和 $c$ 为热源形状参数;$Q$ 为热源输入功率。焊接电压为 10V,焊接电流为 80A。

选取 Lundback 等[63]试验数据对本书建立的 TIG 顺序热力耦合模型进行验证。预示温度场及熔池形状如图 5.56 所示,上表面熔池宽度为 7.3mm,下表面熔池宽度为 5.4mm,这与试验结果[63]吻合,试验结果为:上表面熔池宽度 7.4mm,下表面熔池宽度 5.4mm。

有限元预测焊接温度随时间变化结果与试验结果对比如图 5.57 所示。距离焊缝中线位置为 10mm 处,预测最高温度为 656℃,试验测量最高温度为 680℃[63],误差仅为 3.5%。有限元方法预测纵向残余应力最大值为 851MPa,如图 5.58 所示,试验结果为 833MPa,误差为 2%。通过将预测温度场、熔池形状和残余应力与试验结果[63]进行对比,验证了本书所建立的 TIG 焊接顺序热力耦合

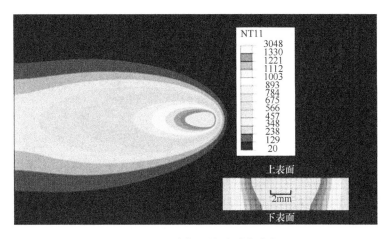

图 5.56　温度场和熔池形状分布

模型的正确性。

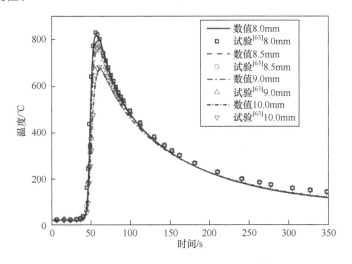

图 5.57　预测焊接温度与试验测量温度[63]对比

　　搅拌摩擦焊和 TIG 焊接纵向残余应力分布如图 5.59 所示,TIG 焊接残余应力最大值为 197MPa,远大于搅拌摩擦焊残余应力 115MPa。但由于搅拌头尺寸大于 TIG 焊接热源尺寸,即搅拌摩擦焊的热影响区大于 TIG 焊接的热影响区,所以搅拌摩擦焊残余应力具有更宽的拉伸残余应力区域。

　　搅拌摩擦焊构件和 TIG 焊接构件的焊缝区域均为拉伸残余应力。对于 M(T)构件,裂纹产生在焊缝区域,残余应力会增大构件的疲劳裂纹扩展速率,如图 5.60 所示。裂纹长度较小时,TIG 焊接拉伸残余应力大于搅拌摩擦焊残余应力,所以 TIG 焊接构件的疲劳裂纹扩展速率大于搅拌摩擦焊构件的疲劳裂纹扩展速率。

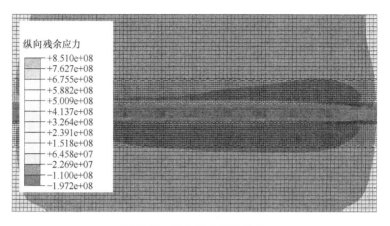

图 5.58　纵向残余应力分布

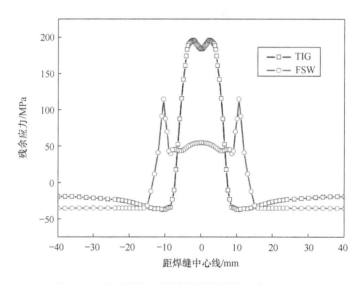

图 5.59　TIG 焊接和搅拌摩擦焊纵向残余应力分布

随着裂纹的扩展,搅拌摩擦焊拉伸残余应力逐渐增大,而 TIG 焊接拉伸残余应力逐渐减小,则搅拌摩擦焊构件具有更大的疲劳裂纹扩展速率。对于中间裂纹构件,与无焊接构件裂纹开裂速率对比,搅拌摩擦焊和 TIG 焊接残余应力都会增大构件的裂纹开裂速率。当裂纹长度小于 6mm 时,搅拌摩擦焊构件比 TIG 焊接构件具有更长的疲劳寿命,如图 5.61 所示,裂纹长度为 1mm 时,搅拌摩擦焊构件和 TIG 焊接构件疲劳寿命分别为 418413 次循环和 281778 次循环。

　　对于 ESE(T)构件,裂纹起始位置为压缩残余应力区域,因此焊接构件疲劳裂纹扩展速率小于无焊接构件疲劳裂纹扩展速率,如图 5.62 所示。而搅拌摩擦焊压缩残余应力大于 TIG 焊接压缩残余应力,所以搅拌摩擦焊构件具有更小的疲劳裂

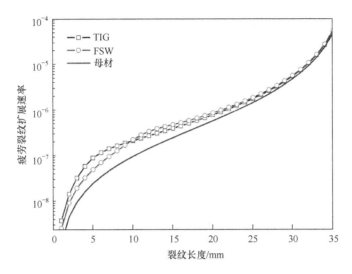

图 5.60　不同焊接形式对 M(T)构件疲劳裂纹扩展速率的影响

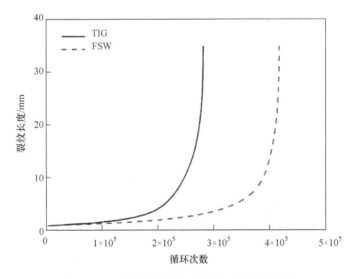

图 5.61　不同焊接形式下 M(T)构件疲劳寿命

纹扩展速率,即搅拌摩擦焊构件具有更长的疲劳寿命,如图 5.63 所示。当裂纹长度为 1mm 时,搅拌摩擦焊构件和 TIG 焊接构件疲劳寿命分别为 $1.5×10^7$ 次循环和 $9.2×10^6$ 次循环。综上所述,搅拌摩擦焊最大残余应力小于 TIG 焊接最大残余应力,并且搅拌摩擦焊构件具有更长的疲劳寿命。

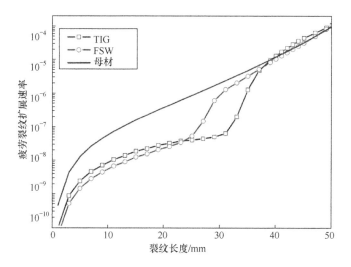

图 5.62　不同焊接形式对 ESE(T)构件疲劳裂纹扩展速率的影响

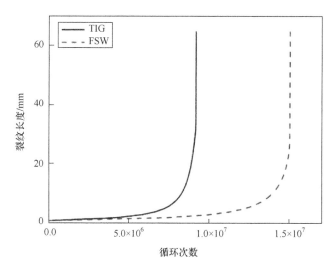

图 5.63　不同焊接形式下 ESE(T)构件疲劳寿命

# 参 考 文 献

[1] 高庆. 工程断裂力学. 重庆:重庆大学出版社,1986.

[2] 吴清可. 防断裂设计. 北京:机械工业出版社,1991.

[3] 解德,钱勤,李长安. 断裂力学中的数值计算方法及工程应用. 北京:科学出版社,2009.

[4] 范天佑. 断裂理论基础. 北京:科学出版社,2003.

[5] Griffith A A. Thephenomena of rupture and flow in solids. Philosophical Transactions of the Royal Society of London A,1921,221:163-198.

［6］ Irwin G R. Onset of fast crack propagation in high strength steel and aluminum alloys. Saga-more Research Conference Proceedings，1956.

［7］ Rice J R. A path independent integral and the approximate analysis of strain concentration by notches and cracks. Journal of Applied Mechanics，1968，35(2)：379-386.

［8］ Moran B，Shih C F. A general treatment of crack tip contour integrals. International Journal of Fracture，1987，35(4)：295-310.

［9］ Shivakumar K N，Raju I S. An equivalent domain integral method for three-dimensional mixed-mode fracture problems. Engineering Fracture Mechanics，1992，42(6)：935-959.

［10］ 苏成，郑淳. 基于 Erdogan 基本解边界元法计算应力强度因子. 力学学报，2007，23(1)：93-99.

［11］ 陈芳，王生楠. Ⅰ-Ⅱ复合型裂纹的应力强度因子有限元计算分析. 机械设计与制造，2009，8：20-21.

［12］ Meös N，BelytschkoT. Extended finite element method for cohesive crack growth，Eng：nee ring Fracture Mechanics，2002，69(7)：813-833.

［13］ 周忠山. 二维疲劳裂纹扩展的有限元方法模拟研究. 江苏船舶，2009，26(2)：5-7.

［14］ 赵伟，向阳开. 三点弯曲梁裂缝应力强度因子有限元分析. 重庆交通大学学报(自然科学版)，2008，26(B10)：1-2.

［15］ 谭晓明，陈跃良，段成美. 三维多裂纹应力强度因子的有限元分析. 机械强度，2004，z1：195-198.

［16］ Paris P C，Gomez M P，Anderson W E. A rational analytic theory of fatigue. The Trend in Engineering，1961，13(1)：9-14.

［17］ Forman R G，Kearney V E，Engle R M. Numerical analysis of crack propagation in cyclic-loaded structures. Journal of Basic Engineering，1967，89(3)：459-463.

［18］ Walker K. The effect of stress ratio during crack propagation and fatigue for 2024-T3 and 7075-T6 aluminium：effects of environment and complex load history on fatigue life. ASTM STP 462，1970.

［19］ 黄作宾. 断裂力学基础. 武汉：中国地质大学出版社，1991.

［20］ 庄茁，柳占新，成斌斌，等. 扩展有限元方法. 北京：清华大学出版社，2012.

［21］ 张晓敏，万玲，严波，等. 断裂力学. 北京：清华大学出版社，2012.

［22］ 薛世峰，侯密山. 工程断裂力学. 东营：中国石油大学出版社，2012.

［23］ 程靳，赵树山. 断裂力学. 北京：科学出版社，2006.

［24］ Betegon C，Hancock J W. Two-parameter characterization of elastic-plastic crack-tip fields. Journal of Applied Mechanics，1991，58：104-110.

［25］ Kuna M. Finite Elements in Fracture Mechanics. New York：Springer，2013.

［26］ Tada H，Paris P C，Irwin G R. The Stress Intensity Factor Handbook. Hellertown：Del Research Corporation，1985.

［27］ Broek D. Elementary Engineering Fracture Mechanics. New York：Springer，1982.

［28］ Anderson T L. Fracture Mechanics：Fundamentals and Applications. Boca Raton：CRC Press

Inc,1995.

[29] Standard Test Method for Measurement of Fatigue Crack Growth Rates. Technical Report ASTM E647-08,Annual Book of ASTM Standards,2008.

[30] Al Laham S. Stress Intensity Factor and Limit Load Handbook. Gloucester:British Energy Generation Ltd,1998.

[31] Pommier S,Gravouil A,Combescure A,et al. Extended Finite Element Method for Crack Propagation. New York:John Wiley & Sons Inc,2011.

[32] Liu H W. Stress-corrosion cracking and the interaction between crack-tip stress field and solute atoms. Journal of Basic Engineering,1970:633-638.

[33] Paris P C,Sih G C. Stress analysis of cracks. ASTM STP,1965,381:30-80.

[34] 黄卫,林广平,钱振东,等. 正交异性钢桥面铺装层疲劳寿命的断裂力学分析. 土木工程学报,2006,39(9):112-116.

[35] Paris P C,Tada H,Donald J K. Service load fatigue damage-a historical perspective. International Journal of Fatigue,1999,21:S35-S46.

[36] Stanzl-Tschegg S E. Fracture mechanisms and fracture mechanics at ultrasonic frequencies. Fatigue & Fracture of Engineering Materials & Structures,1999,22:567-579.

[37] Sun C,Lei Z,Hong Y. Effects of stress ratio on crack growth rate and fatigue strength for high cycle and very-high-cycle fatigue of metallic materials. Mechanics of Materials,2014,69:227-236.

[38] Noroozi A,Glinka G,Lambert S. A two parameter driving force for fatigue crack growth analysis. International Journal of Fatigue,2005,27:1277-1296.

[39] Stanzl-Tschegg S,Schönbauer B. Near-threshold fatigue crack propagation and internal cracks in steel. Procedia Engineering,2010,2:1547-1555.

[40] Forman R G,Mettu S R. Behavior of surface and corner cracks subjected to tensile and bending loads in Ti-6Al-4V alloy. ASTM STP,1992.

[41] Elber W. The significance of fatigue crack closure,damage tolerance in aircraft structures. ASTM STP,1971:230-247.

[42] Elber W. Fatigue crack closure under cyclic tension. Engineering Fracture Mechanics,1970,2:37-45.

[43] Courtney T H. 材料力学行为. 北京:机械工业出版社,2004.

[44] 李庆芬. 断裂力学及其工程应用. 哈尔滨:哈尔滨工程大学出版社,2004.

[45] 胡传炘. 断裂力学及其工程应用. 北京:北京工业大学出版社,1989.

[46] 赵少汴,王忠宝. 抗疲劳设计——方法与数据. 北京:机械工业出版社,1997.

[47] 吴家龙. 弹性力学. 北京:高等教育出版社,2001.

[48] 陈传尧. 疲劳与断裂. 武汉:华中科技大学出版社. 2001.

[49] Paris P,Erdogan F. A critical analysis of crack propagation laws. Journal of Fluids Engineering,1963,85(4):528-533.

[50] Provan J W. Probabilistic Fracture Mechanics and Reliability. Netherlands:Martinus Nijhoff

Publishers,1987.

[51] 麻栋兰. 大型离心压缩机叶轮可靠性研究. 大连:大连理工大学,2009.

[52] Zhang Y L,Wang J L,Sun Q C,et al. Fatigue life prediction of FV520B with internal inclusions . Materials and Design,2015,69:241-246.

[53] Zhang R,Mahadevan S. Fatigue reliability analysis using nondestructive inspection. Journal of Structural Engineering,2001,127(8):957-965.

[54] Liljedahl C D M,Tan M L,Zanellato O,et al. Evolution of residual stresses with fatigue loading and subsequent crack growth in a welded aluminium alloy middle tension specimen. Engineering Fracture Mechanics,2008,75:3881-3894.

[55] Servetti G,Zhang X. Predicting fatigue crack growth rate in a welded butt joint:The role of effective $R$ ratio in accounting for residual stress effect. Engineering Fracture Mechanics,2009,76:1589-1602.

[56] Brouard J,Lin J,Irving P E. Effects of residual stress and fatigue crack closure during fatigue crack growth in welded 2024 aluminium. Proceedings of Fatigue,Atlanta,2006.

[57] Ma Y E,Staron P,Fischer T,et al. Size effects on residual stress and fatigue crack growth in friction stir welded 2195-T8 aluminium-Part II:Modelling. International Journal of Fatigue,2011,33:1426-1434.

[58] Bussu G,Irving P E. The role of residual stress and heat affected zone properties on fatigue crack propagation in friction stir welded 2024-T351 aluminium joints. International Journal of Fatigue,2003,25:77-88.

[59] Nelson D V. Effects of residual stress on fatigue crack propagation. ASTM STP,1982,776:172-194.

[60] Zhang Z,Zhang H W. Numerical studies on controlling of process parameters in friction stir welding. Journal of Materials Processing Technology,2009,209:241-270.

[61] Goldak J,Chakravarti A,Bibby M. A new finite element model for welding heat source. Metallurgical and Materials Transactions B,1984,15B:299-305.

[62] Goldak J,Bibby M,Moore J,et al. Computer modeling of heat flow in welds. Metallurgical and Materials Transactions B,1986,17B:587-600.

[63] Lundback A,Alberg H,Kenrikson P. Simulation and validation of TIG-welding and post weld heat treatment of an Inconel 718 plate. International Seminar on Numerical Analysis of Weldability,2005:683-696.

# 第6章 搅拌头的受力与疲劳

搅拌摩擦焊焊接过程中,搅拌针在轴肩压力作用下插入焊接构件焊缝中,通过旋转摩擦生热使搅拌头周围焊接材料塑性软化,随着搅拌头沿焊缝方向移动,焊缝两侧材料被充分搅拌,从而形成致密接头[1,2]。在此过程中,搅拌头与焊接构件相互作用,在焊接过程中承受沿焊缝方向的反向作用力,并由于搅拌头的旋转而形成疲劳交变应力,决定了搅拌头的服役寿命。针对搅拌头的受力分析和疲劳应力的预测对于搅拌头的服役寿命预测具有重要意义。Kumar 等[3]采用综合试验设计系统观测了 AA5083 搅拌摩擦焊过程中热输入与搅拌头受力情况。Sorensen 和 Stahl[4]研究了搅拌头受力和搅拌针长度、直径的关系。基于观测电动机电信号输入规律,Mehta 等[5]研究了搅拌摩擦焊过程中搅拌头上力矩与受力情况。Trimble 等[6]基于旋转分量测力计系统和数值模型,研究了多种焊接参数下搅拌摩擦焊过程中搅拌头受力。Balasubramanian 等[7]基于高频数据捕捉系统观测了 AA6061-T6 搅拌摩擦焊过程中焊接方向受力。与试验研究相比,搅拌摩擦焊的数值模拟成本更低,且能更加细致地预测材料与搅拌头间的相互作用规律。Zhang 和 Wan[8]基于自适应网格重刨分技术,建立了 AZ91 镁合金搅拌摩擦焊模型,模拟了搅拌头的空间受力情况。吴奇等[9]进一步发展了基于 CFD 模型的搅拌摩擦焊接搅拌头受力分析模型,并提出了搅拌头疲劳应力计算的解析方法。Ulysse[10]建立了薄板搅拌摩擦焊的三维黏塑性模型,并基于该模型计算了搅拌头受力。Debroy 和 Arora 等建立了搅拌摩擦焊的三维传质传热模型,计算出多种工况下搅拌针上横向受力与扭矩变化,并分析搅拌针上剪切应力的影响[11,12]。

尽管已有针对搅拌头受力分析的试验和数值工作,但是针对搅拌头受力的载荷分布以及与之对应的疲劳应力计算等方面的研究工作目前较少。因此,本章提出了基于流体动力学模型的搅拌头受力计算方法,并以此为基础,提出了关于搅拌头疲劳应力计算的解析方法,为搅拌头的疲劳寿命预测奠定了基础。

## 6.1 搅拌头受力计算

### 6.1.1 流体力学模型

利用 GAMBIT 软件建立计算区域模型,焊接构件及搅拌头尺寸如图 6.1 所示,薄板铝合金构件长 200mm,宽 120mm,厚 7mm,搅拌头轴肩直径为 24mm,搅拌针为圆柱体,直径为 6mm,搅拌针略短于铝合金薄板厚度,取为 6mm。

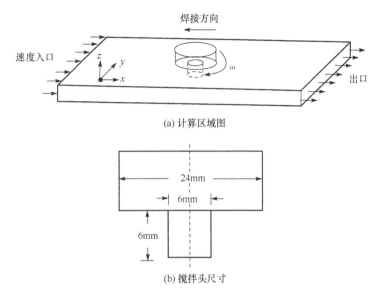

(a) 计算区域图

(b) 搅拌头尺寸

图 6.1　搅拌头几何模型

焊接构件材料为 6061-T6 铝合金,其热传导系数、比热容均是温度的函数。采用计算流体力学模型模拟搅拌摩擦焊,一项重要的参数是流体黏性。而材料黏性可根据式(6.1)确定[13],即

$$\mu=\frac{\sigma}{3\dot{\varepsilon}} \tag{6.1}$$

式中,$\mu$ 为流体黏度;$\sigma$ 为材料流变应力;$\dot{\varepsilon}$ 为等效应变率。为减小求解非线性与耦合度,简化计算,$\dot{\varepsilon}$ 取搅拌区域内应变率均值。

材料流动中的应变率由式(6.2)计算,即

$$\dot{\varepsilon}=\frac{1}{2}(\nabla v+\nabla v^{\mathrm{T}}) \tag{6.2}$$

在实际焊接过程中,搅拌针在轴肩压力作用下插入焊接构件,搅拌头旋转摩擦使构件材料塑性软化,同时搅拌头以固定的焊接速度沿焊缝行走。在计算流体模型下,如图 6.1 所示,以入口处速度模拟搅拌头运动中与材料的相对速度,入口速度与搅拌头焊接方向相反,出口为无压力出口。搅拌头与构件接触面采用无滑移边界条件[13],接触面材料流动速度与搅拌头旋转线速度相等,以此模拟搅拌头对材料的旋转带动作用,轴肩与材料接触面上速度由式(6.3)计算,轴肩下压力 $F$ 设为 6kN。

$$v=\omega r \tag{6.3}$$

式中,$v$ 为接触面材料速度;$\omega$ 为旋转角速度。

焊接过程中,热量由机械摩擦与构件材料塑性变形共同产生,并以摩擦生热为

主[14],由轴肩与搅拌针两部分共同组成。本模型简化为与接触面面积成正比的等效热源,热输入功率由摩擦力做功计算得到。

轴肩上,任意微面积上的摩擦力可表达为

$$\mathrm{d}f = \min\left(\frac{\mu_f F}{S_{\mathrm{shoulder}}}, \tau_{\max}\right) \cdot \mathrm{d}A \tag{6.4}$$

式中,$\mu_f$ 为库伦摩擦系数,根据经验[15,16]取值为 0.4;$S_{\mathrm{shoulder}}$ 为轴肩面积;$\tau_{\max}$ 为材料高温下最大剪切应力,摩擦力不应超过此极限,其与流变应力的关系是 $\tau_{\max} = \sigma_s/\sqrt{3}$;$\mathrm{d}A$ 为轴肩上的微元面积。

该微元上力在单位时间内所做的功,即热功率

$$\mathrm{d}P = 2\pi r \frac{\omega}{60} \mathrm{d}f \tag{6.5}$$

式中,$r$ 为微元位置坐标;$w$ 为搅拌头转速(r/min)。

对式(6.5)积分,可得轴肩摩擦生热输入功率为

$$P_{\mathrm{shoulder}} = \int_S \mathrm{d}P \tag{6.6}$$

在实际迭代计算过程中,上述积分转化为轴肩上所有离散网格数据的求和,即

$$P_{\mathrm{shoulder}} = \sum 2\pi r_i \frac{\omega}{60} \mathrm{d}f_i \tag{6.7}$$

搅拌针上,微元上摩擦力可由流场法向压力计算,即

$$\mathrm{d}f = \min(\mu_f p, \tau_{\max}) \cdot \mathrm{d}A \tag{6.8}$$

式中,$p$ 为流体压力。同理可计算搅拌针上摩擦生热功率 $P_{\mathrm{pin}}$,总热输入功率为

$$P = P_{\mathrm{shoulder}} + P_{\mathrm{pin}} \tag{6.9}$$

研究四种不同转速工况下搅拌头受力情况,焊接速度均为 140mm/min,如表 6.1 所示。

表 6.1 焊接工况参数

| 焊速/(mm/min) | 转速/(r/min) |
|---|---|
| 140 | 350 |
| 140 | 500 |
| 140 | 750 |
| 140 | 1000 |

如图 6.2 所示,给出四种不同转速工况下构件上表面温度场分布。可以看出,构件温度场沿焊接中心线对称分布,轴肩与材料接触摩擦处温度最高,最高温度随着转速增大而增大,峰值出现在轴肩与搅拌针接触处,即焊接中心位置,这与众多试验观测规律相符[17]。最高温度从 350r/min 工况时的 680K 增长到 1000r/min 工况时的 768K。

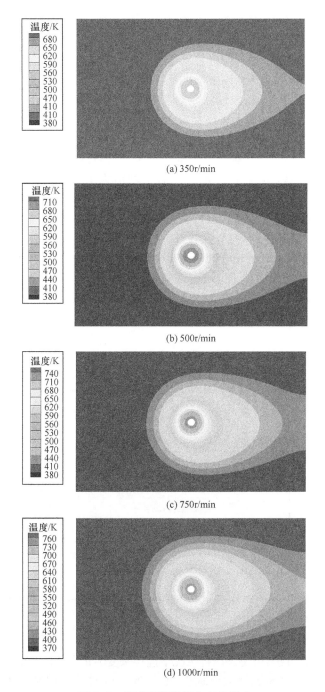

图 6.2 转速对温度场分布的影响

在焊接方向上(图 6.1 中 $x$ 方向),搅拌头受力由三部分组成,分别为轴肩与构

件摩擦力、搅拌针侧面压力和搅拌针底部摩擦阻力为

$$F_x = F_{shoulder} + F_{pinside} + F_{pinbot} \tag{6.10}$$

轴肩与构件摩擦阻力 $F_{shoulder}$、搅拌针底部摩擦阻力 $F_{pinbot}$，二者与摩擦力做功计算相同，由库伦摩擦力与材料高温下最大剪切应力共同决定。

搅拌针侧面压力 $F_{pinside}$ 根据流场压力场对搅拌针的作用计算。以 350r/min 工况为例，图 6.3 为该工况下搅拌针所处流场压力云图。结果显示，在焊接方向上，搅拌针侧壁在前进侧所受压力明显高于后退侧，流场最大法向压力分别为 16.5MPa 和 8.3MPa，显然，搅拌针所受阻力主要来自焊接过程中搅拌针前后侧压力差。在搅拌针底部，压力分布较为均匀，平均值为 12.5MPa。如图 6.3 中路径曲线所示，自搅拌针长度方向中心处，以返回侧为起点，沿搅拌针侧壁绕行一周再返回起点，取一圆环路径，输出四种工况下搅拌针所受压力曲线，如图 6.4 所示。研究表明，随着焊接转速的增加，搅拌针上压力逐渐减小，峰值压力从 350r/min 时的 16.5MPa 减小到 1000r/min 时的 10.6MPa。与此同时，搅拌针前后压力差值亦随着焊接转速的增大而减小，从而导致搅拌针整体所受阻力降低。随着转速增大与温度升高，搅拌区域材料流动性增大，屈服极限迅速降低，出现软化现象，是搅拌针上压力降低的主要原因。

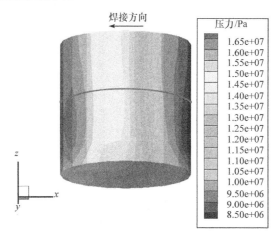

图 6.3　350r/min 搅拌针压力场

将搅拌针上压力对面积积分求和，即可计算出搅拌针侧壁所受阻力，搅拌针侧壁阻力与搅拌针底部摩擦阻力共同构成搅拌针受力

$$F_{pin} = F_{pinside} + F_{pinbot} \tag{6.11}$$

根据上述计算方法，可得到四种工况下搅拌头受力情况，如图 6.5 所示。研究发现，搅拌头所受合力随转速增大而减小，由 350r/min 时的 2701N 减小到 1000r/min 时的 1253N，这与 Chen[18] 的研究结果极为相符，三种工况下对比误差分别仅为 3.5%、7.9%、4.9%。搅拌头所受合力的绝大部分由轴肩摩擦力产生，轴肩摩擦力

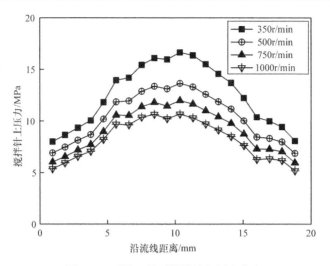

图 6.4 不同工况下搅拌针上压力分布

也随着转速的增大而减小,主要原因是随着转速的增大,温度上升,最大剪切应力下降,轴肩部分材料库伦摩擦力超过剪切期限,且转速随着升高,材料流动性增强,更大的应变速率将导致流体黏度下降,因而阻力减小。轴肩上阻力由 350r/min 时的 2398N 减小到 1000r/min 时的 1066N,而搅拌针对于合力的贡献较低,阻力范围为 303~187N,二者对合力的平均贡献率分别为 87.6% 和 12.4%。

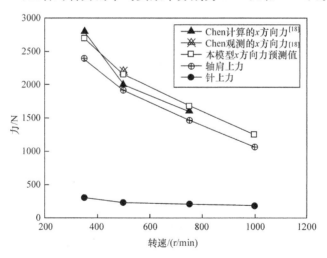

图 6.5 搅拌头受力

图 6.6 所示为多种工况下搅拌针前后侧最大压力均值分布,可以发现,随着焊速的增加,搅拌针上压力逐渐增大,峰值压力从 100mm/min 时的 7.8MPa 增大到 250mm/min 时的 32.1MPa。与此同时,搅拌针前后压力差值也随着焊速的增大

而增大,从而导致搅拌针整体所受阻力上升。焊接速度增大,流体在流经搅拌区,与搅拌针相互作用下的动能也明显增大,在绕针运动时,由于横向速度的改变,与搅拌针相互作用力增大,这是搅拌针上压力与前后压力差随焊速增大而增大的主要原因。

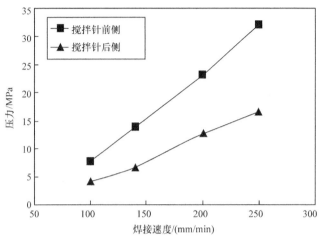

图 6.6　不同工况下搅拌针前后侧压力均值

计算得到四种工况下搅拌头受力情况,如图 6.7 所示。研究发现,搅拌头所受合力随焊速增大而增大,由 100mm/min 时的 1670N 增大到 250mm/min 时的 2953N,这与 Chen[18]的研究结果极为相符,三种工况下对比误差分别仅为 6.1%、6.9%、3.3%。搅拌头所受合力的绝大部分由轴肩摩擦力产生,轴肩摩擦力也随着焊速的增大而增大,主要原因是随着焊速的增大,材料温度下降,最大剪切应力上

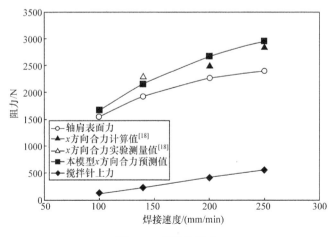

图 6.7　搅拌头受力

升,轴肩部分位置材料剪切极限升高,并大于库伦摩擦力,且较低温度下流体黏度上升,因而阻力变大。轴肩上阻力由 100mm/min 时的 1545N 增大到 250mm/min 时的 2396N,而搅拌针对于合力的贡献较低,阻力范围为 125~557N,二者对合力的平均贡献率分别为 86.8%、12.2%。值得注意的是,随着焊速的增大,搅拌针上阻力对于搅拌头整体合力的贡献比例逐渐上升,由 100mm/min 时的 8.1%增大到 250mm/min 时的 23.3%,从而说明较高的焊接速度不利于搅拌针安全。

搅拌针在焊接过程中承受与选择频率相同的搅拌载荷,产生的应力将直接影响搅拌针的使用寿命。基于计算得到的压力分布,可进一步研究搅拌针根部危险点应力值。根据压力场,搅拌针侧面上压力分布近似均匀,等效为一线性载荷,端部有摩擦阻力作用,等效为端部的剪切力,两载荷方向一致,表 6.2 为不同工况下的载荷参数。

表 6.2 载荷参数

| $v$/(mm/min) | $F$/N | $q$/(N/mm) |
| --- | --- | --- |
| 100 | 15.0 | 35.1 |
| 140 | 29.9 | 59.2 |
| 200 | 51.9 | 100.0 |
| 250 | 69.6 | 139.6 |

### 6.1.2 网格重剖分模型

两块焊接构件的尺寸为 80mm×40mm×5mm,材料为 AZ91 镁合金,计算过程中工件模型被定义为刚黏塑性体。搅拌头由半径 7.5mm 的轴肩和半径为 2mm 的圆柱形搅拌针构成,搅拌针长度为 2.5mm,材料为 H13 号钢,计算过程中搅拌头被定义为可进行热传导的刚体。焊接构件采用初始网格尺寸为 0.75mm,过渡区域初始网格尺寸为 1.5~3mm,共包含 4648 个节点和 18611 个单元。搅拌头的网格尺寸为 0.75~3mm,包含 1618 个节点和 6541 个单元,具体网格如图 6.8 所示。在搅拌摩擦焊进行过程中,搅拌头、工件与周围环境通过接触散热、辐射散热以及对流散热等形式进行热量交换。初始时刻环境温度和焊接工件搅拌头温度均为室温 20℃。

采用 Arrhenius 方程描述在高温下 AZ91 镁合金应变率、流应力与温度之间的关系为

$$\dot{\bar{\varepsilon}} = A \left[ \sinh(\alpha \bar{\sigma}) \right]^n e^{\left[ -\Delta H/(R T_{abs}) \right]} \tag{6.12}$$

式中,$\bar{\sigma}$ 为等效应力;$\dot{\bar{\varepsilon}}$ 为有效应变率;$\Delta H$ 为热变形中镁的活化能;$T_{abs}$ 为绝对温度;$R$ 为气体常数;$A$、$\alpha$、$n$ 为材料常数。在数值模型中取 $A = 2.8405 \times 10^{12}$,$\alpha = 0.021$,$n = 5.578$,$\Delta H = 1.77 \times 10^5$[19]。

在搅拌摩擦焊的数值模拟过程中,工件 AZ91 镁合金和搅拌头 H13 的热特性系数定义为常数,如表 6.3 所示。

图 6.8　搅拌摩擦焊模型网格划分

**表 6.3　AZ91 和 H13 热物理参数**

| 参数 | AZ91 | H13 |
| --- | --- | --- |
| 热容/[J/(kg·℃)] | 1164.4 | 589.9 |
| 热导率/[W/(m·℃)] | 84 | 24.5 |
| 工件与搅拌头间的传热系数/[W/(m²·℃)] | 22000 | 22000 |
| 工件/搅拌头与环境间传热系数/[W/(m²·℃)] | 20 | 20 |

整个过程分为预热阶段和焊接阶段[20]，在预热阶段，搅拌头在自旋的同时以 1mm/s 的速度向下运动，搅拌头倾斜角为 3°，直到压入深度达到 0.3mm。在焊接阶段，搅拌头继续保持相同的转速 $\omega$ 并以一定的焊速 $v$ 沿工件连接处移动。选取三种情况进行对比研究：①$\omega=900$r/min，$v=40$mm/min；②$\omega=1200$r/min，$v=40$mm/min；③$\omega=900$r/min，$v=60$mm/min。

采用网格自适应重剖分技术处理搅拌头旋转和平移所导致的网格畸变现象。在网格重剖分过程中，涉及新旧网格解的映射。当焊接构件接触面上的网格边长的中点距离搅拌头表面的距离与原边长之比大于 0.7 时，网格将重新划分，旧网格的解需要向新网格映射。由此，可以通过不断地网格重剖分得到解决由于搅拌头旋转而导致的网格畸变问题。与任意拉格朗日-欧拉网格（ALE）技术相比，网格重剖分技术不需要规则的初始网格，适应性更强。在实际搅拌摩擦焊过程中，搅拌针长度一般均稍小于被焊构件的板厚，与之对应的数值模型初始网格很难保证其规整性，因此，采用网格重剖分技术能够更好地模拟搅拌针长度稍短于焊接构件板厚的搅拌摩擦焊过程。

在搅拌摩擦焊数值模拟中，采用以下公式描述接触面行为，即

$$f = m \cdot k \tag{6.13}$$

式中，$f$ 为摩擦力；$m$ 为摩擦因子，取 $m=0.4$；$k$ 为剪切屈服应力，有

$$k = \frac{\sigma_s(T)}{\sqrt{3}} \tag{6.14}$$

对于搅拌摩擦焊过程中的传热，有

$$C\dot{T} + KT = Q \tag{6.15}$$

式中，$C$ 为热容矩阵；$K$ 为热传导矩阵；$Q$ 为表征热源的温度载荷列阵，和摩擦生热相关。

计算得到的温度场如图 6.9 所示，在 $\omega=900\text{r/min}$，$v=40\text{mm/min}$ 情况下，搅拌摩擦焊构件的最大温度为 440℃，最大值发生在搅拌头后方轴肩边缘处，这主要是由于采用了 3° 的倾角，所以，最大温度产生在搅拌头后方。搅拌头周围焊接构件的温度场分布形式与已有的数值观测[21,22]保持一致。当搅拌头转速增加，最大焊接温度由 440℃ 增加到 453℃ 时，与已有的数值计算结果[23]和相关的试验观测趋势一致。当搅拌头焊速增加时，最大焊接温度由 440℃ 降低到 389℃，这主要是由于随着焊速的增加，辐射到周围环境的热量随之增加，所以，焊接温度有所降低。

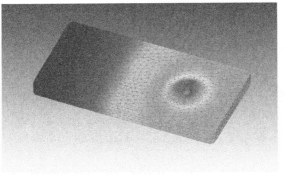
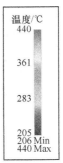

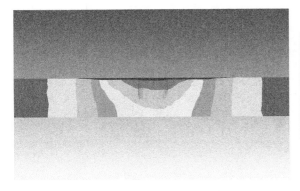
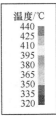

(a) $\omega$=900r/min, $v$=40mm/min

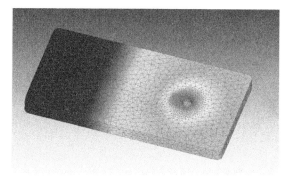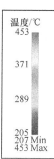

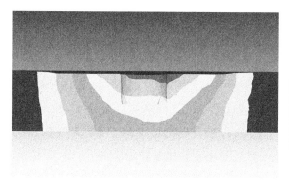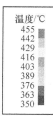

(b) $\omega$=1200r/min, $v$=40mm/min

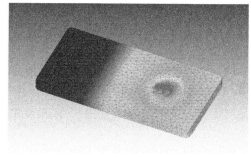

(c) $\omega$=900r/min, $v$=60mm/min

图 6.9　温度场

图 6.10 所示为搅拌头周围材料的速度场,当 $\omega=900\text{r/min}$,$v=40\text{mm/min}$ 时,材料流动的最大速度为 43.9mm/s;当 $\omega=1200\text{r/min}$,$v=40\text{mm/min}$ 时,最大

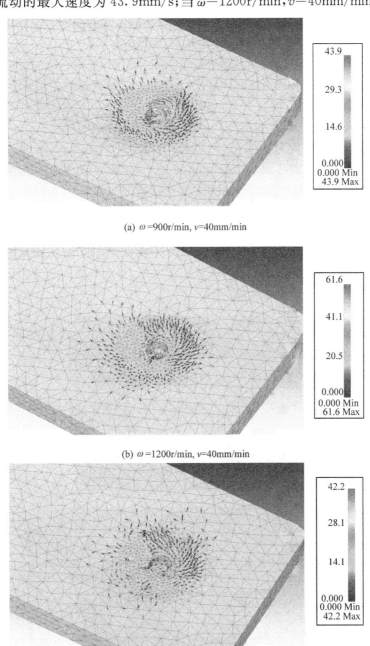

(a) $\omega=900\text{r/min}$, $v=40\text{mm/min}$

(b) $\omega=1200\text{r/min}$, $v=40\text{mm/min}$

(c) $\omega=900\text{r/min}$, $v=60\text{mm/min}$

图 6.10　速度场

速度为 61.6mm/s；当 $\omega=900$r/min，$v=60$mm/min 时，最大流动速度为 42.2mm/s。最大流动速度发生的位置在后退侧，这与采用 ALE 网格模拟搅拌摩擦焊过程得到的数值观测结果一致[24]。通过对比可以发现，材料的流动性能随着搅拌头转速的增加而增加，而随着焊速的增加，流动性能略有降低，这也说明提高转速或者降低焊速对于提高焊缝材料流动性以及焊缝质量是有意义的，但是转速的影响更为明显和直观，因此，可以直接作为控制焊缝质量的方法，而焊速影响相对较小，所以焊速的确定需要综合考虑。

图 6.11 所示为等效应变的分布，当 $\omega=900$r/min，$v=40$mm/min 时，焊接构件的最大等效塑性应变为 110，当 $\omega=1200$r/min，$v=40$mm/min 时，焊接构件的最大等效塑性应变为 130，当 $\omega=900$r/min，$v=60$mm/min 时，焊接构件的最大等效塑性应变为 60。采用网格重划分模型得到的等效应变的数值与采用 ALE 模型得到的数值在量级上是一致的[20]，随着搅拌头转速的增加，等效应变随之增加，这与图 6.10 反映的材料流动速度场的推测是一致的，即材料流动性能随搅拌头转速的增加而增加。由图 6.9 和图 6.10 可知，随着搅拌头焊速的增加，焊接构件的焊接温度降低，同时，搅拌头周围的材料流动速度降低，最大等效应变的数值也随之降低。等效应变的最大值发生在前进侧。

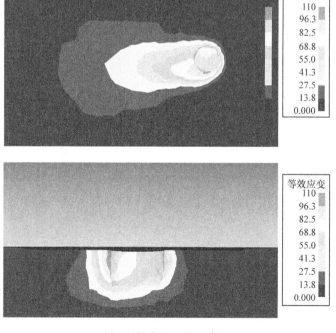

(a) $\omega=900$r/min，$v=40$mm/min

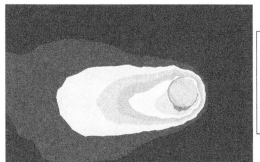

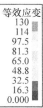

(b) $\omega$ =1200r/min, $v$=40mm/min

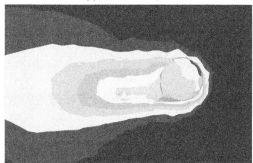

(c) $\omega$ =900r/min, $v$=60mm/min

图 6.11　等效塑性应变

图 6.12 所示为搅拌头轴向受力随焊接过程的变化曲线,横坐标为时间,可以看到,在搅拌头刚刚开始移动时搅拌头的轴向力达到最大值,约为 23kN,随着搅拌头开始移动,焊接温度逐渐升高,轴向力开始随之减小,大约保持在 10kN 左右,与试验结果[25]的对比证实了本书所预测结果的正确性和合理性。

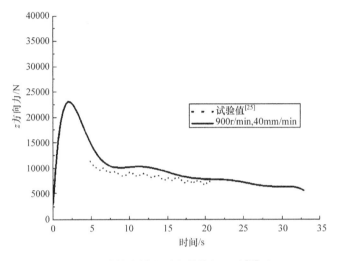

图 6.12　搅拌头轴向受力数值与试验[25]对比

图 6.13 所示为垂直于焊缝方向的搅拌头受力,横坐标为焊缝的长度,由于搅拌摩擦焊过程中,材料流动在前进侧和后退侧存在差异[20,26],且等效应变的分布沿焊缝不对称,所以决定了搅拌头在垂直于焊缝方向存在横向力作用,力的方向是由后退侧指向前进侧,这一横向力数值相对较小,并且随焊速的增加而增加,随搅

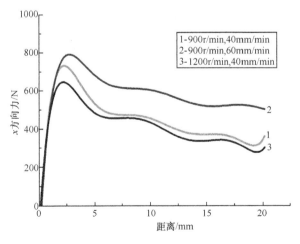

图 6.13　垂直于焊接方向的搅拌头受力

拌头转速的增加而减小。$\omega = 900 \text{r/min}$，$v = 40 \text{mm/min}$ 时，横向力最大值为 0.72kN，当 $\omega = 1200 \text{r/min}$，$v = 40 \text{mm/min}$ 时，横向力最大值为 0.65kN。当 $\omega = 900 \text{r/min}$，$v = 60 \text{mm/min}$ 时，横向力最大值为 0.8kN。

图 6.14 所示为沿焊缝方向搅拌头的受力，当 $\omega = 900 \text{r/min}$，$v = 40 \text{mm/min}$ 时，搅拌头沿焊缝方向的最大受力为 1.25kN；当 $\omega = 1200 \text{r/min}$，$v = 40 \text{mm/min}$ 时，搅拌头沿焊缝方向的最大受力为 1kN，说明随搅拌头转速增加搅拌头沿焊缝方向受力随之减小；当 $\omega = 900 \text{r/min}$，$v = 60 \text{mm/min}$ 时，搅拌头沿焊缝方向的最大受力为 1.5kN，这说明搅拌头沿焊缝方向的受力随搅拌头焊速的增加而增加。

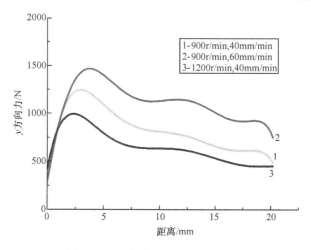

图 6.14　沿焊接方向的搅拌头受力

图 6.15 所示为搅拌头沿搅拌头轴向的受力，当 $\omega = 900 \text{r/min}$，$v = 40 \text{mm/min}$

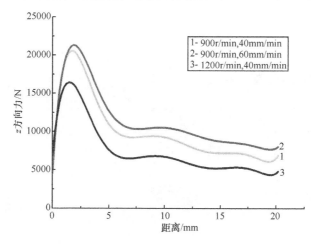

图 6.15　沿搅拌头轴向的搅拌头受力

时,搅拌头沿轴向的最大受力为 22kN,当 $\omega=1200$r/min,$v=40$mm/min 时,搅拌头沿轴向的最大受力为 16kN,说明随搅拌头转速增加,搅拌头沿轴向受力随之减小。当 $\omega=900$r/min,$v=60$mm/min 时,搅拌头沿轴向的最大受力为 23kN,说明搅拌头沿轴向的受力随搅拌头焊速的增加而略有增加。

　　综上所述可以看出,随着搅拌头转速的增加,焊接温度明显升高,此时搅拌头沿轴向、横向(垂直于焊缝方向)和纵向(焊缝方向)的受力随之减小,而随着搅拌头焊速的增加,焊接温度略有降低,此时,横向(垂直于焊缝方向)和纵向(焊缝方向)的受力随之增加,显然,焊接温度是决定搅拌头受力的重要指标,焊接温度越高,材料的流动性越好,搅拌头受力随之减小。

　　图 6.16 所示为搅拌头的温度分布情况,在搅拌摩擦焊中,接触面的摩擦使一部分能量通过机械搅拌和摩擦能耗的形式传递到焊接构件中,另一部通过摩擦能耗传递到搅拌头上,具体能量转换公式可以参考文献[1]。当 $\omega=900$r/min,$v=40$mm/min 时,搅拌头的最高温度为 425℃。当 $\omega=1200$r/min,$v=40$mm/min 时,搅拌头的最高温度为 434℃。当 $\omega=900$r/min,$v=60$mm/min 时,搅拌头的最高温度为 385℃。搅拌头的最高温度随搅拌头转速的增加而升高,随搅拌头焊速的增

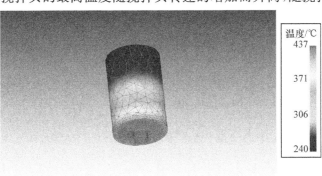

(a) $\omega=900$r/min, $v=40$mm/min

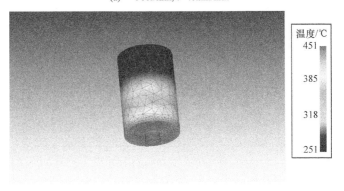

(b) $\omega=1200$r/min, $v=40$mm/min

(c) $\omega=1200$r/min, $v=60$mm/min

图 6.16　搅拌头的温度分布

加而降低,最高温度产生在搅拌头后侧,这主要是由于搅拌头有 3°的倾角,从而导致搅拌头后侧的摩擦较搅拌头前方更为强烈。

## 6.2　搅拌头疲劳应力计算

搅拌头的断裂破坏,是搅拌摩擦焊过程中搅拌头失效的主要因素之一。基于计算得到的压力分布,可进一步研究搅拌针根部危险点应力值。搅拌针等效为一悬臂梁,其满足铁木辛柯梁特征,为短粗梁结构。根据压力场,搅拌针侧面上压力分布近似均匀,端部有摩擦阻力作用,两载荷方向一致,如图 6.17 所示,表 6.4 为不同工况下的载荷参数。

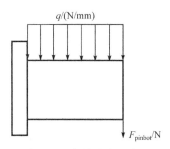

图 6.17　载荷分布示意图

**表 6.4　载荷参数**

| 转速/(r/min) | 载荷/(N/mm) | 端部力/N |
| --- | --- | --- |
| 350 | 38.7 | 71.7 |
| 500 | 29.9 | 59.3 |
| 750 | 26.2 | 52.1 |
| 1000 | 23.3 | 46.9 |

对于短粗梁,需考虑横向剪切效应的影响。计算时假设横向剪切变形服从线弹性并有固定的弹性模量,且与轴向变形无关。其控制方程是以下常微分方程的解耦系统[27],即

$$\frac{\mathrm{d}^2}{\mathrm{d}x^2}\left(EI\frac{\mathrm{d}\varphi}{\mathrm{d}x}\right)=q, \quad \frac{\mathrm{d}w}{\mathrm{d}x}=\varphi-\frac{1}{\kappa AG}\frac{\mathrm{d}^2q}{\mathrm{d}x^2} \tag{6.16}$$

对于等截面均匀梁,式(6.16)中两个方程合并为

$$EI\frac{\mathrm{d}^4w}{\mathrm{d}x^4}=q-\frac{EI}{\kappa AG}\frac{\mathrm{d}^2q}{\mathrm{d}x^2} \tag{6.17}$$

式中,$E$ 为弹性模量;$G$ 为剪切模量;$I$ 为惯性矩;$q$ 为载荷分布;$\varphi$ 为转角位移;$w$ 为平移位移;$\kappa$ 为铁木辛柯梁剪切系数,对于圆截面,$\kappa=0.89$。

计算可得搅拌针根部边缘处应力值最大,属于危险点。随着搅拌头的旋转作用,根部截面边缘将产生周期性的交变应力。图 6.18 给出了搅拌针根部危险点交变应力示意图,随着转速的增大,应力振动幅度逐渐减小,且最大应力由 350r/min 时的 31.4MPa 下降到 1000r/min 时的 20.3MPa。结果说明,较高的转速有利于减小搅拌针所受应力交变幅值。

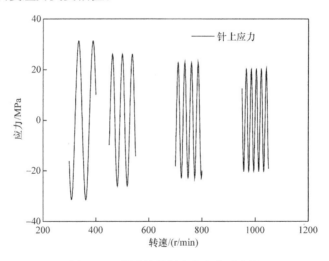

图 6.18　搅拌针根部应力变化示意图

搅拌针根部边缘处应力值最大,属于危险点。随着搅拌头的旋转作用,根部截面边缘将产生周期性的交变应力。图 6.19 给出了搅拌针根部危险点交变应力示意图,随着转速的增大,应力振动幅度逐渐增大,且最大应力由 100mm/min 时的 12.4MPa 增长到 250mm/min 时的 60.7MPa,而交变频率均为 8.3Hz。结果说明,较高的焊速将使搅拌针根部承受更大的应力,不利于搅拌针安全。

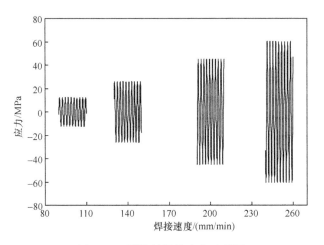

图 6.19　搅拌针根部应力示意图

搅拌头上的载荷主要分为三部分：①搅拌头轴肩摩擦力；②搅拌针正面阻力；③搅拌针底面摩擦力。如图 6.20 所示，其中，搅拌针正面阻力在进行应力计算时简化为图 6.21 所示的体力。

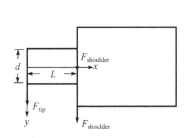

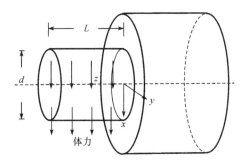

图 6.20　搅拌头受摩擦力示意图　　　　图 6.21　搅拌头受反向阻力示意图

图 6.20 中搅拌针底面摩擦力对根部疲劳应力贡献的计算可处理为平面弹性问题，其应力函数 $\phi$ 满足如下双调和方程[28]，即

$$\frac{\partial^4 \phi}{\partial x^4}+2\frac{\partial^4 \phi}{\partial x^2 \partial y^2}+\frac{\partial^4 \phi}{\partial y^4}=0 \tag{6.18}$$

应力分量与应力函数关系为

$$\begin{cases} \sigma_x=\dfrac{\partial^2 \phi}{\partial y^2} \\[2mm] \sigma_y=\dfrac{\partial^2 \phi}{\partial x^2} \\[2mm] \tau_{xy}=-\dfrac{\partial^2 \phi}{\partial x \partial y} \end{cases} \tag{6.19}$$

在端部受集中力作用下应力函数可选为[28]

$$\phi = C_5 xy^3 + C_6 xy \tag{6.20}$$

需满足的边界条件为

$$\begin{cases} (\tau_{xy})_{y=\pm R} = 0 \\ \displaystyle\int_{\text{sec}} (\tau_{xy})_{x=0} \, \mathrm{d}s = -F_{\text{tip}} \end{cases} \tag{6.21}$$

由此解得搅拌针上应力为

$$\sigma_x = -\frac{8}{3} \frac{F_{\text{tip}}}{\pi R^4} xy \tag{6.22}$$

应力分量满足的偏微分方程为[29]

$$\begin{cases} \sigma_{ij,i} + F_j = 0 \\ \sigma_{ij} = \lambda\theta\delta_{ij} + 2\mu\gamma_{ij} \end{cases}, \quad i,j = 1,2,3 \tag{6.23}$$

式中，$\sigma_{ij}$ 为应力分量；$\gamma_{ij}$ 为应变分量；$F_j$ 为体力分量；$\theta$ 为主应变分量；$\lambda$、$\mu$ 为拉梅常量。

圆柱体的空间弹性力学解，可将应力应变分量设为如下形式[29]，即

$$\begin{cases} \sigma_{ij} = \dfrac{1}{2} z^2 \sigma_{ij}^{(2)} + z\sigma_{ij}^{(1)} + \sigma_{ij}^{(0)} \\ \gamma_{ij} = \dfrac{1}{2} z^2 \gamma_{ij}^{(2)} + z\gamma_{ij}^{(1)} + \gamma_{ij}^{(0)} \end{cases}, \quad i,j = 1,2,3 \tag{6.24}$$

式中，$\sigma_{ij}^{(k)}$ 为应力分量的 $k$ 阶多项式，$k = 0,1,2$；$\gamma_{ij}^{(k)}$ 为应变分量的 $k$ 阶多项式，$k = 0,1,2$。

应力分量满足如下边界条件，即

$$\begin{cases} F_1 = f_x = \dfrac{F_{\text{pin}}}{V}, \quad F_2 = F_3 = 0 \\ \displaystyle\iint_{\text{tip}} (\tau_{xy}, \sigma_z) \, \mathrm{d}s = 0 \\ \displaystyle\iint_{\text{tip}} \sigma_z x \, \mathrm{d}s = 0 \\ (\sigma_{ij})_{\text{side}} = 0 \end{cases} \tag{6.25}$$

式中，$V$ 为搅拌针体积。

解得搅拌针上应力为

$$\begin{aligned} \sigma_z = &-E\left(k_0 + k_1 + \frac{1}{2}k_2 z^2\right)x \\ &+ \mu k_2 x\left[-\frac{9+13\nu+6\nu^2}{3}R^2 + \left(1+\frac{\nu}{2}\right)(x^2+y^2)\right] \end{aligned} \tag{6.26}$$

式中，常数为

$$
\begin{cases}
k_0 = \dfrac{1}{2}k_2\left[L^2 - \dfrac{9+13\nu+4\nu^2}{6(1+\nu)}R^2\right] \\[2mm]
k_1 = -k_2 L \\[2mm]
k_2 = \dfrac{2F_{\text{pin}}}{\mu V(1+\nu)R^2}
\end{cases}
\tag{6.27}
$$

采用叠加法,计算搅拌针在上述两种等效载荷下的疲劳应力值。

搅拌针材料为 AISI A2 钢,其在高温下的力学性能是温度的函数[30]。搅拌针应力计算的数值模型中,为准确计算出搅拌针在高温环境下的应力值,需考虑搅拌针的温升。本书建立搅拌头的传热模型,其热输入设为总热输入功率的 10%[31],即搅拌头的温升热输入功率 $P_t$ 由式(6.28)计算,即

$$
P_t = (P_s + P_{ps}) \times 10\%
\tag{6.28}
$$

热输入功率由轴肩下表面传入模型,搅拌头其余表面设为空气接触,热传导设为 $30\text{W}/(\text{m}^2 \cdot \text{K})$。在 ABAQUS 软件中建立求解搅拌头温升模型,搅拌头模型由八节点线性传热单元 DC3D8 划分。计算过程中基本的热传导控制方程为

$$
\int_V \rho \dot{U} \mathrm{d}V = \int_S q \mathrm{d}S + \int_V r \mathrm{d}V
\tag{6.29}
$$

式中,左端项描述物体内能时间变化率;右端第一项描述面热耗散,第二项描述物体热流输入。为验证热输入的准确性,建立与 Dickerson 等[32]研究搅拌头温升时采用的相同模型,并在相同工况下比较试验测量与模拟结果。

采用 ABAQUS 建立搅拌针有限元模型,搅拌针划分为 100 个平面铁木辛柯梁单元。搅拌针外表面载荷等效为均匀分布的梁上线载荷,搅拌针底部摩擦阻力等效为端部的集中力,如图 6.22 所示。

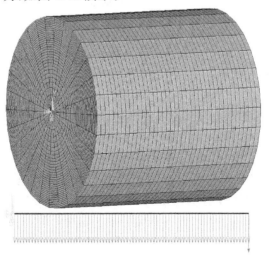

图 6.22　搅拌针疲劳应力计算的有限元模型

　　两种转速工况下构件温度场如图 6.23 所示。焊接过程中,温度场关于焊缝对称分布,最高温度出现在搅拌头轴肩与构件接触处。焊接转速的增大导致热输入功率上升,当焊接转速从 340r/min 上升到 500r/min 时,最高温度由 670℃上升至712℃,这与文献[32]的观测规律相符。

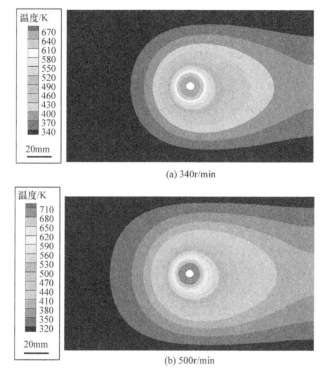

(a) 340r/min

(b) 500r/min

图 6.23　焊接构件温度场

　　搅拌头在焊接方向上受力分为三部分,即轴肩下表面摩擦阻力、搅拌针外表面阻力和搅拌针底部摩擦阻力

$$F_x = F_{\text{shoulder}} + F_{\text{pinside}} + F_{\text{pinbot}} \tag{6.30}$$

　　轴肩下表面摩擦阻力和搅拌针底部摩擦阻力,由作用在接触面上正压力导致的库伦摩擦力计算,搅拌针外表面阻力由流场压力值计算。图 6.24 所示为两种工况下搅拌针压力场云图。结果表明,搅拌针前进方向压力值较大,而后侧压力值较小,两侧压力差的存在形成了搅拌针上压力。当焊接转速从 340r/min 增长到500r/min 时,搅拌针上最大压力由 16.5MPa 减小到 13.5MPa,前后最大压力差由8.0MPa 减小到 6.5MPa。焊接转速增大导致的温度上升、材料流动性增大,是压力减小的原因。

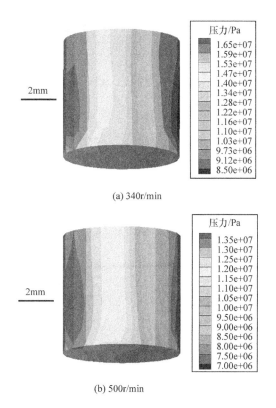

(a) 340r/min

(b) 500r/min

图 6.24　搅拌针压力场

　　表 6.5 所示为两种工况下搅拌头受力,与 Chen 等[18]的试验观测和数值模拟结果极为吻合,最大误差仅为 4.37%。搅拌头上作用力大部分由轴肩下表面摩擦阻力贡献,两种工况下平均贡献率为 92%,而搅拌针对搅拌头焊接方向受力贡献占比仅为 8%。当焊接转速由 340r/min 上升到 500r/min 时,搅拌头所受焊接方向合力由 2730N 减小到 2620N。

表 6.5　搅拌头受力($N$)预测值与试验值的比较

| 工况 | 搅拌头受力预测值 | 搅拌头受力试验值[18] | 搅拌针受力预测值 |
|---|---|---|---|
| 340r/min | 2730 | 2620 | 230.4 |
| 500r/min | 2410 | 2520 | 175.8 |

　　图 6.25 所示为与文献[32]做对比验证的搅拌头温度场云图,其载荷工况与文献中一致。图 6.26 所示为本书搅拌头有限元模型与文献[32]的结果对比,模拟结果与试验观测结果保持了良好的一致性,从而验证了本模型中搅拌头温升部分预测的正确性。

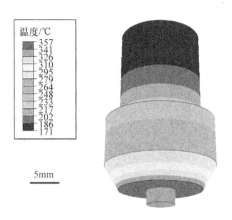

图 6.25 搅拌头温度场

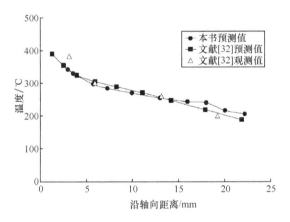

图 6.26 搅拌头温升与文献试验和数值数据[32]对比

图 6.27 为本书两种工况下搅拌头温升云图,最高温度值出现在轴肩下表面,沿搅拌头轴线传热,温度逐渐降低。搅拌针上温度分布较为均匀。两种转速下搅拌针平均温度分别为 245℃和 274℃,搅拌针温度随搅拌头转速的增加而增加。

解析法和数值法得出的搅拌针根部危险截面上轴向应力分布如图 6.28 所示,自拉应力最大值处绕边界一周返回。解析解与数值解极为吻合,最大误差仅为 2.9%。由于搅拌头的旋转摩擦作用,搅拌针根部应力呈周期性变化,且疲劳应力频率与旋转圆频率相等。随着转速由 340r/min 上升到 500r/min,搅拌针根部最大应力值由 52.5MPa 减小到 41.5MPa。虽然较大的焊接转速有利于减小疲劳应力幅值,但交变应力频率的上升不利于搅拌针安全。

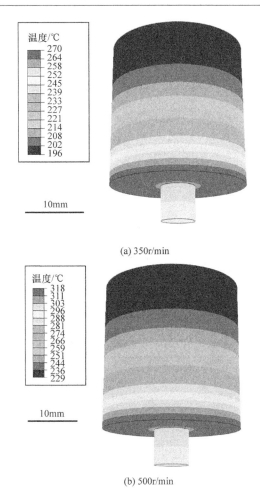

(a) 350r/min

(b) 500r/min

图 6.27　两种工况下搅拌头温升

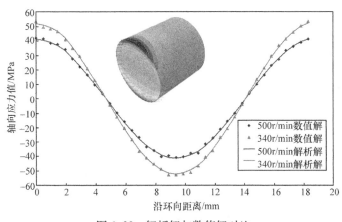

图 6.28　解析解与数值解对比

## 6.3　搅拌头疲劳寿命

搅拌摩擦焊中,轴肩热输入功率为

$$P_s = \frac{4}{3}\pi^2 \mu_f F_p N_0 (r_s^3 - r_p^3) \tag{6.31}$$

式中,$\mu_f$ 为随搅拌头转速变化的摩擦系数[33];$F_p$ 为轴肩压紧力,设为 70MPa[34];$N_0$ 搅拌头每秒转数;$r_s$ 和 $r_p$ 分别为搅拌头轴肩和针的半径。

搅拌针的热输入功率为

$$P_{ps} = \int_0^{2\pi}\int_0^h 2\pi\mu_f p_{ps} N_0 r_p^2 \mathrm{d}z\mathrm{d}\theta \tag{6.32}$$

式中,$h$ 为搅拌针的长度,取为 5mm;$p_{ps}$ 为搅拌针侧面压力,由计算流场获得。由于搅拌针底面热输入功率较小[35],所以忽略其产热。这时,总热输入功率 $P_t$ 为

$$P_t = P_s + P_{ps} \tag{6.33}$$

模型参数和所计算的热输入功率见表 6.6 和表 6.7。

表 6.6　不同焊接参数下的热输入功率

| 焊接参数 | 2(mm/s) | 3(mm/s) | 4(mm/s) | 5(mm/s) | 6(mm/s) |
|---|---|---|---|---|---|
| 500r/min | 1144.2 | 1168.7 | 1192.2 | 1217.1 | 1221.5 |
| 750r/min | 1171.1 | 1191.9 | 1211.8 | 1233.0 | 1250.3 |
| 1000r/min | 1214.2 | 1230.1 | 1246.1 | 1263.0 | 1281.1 |
| 1250r/min | 1247.3 | 1262.5 | 1277.2 | 1292.6 | 1306.4 |

表 6.7　不同搅拌头尺寸下的热输入功率

| 搅拌头尺寸 | $r_s = 7\mathrm{mm}$ | $r_s = 8\mathrm{mm}$ | $r_s = 9\mathrm{mm}$ |
|---|---|---|---|
| $r_p = 2\mathrm{mm}$ | 833.1 | 1231.4 | 1715.6 |
| $r_p = 2.5\mathrm{mm}$ | 822.2 | 1217.1 | 1698.0 |
| $r_p = 3\mathrm{mm}$ | 816.3 | 1199.3 | 1681.1 |

定义材料黏性为[13]

$$\mu = \frac{\bar{\sigma}_s}{3\dot{\bar{\epsilon}}} \tag{6.34}$$

式中,$\bar{\sigma}_s$ 是等效应力[36,37],有

$$\bar{\sigma}_s = \sqrt{\frac{3}{2}\sigma' : \sigma'} \tag{6.35}$$

$\dot{\bar{\epsilon}}$ 是等效塑性应变率,由流场计算得到[38],即

$$\dot{\varepsilon}=\frac{1}{2}(\nabla v+\nabla v^{\mathrm{T}}) \tag{6.36}$$

材料采用 AA6061-T6 铝合金[39]，使用 ANSYS/FLUENT 模拟，边界条件和材料性质由 C 语言定义。

搅拌头的温度通常可以达到 $400\sim600\mathrm{K}$[32]，较高的温度会影响搅拌头的力学性能，这一点在搅拌头疲劳设计中必须加以考虑。根据文献[31]，可以假定总热量中的 10% 会进入搅拌头，在文献[40]中这一假定得到了验证。

基于 CFD 模型的流场分析得到的压力分布，可以计算搅拌头上的作用力，搅拌头上力的分布和热流分布如图 6.29 所示，搅拌头的材料采用 SAE 1045 钢。文献[41]证实了对于塑性材料，KBM(Kandil，Brown and Miller，KBM)准则对于寿命预测是有效的。

　　　(a) 应力计算模型　　　　　　　　　　　　　　(b) 搅拌头传热模型

图 6.29　搅拌头应力分析计算模型

实际上，存在多种单轴和多轴的疲劳损伤模型[42]，主要包括如下几种。

单轴应力-寿命模型

$$\frac{\Delta\sigma}{2}=\sigma'_f(2N_f)^b \tag{6.37}$$

单轴应力的应变-寿命模型

$$\frac{\Delta\varepsilon}{2}=\frac{\sigma'_f}{E}(2N_f)^b+\varepsilon'_f(2N_f)^c \tag{6.38}$$

正应变模型

$$\frac{\Delta\varepsilon_1}{2}=\frac{\sigma'_f}{E}(2N_f)^b+\varepsilon'_f(2N_f)^c \tag{6.39}$$

最大剪切应变模型

$$\frac{\Delta\gamma_{\max}}{2}=1.3\frac{\sigma'_f}{E}(2N_f)^b+1.5\varepsilon'_f(2N_f)^c \tag{6.40}$$

von-Miller 模型

$$\frac{\Delta\varepsilon_{\mathrm{eff}}}{2}=\frac{\sigma'_f}{E}(2N_f)^b+\varepsilon'_f(2N_f)^c \tag{6.41}$$

Brown-Miller 模型

$$\frac{\Delta\gamma_{\max}}{2}+\frac{\Delta\varepsilon_n}{2}=1.65\frac{\sigma'_f}{E}(2N_f)^b+1.75\varepsilon'_f(2N_f)^c \tag{6.42}$$

式中，$\sigma'_f$ 为疲劳强度系数；$b$ 为疲劳强度指数；$c$ 为疲劳延展指数；$\Delta\varepsilon$ 为计算应变；$\varepsilon'_f$ 为疲劳延展系数；$\Delta\varepsilon_n$ 为正应变；$\Delta\gamma_{\max}$ 为最大剪切应变增量；$\Delta\varepsilon_{\mathrm{eff}}$ 为有效应变增量。

KBM 多轴疲劳公式为[43]

$$\frac{\Delta\gamma_{\max}}{2}+S_k\Delta\varepsilon_n=\frac{\sigma'_f}{E}(2N_f)^b+\varepsilon'_f(2N_f)^c \tag{6.43}$$

式中，$\Delta\gamma_{\max}$ 是最大剪切应变幅；$\Delta\varepsilon_n$ 是作用在最大剪切应变幅平面上的正应变；$S_k$ 是材料常数，取为 $0.3^{[44]}$；$E$ 是弹性模量；$\sigma'_f$ 和 $b$（取为 $-0.13$）是疲劳强度系数和指数；$\varepsilon'_f$ 和 $c$（取为 $-0.451$）是疲劳延展性系数和指数[44]；$2N_f$ 是疲劳寿命循环次数。

基于损伤的 Miner's 准则[45]，有

$$\sum\frac{n}{N}=1 \tag{6.44}$$

式中，$n$ 是载荷循环次数；$N$ 是给定载荷下最大的疲劳寿命次数。

表 6.8 总结了 SAE 1045 钢的热物理性能和疲劳参数[43,44,46]，为了验证方法的有效性，对文献[47]和[48]中关于 SAE 1045 的疲劳试验进行模拟，采用 ABAQUS 和 FE SAFE 软件，模型如图 6.30 所示。

**表 6.8　SAE 1045 钢的热物理性能和疲劳常数[43,44,46]**

| 温度/K | 比热 /[J/(mm³·K)] | 热传导系数 /[W/(m·K)] | 弹性模量 /GPa | $\sigma'_f$ | $\varepsilon'_f$ |
|---|---|---|---|---|---|
| 300 | 3.71 | 48.03 | 206 | 851 | 0.198 |
| 473 | 3.89 | 45.82 | 186 | 680 | 0.199 |
| 573 | 4.03 | 42.74 | 177 | 600 | 0.20 |
| 673 | 4.20 | 39.10 | 170 | 480 | 0.21 |

载荷频率为 8Hz，与试验相同，应变幅值为 $\pm2.1\times10^{-4}\sim\pm3.8\times10^{-3}$。计算结果如图 6.31 所示，计算结果与试验测量结果吻合良好，从而说明了上述方法对于疲劳预测的正确性。

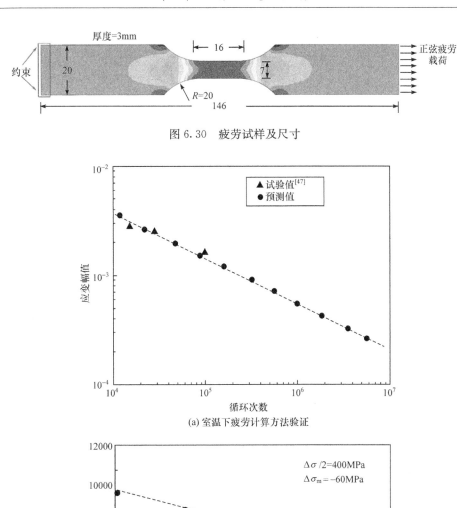

图 6.30　疲劳试样及尺寸

(a) 室温下疲劳计算方法验证

(b) 高温下疲劳计算方法验证

图 6.31　疲劳寿命计算方法计算结果与试验结果[47,48]对比

为了研究搅拌头的疲劳问题,需要考虑搅拌头在焊接过程中的温升,图 6.32

展示了搅拌头温升和搅拌头焊速以及转速的关系曲线。

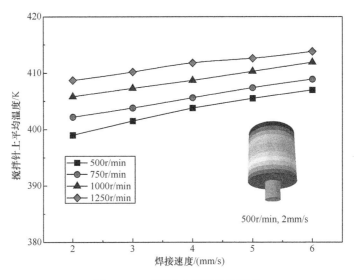

图 6.32　不同转速下搅拌头温升

搅拌头的温度同时会受搅拌头尺寸的影响,图 6.33 展示了搅拌头温升和搅拌头尺寸之间的关系曲线。

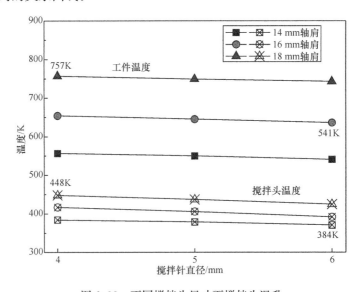

图 6.33　不同搅拌头尺寸下搅拌头温升

影响搅拌头疲劳性能的另外一个重要因素是搅拌针的受力情况,图 6.34 给出了搅拌针上受力与焊接参数之间的关系曲线。

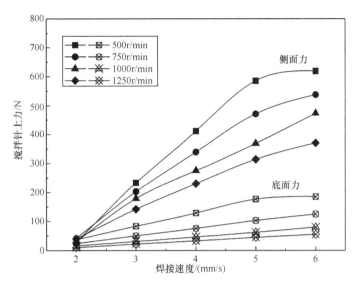

图 6.34　搅拌针上受力与焊接参数的关系曲线

通过计算，搅拌头疲劳应力云图和疲劳应力随时间的变化曲线如图 6.35 所示，疲劳应力的频率由搅拌头转速确定。

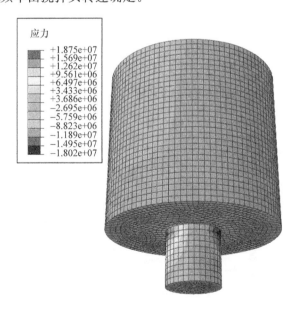

(a) 应力云图

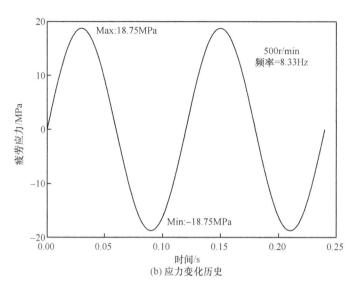

图 6.35　搅拌头上一点的应力变化历史

　　焊接参数对疲劳应力的影响如图 6.36 所示,在 500r/min 和 6mm/s 工况下,最大疲劳应力可以达到 177.4MPa,疲劳应力随搅拌头转速的增加而降低,当搅拌头转速增加到 1250r/min 时,最大疲劳应力降低为 85.3MPa,如图 6.36 所示。

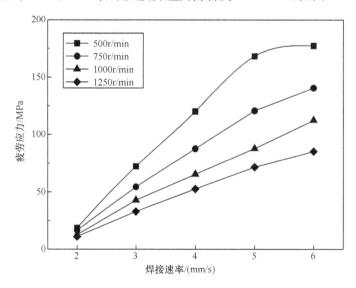

图 6.36　焊接参数对疲劳应力的影响

　　图 6.37(a)展示了 $\lg(2N_f)$ 在搅拌头上的分布,从图中可以看出,搅拌头根部是最危险的位置,此时搅拌头转速为 500r/min,焊速为 6mm/s,$\lg(2N_f)$ 的最大值

随焊接参数的变化如图 6.37(b)所示。焊接参数对疲劳的影响总结在表 6.9 中，$10^7$ 次作为无限寿命循环次数的临界值，疲劳寿命随搅拌头转速的增加而增加，而随搅拌头焊速的增加而减小，如果焊速非常小，则搅拌头会倾向于出现无限寿命的情况，如果搅拌头转速足够高，显然允许使用更高的搅拌头焊速也可以使搅拌头达到无限寿命的情况。

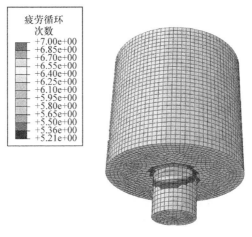

(a) $\lg(2N_f)$ 分布

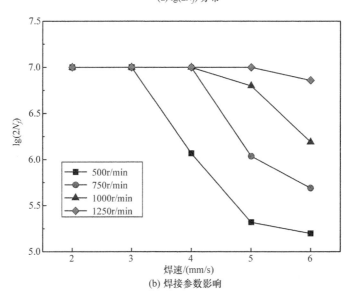

(b) 焊接参数影响

图 6.37　焊接参数变化对 $\lg(2N_f)$ 的影响

表 6.9　不同焊接参数下的疲劳寿命

| 转速/(r/min) ＼ 焊速/(mm/s) | 2 | 3 | 4 | 5 | 6 |
|---|---|---|---|---|---|
| 500 | — | — | 38.95h<br>560.9m | 6.96h<br>124.8m | 5.35h<br>115.7m |
| 750 | — | — | 145.84h<br>2100.0m | 24.17h<br>434.4m | 10.95h<br>236.8m |
| 1000 | — | — | — | 104.88h<br>1886.6m | 25.82h<br>557.6m |
| 1250 | — | — | — | — | 97.28h<br>2100.5m |

注:"—"代表无损伤。

　　搅拌针受力、疲劳应力和搅拌头尺寸之间的关系如图 6.38 所示,随着搅拌针直径的增加,由于搅拌针接触面积的增加和焊接温度的下降,搅拌针受力增加,弯曲刚度同时会随搅拌针直径的增加而增加,搅拌针的疲劳应力会随着搅拌针直径的增加而减小。轴肩直径增加会增加焊接温度,从而使搅拌针受力减小,同时,搅拌针弯曲刚度没有发生变化,因此,搅拌针的疲劳应力会随着搅拌头轴肩直径的增加而减小。

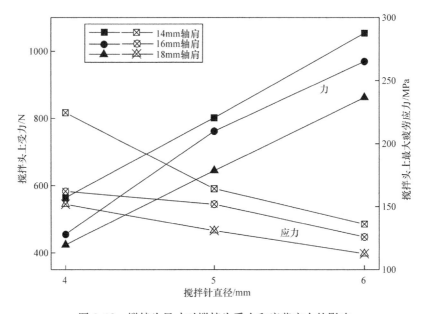

图 6.38　搅拌头尺寸对搅拌头受力和疲劳应力的影响

　　不同搅拌头尺寸下搅拌头的疲劳寿命总结在表 6.10 中,当搅拌头轴肩半径从

7mm 增加到 9mm 时,搅拌头疲劳寿命从 1.7h 增加为 7.07h,疲劳寿命增加了 4.16 倍,此时搅拌针半径为 2mm。随着搅拌针半径增加为 2.5mm,当搅拌头轴肩半径从 7mm 增加到 9mm 时,搅拌头疲劳寿命从 5.38h 增加为 13.22h,疲劳寿命增加了 2.46 倍。搅拌针半径增加到 3mm,当搅拌头轴肩半径从 7mm 增加到 9mm 时,搅拌头疲劳寿命从 12.36h 增加为 28.81h,疲劳寿命增加了 2.33 倍。

表 6.10　不同搅拌头尺寸下的疲劳寿命

| 轴肩半径/mm 搅拌针半径/mm | 7 | 8 | 9 |
|---|---|---|---|
| 2 | 1.70h | 5.49h | 7.07h |
| | 20.6m | 98.7m | 127.3m |
| 2.5 | 5.38h | 6.93h | 13.22h |
| | 96.8m | 124.8m | 218.0m |
| 3 | 12.36h | 17.67h | 28.81h |
| | 222.5m | 318.1m | 518.7m |

## 参 考 文 献

[1] 张昭,陈金涛,王晋宝,等. 基于仿真的搅拌摩擦焊连接 AA2024-T3 厚薄板过程对比. 机械工程学报,2011,47(18):23-27.

[2] 张昭,刘亚丽. 预热时间对搅拌摩擦焊接的影响. 机械工程学报,2009,45(4):13-18.

[3] Kumar R,Singh K,Pandey S. Process forces and heat input as function of process parameters in AA5083 friction stir welds. Transactions of Nonferrous Metal Society of China,2012,22:288-298.

[4] Sorensen C D,Stahl A L. Experimental measurements of load distributions on friction stir weld pin tools. Metallurgical and Materials Transactions B,2007,38:451-459.

[5] Mehta M,Chatterjee K,De A. Monitoring torque and traverse force in friction stir welding from input electrical signatures of driving motors. Science and Technology of Welding and Joining,2013,18:191-197.

[6] Trimble D,Monaghan J,O'Donnell G E. Force generation during friction stir welding of AA2024-T3. CIRP Annals-Manufacturing Technology,2012;61:9-12.

[7] Balasubramanian N,Mishra R S,Krishnamurthy K. Process forces during friction stir channeling in an aluminum alloy. Journal of Materials Processing Technology,2011,211:305-311.

[8] Zhang Z,Wan Z Y. Predictions of tool forces in friction stir welding of AZ91 magnesium alloy. Science and Technology of Welding and Joining,2012,17:495-500.

[9] 吴奇,张昭,张洪武. 基于 CFD 模型的搅拌摩擦焊接搅拌头受力分析. 机械科学与技术,2015,34(12):1961-1965.

[10] Ulysse P. Three-dimensional modeling of the friction stir-welding process. International

Journal of Machine Tools and Manufacture,2002,42:1549-1557.

[11] Debroy T,De A,Bhadeshia H K D H,et al. Tool durability maps for friction stir welding of an aluminum alloy. Proceedings of the Royal Society A,2012,468:3552-3570.

[12] Arora A,Mehta M,De A,et al. Load bearing capacity of tool pin during friction stir welding. International Journal of Advanced Manufacturing Technology,2012,61:911-920.

[13] Colegrove P A,Shercliff H R. 3-Dimensional CFD modelling of flow round a threaded friction stir welding tool profile. Journal of Materials Processing Technology, 2005, 169: 320-327.

[14] 王大勇,冯吉才,王攀峰. 搅拌摩擦焊接热输入数值模型. 焊接学报,2005,26(3):25-32.

[15] Assidi M,Fourment L,Guerdoux S,et al. Friction model for friction stir welding process simulation:calibrations from welding experiments. International Journal of Machine Tools and Manufacture,2010,50:143-155.

[16] Soundararajan V,Zekovic S,Kovacevic R. Thermo-mechanical model with adaptive boundary conditions for friction stir welding of Al 6061. International Journal of Machine Tools and Manufacture,2005,45:1577-1587.

[17] Tang W,Guo X,McClure J C,et al. Heat input and temperature distribution in friction stir welding. Journal of Materials Processing and Manufacturing Science,1998,7:163-172.

[18] Chen C,Kovacevic R. Thermomechanical modelling and force analysis of friction stir welding by the finite element method. Proceedings of the Institution of Mechanical Engineers Part C:Journal of Mechanical Engineering Science,2004,218(5):509-519.

[19] 万震宇,张昭. 基于网格重剖分的搅拌摩擦焊接数值模拟及搅拌头受力分析. 塑性工程学报,2012,19(2):107-113.

[20] Zhang Z,Zhang H W. Numerical studies of pre-heating time effect on temperature and material behaviors in friction stir welding process. Science and Technology of Welding and Joining,2007,12:436-448.

[21] 张昭,张洪武. 接触模型对搅拌摩擦焊接数值模拟的影响. 金属学报,2008,44:85-90.

[22] 鄢东洋,史清宇,吴爱萍,等. 铝合金薄板搅拌摩擦焊接残余变形的数值分析. 金属学报,2009,45:183-188.

[23] Zhang Z,Bie J,Liu Y L,et al. Effect of traverse/rotational speed on material deformations and temperature distributions in friction stir welding. Journal of Materials Science and Technology,2008,24:907-914.

[24] Zhang H W,Zhang Z,Bie J,et al. Effect of viscosity on material behaviors in friction stir welding process. Transactions of Nonferrous Metals Society of China,2006,16:1045-1052.

[25] Asadi P,Mahdavinejad R A,Tutunchilar S. Simulation and experimental investigation of FSP of AZ91 magnesium alloy. Materials Science and Engineering A,2011,528:6469-6477.

[26] Zhang Z,Chen J T. Computational investigations on reliable finite element based thermo-mechanical coupled simulations of friction stir welding. International Journal of Advanced

Manufacturing Technology,2012,60:959-975.

[27] Timoshenko S P. On the transverse vibrations of bars of uniform cross-section. Philosophical Magazine,1922,43:125-131.

[28] Martin H S. Elasticity Theory, Applications, and Numerics. Burlington: Academic Press,2009.

[29] 王敏中,王炜,武际可. 弹性力学教程. 北京:北京大学出版社,2002.

[30] Focke A E. Metals Handbook (9th ed.):Properties and Selection:Irons and Steels,Materials Park. OH:ASM International,1990.

[31] Zhang Z,Chen J T,Zhang Z W,et al. Coupled thermo-mechanical model based comparison of friction stir welding processes of AA2024-T3 in different thicknesses. Journal of Material Science,2011,46:5815-5821.

[32] Dickerson M,Shi Q Y,Shercliff H R. Heat flow into friction stir welding tools. The 4th International Symposium on Friction Stir Welding,Park City,Utah,2003:14-16.

[33] Su H,Wu C S,Pittner A,et al. Thermal energy generation and distribution in friction stir welding of aluminum alloys. Energy,2014,77:720-731.

[34] Zhang Z,Zhang H W. Numerical studies on effect of axial pressure in friction stir welding. Science and Technology of Welding and Joining,2007,12:226-248.

[35] Neto D M,Neto P. Numerical modeling of friction stir welding process:A literature review. International Journal of Advanced Manufacturing Technology,2012,65:115-126.

[36] Zhang Z,Zhang H W. Solid mechanics-based Eulerian model of friction stir welding. International Journal of Advanced Manufacturing Technology,2014,72:1647-1653.

[37] Zhang Z. Comparison of two contact models in the simulation of friction stir welding process. Journal of Materials Science,2008,43:5867-5877.

[38] Arora A,Zhang Z,De A,et al. Strains and strain rates during friction stir welding. Scripta Materialia,2009,61:863-866.

[39] Riahi M,Nazari H. Analysis of transient temperature and residual thermal stresses in friction stir welding of aluminum alloy 6061-T6 via numerical simulation. International Journal of Advanced Manufacturing Technology,2010,55:143-152.

[40] Zhang Z,Wu Q. Analytical and numerical studies of fatigue stresses in friction stir welding. International Journal of Advanced Manufacturing Technology,2015,78:1371-1380.

[41] Li J,Li C W,Qiao Y J,et al. Fatigue life prediction for some metallic materials under constant amplitude multiaxial loading. International Journal of Fatigue,2014,68:10-23.

[42] Guide to FE-SAFE Fatigue Theory Reference Manual. Safe Technology Inc,2006.

[43] Esmaeili F,Rahmani A,Barzegar S,et al. Prediction of fatigue life for multi-spot welded joints with different arrangements using different multiaxial fatigue criteria. Materials & Design,2015,72:21-30.

[44] Li J,Zhang Z P,Sun Q,et al. Multiaxial fatigue life prediction for various metallic materials

based on the critical plane approach. International Journal of Fatigue,2011;33;90-101.

[45] Miner M A. Cumulative damage in fatigue. Journal of Applied Mechanics—Transactions of ASME,1945,12;159-164.

[46] Klocke F, Lung D, Puls H. FEM-modelling of the thermal workpiece deformation in dry turning. Procedia CIRP,2013,8;240-245.

[47] Padzi M M, Abdullah S, Nuawi M Z. On the need to decompose fatigue strain signals associated to fatigue life assessment of the AISI 1045 carbon steel. Materials & Design,2014,57; 405-415.

[48] Christ H J, Wamukwamba C K, Mughrabi H. The effect of mean stress on the high-temperature fatigue behaviour of SAE 1045 steel. Materials Science and Engineering A,1997,234-236;382-385.

# 第7章 微观结构及力学性能

焊接构件材料的焊后微观结构,对焊后构件的力学性能有重要影响,是搅拌摩擦焊重点研究工作之一。Chang 等[1]尝试建立了焊后晶粒尺寸与 Zener-Holloman 材料参数的线性关系,并研究了多种焊接参数与焊后材料力学性能的关系,研究结果显示较小的晶粒尺寸分布将伴随较高的材料焊后硬度。Rajakumar 等[2]在大量试验观测结果基础上,建立了 AA6061-T6 搅拌摩擦焊中焊后晶粒尺寸、拉伸强度与主要焊接参数的经验公式。Woo 等[3]利用 X 射线成像方法研究了 6061-T6 铝合金搅拌摩擦焊构件,分析焊后位错密度与晶粒结构。Fratini[4] 等利用固体有限元模型模拟了 AA2139 铝合金材料搅拌摩擦焊,预测出焊后材料晶粒尺寸,与试验观测值吻合较好。Pan 等[5] 和等 Saluja[6] 分别基于光滑粒子流体动力学(SPH)模型和元胞自动演化与有限元耦合(CAFE)模型,分析了搅拌摩擦焊焊后材料的硬度、晶粒尺寸和应力应变等重要参数。Buffa[7] 等提出两种解析模型,分析了 7075-T6 铝合金搅拌摩擦焊中的连续动态再结晶过程,预测出平均晶粒尺寸分布。

数值模型可以有效模拟搅拌摩擦焊过程中材料流动行为、搅拌头与构件材料相互作用,以及焊后微观结构形成机理等关键问题,针对搅拌摩擦焊微观结构数值模拟的计算方法主要包括再结晶经验公式、蒙特卡罗法、Cellular Automata 法和沉淀相演化模型。

## 7.1 再结晶数值模拟

### 7.1.1 再结晶与材料流动

在搅拌摩擦焊中,搅拌区内材料的运动取决于材料处于前进侧和后退侧的具体位置,关于材料流动的研究工作已有详细报道,可以通过材料流动的不同形式判断搅拌区具体形状和尺寸,材料物质点发生相互错动的区域为热力影响区范围,从焊缝向外,材料物质点之间位置几乎不发生变化的区域为热影响区开始的位置,采用这一方法可以大致判断和计算焊接区的具体尺寸。基于这一工作,可以采用基于 Zener-Hollomon 参数的经验公式判断搅拌区晶粒的尺寸变化情况。

Zener-Hollomon 参数的定义为[8]

$$Z = \dot{\bar{\epsilon}} \exp\left(\frac{Q}{RT}\right) \tag{7.1}$$

式中,$Q$ 为激活能,对 6061 铝合金取值为 $156kJ/mol$;$R$ 为气体常数;$\dot{\bar{\varepsilon}}$ 为等效塑性应变率,即

$$\dot{\bar{\varepsilon}} = \sqrt{\frac{2}{3}\dot{\varepsilon}:\dot{\varepsilon}} \tag{7.2}$$

$$\lg\left(\frac{d}{D}\right) = a + b\lg Z \tag{7.3}$$

式中,$D$ 为初始晶粒尺寸;$a,b$ 为材料常数,对 6061 铝合金取值分别为 1.75 和 $-0.244$[9]。

　　搅拌摩擦焊数值模拟的一项重要工作是从材料流动出发,预测焊接区域的区分和尺寸。图 7.1 给出了上表面材料流动区域的划分,从图中可以看出,后退侧材料未进入前进侧,而是直接被搅拌头旋推到了搅拌头后方,远离搅拌头的几个物质点(A 区),在这一过程中相对位置保持不变,因此是属于热影响区的点。在搅拌头边缘至这一区域的 B 区,物质点的相对位置发生了变化,因此,属于热力影响区的范围。在前进侧材料流动与后退侧不同,部分材料被旋推至后退侧并在搅拌头后方尾迹中沉积下来(C 区),这说明飞边形成于后退侧并主要由后退侧材料构成。沉积于前进侧的物质点依然可以区分为 A 区和 B 区。

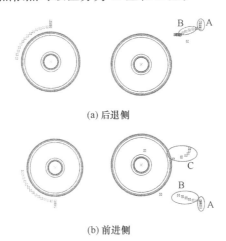

(a) 后退侧

(b) 前进侧

图7.1　搅拌摩擦焊构件上表面材料流动区域

　　同理,可以将下表面材料流动前进侧和后退侧区分出 A 区和 B 区,如图 7.2 所示。显然,不同位置的物质点在焊接过程中经历的温度和变形历史曲线会有所区别。通过对流动轨迹不同行为的区分,可以划出搅拌摩擦焊横截面搅拌区和热力影响区的边界,如图 7.3 所示。焊接构件上表面搅拌区以轴肩实际接触外缘作为边界,搅拌头轴肩外 3mm 左右为热力影响区边界,焊接构件上表面热力影响区的边界前进侧与后退侧略有不同。下表面搅拌区的范围为离开焊缝中心线

6.5mm 内,而下表面离开焊缝中心线 6.5~11.5mm 范围为热力影响区。

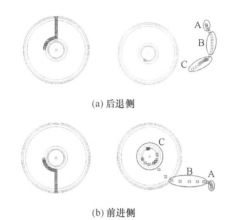

(a) 后退侧

(b) 前进侧

图 7.2　搅拌摩擦焊构件下表面材料流动区域

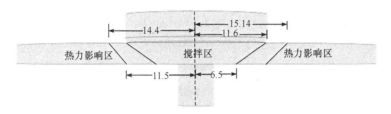

图 7.3　不同焊接区域的划分(单位:mm)

　　为了计算和预测搅拌区内晶粒尺寸变化情况,需要物质点在搅拌摩擦焊过程中运动的应变率历史曲线和温度历史曲线。图 7.4 和图 7.5 分别给出了上、下表面前进侧和后退侧基于真实应变的物质点运动的应变率历史曲线。在搅拌区的边界,

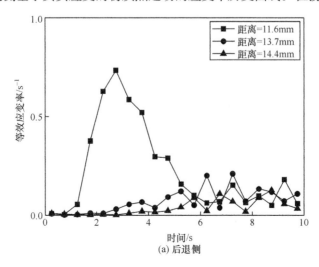

(a) 后退侧

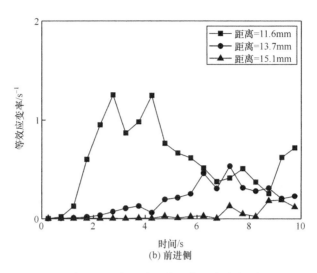

(b) 前进侧

图 7.4　上表面物质点运动的应变率历史曲线(真实应变)

物质点流经搅拌头时应变率最高,后退侧可以达到 $0.73\mathrm{s}^{-1}$,而前进侧应变率高于后退侧,物质点在前进侧流经搅拌头时应变率可以达到 $1.25\mathrm{s}^{-1}$,这也是前进侧应变高于后退侧[10]的直接原因。离开焊缝中心线越远,物质点经历的应变率峰值越低。搅拌摩擦焊构件下表面前进侧和后退侧搅拌区边界处的应变率峰值较为接近,分别为 $1.49\mathrm{s}^{-1}$ 和 $1.37\mathrm{s}^{-1}$。当前进侧物质点发生绕针旋转时,应变率持续较高,直到物质点脱离搅拌针,应变率才开始降低。在垂直于焊缝方向上,后退侧应变率峰值的衰减较前进侧更为明显。

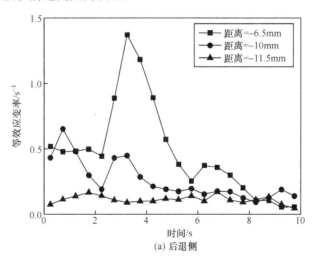

(a) 后退侧

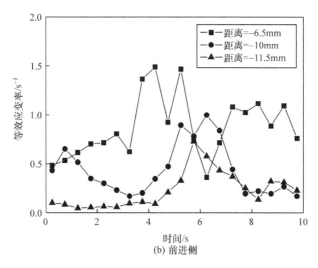

图 7.5　下表面物质点运动的应变率历史曲线(真实应变)

图 7.6 给出了上下表面物质点的温度历史曲线,由于上表面的物质点未能进入搅拌头下方的旋转区域,所以,其所经历的温度历史较下表面低。当物质点经过搅拌头周边时,其所经历的温度达到峰值,而随着继续远离搅拌头,其温度会随之降低。值得关注的是,下表面前进侧物质点发生绕针运动时,其温度几乎不发生明显变化,维持在峰值区域,此时,应变率也在峰值区域上下波动。只有当物质点远离搅拌头时,应变率和温度才会有明显降低。

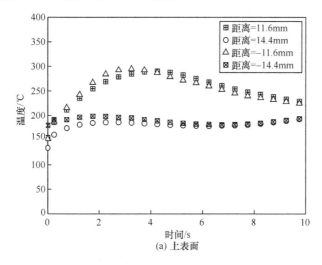

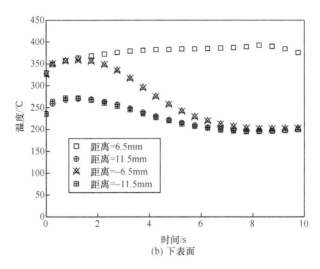

(b) 下表面

图 7.6　物质点温度历史曲线

基于上述描述,可以计算 Zener-Hollomon 参数,选取搅拌区和热力影响区内的物质点进行计算,如图 7.7 所示,搅拌区域(包括边界处)lg $Z$ 值分布均匀,这也意味着在搅拌区内可以得到均匀分布的晶粒尺寸。基于这一曲线图,可以计算搅拌区内的晶粒尺寸,搅拌区内的应变率峰值远高于搅拌区的边界,可以达到 $7.68 \sim 22.78s^{-1}$。当物质点绕搅拌针旋转运动时,应变率明显高于其他流动轨迹。取初始晶粒尺寸为 $124\mu m^{[11]}$,可以得到搅拌区上表面晶粒尺寸为 $8.34 \sim 8.6\mu m$,下表面晶粒尺寸为 $8.47 \sim 9.85\mu m$。这一数据与试验观测结果基本一致[12]。尽管搅拌区内和搅拌区边界变形历史曲线有所不同,但是温度变化历史曲线基本相同,得到同样的晶粒分布意味着温度对晶粒尺寸的影响更大。

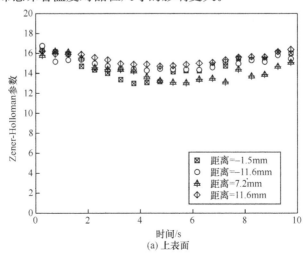

(a) 上表面

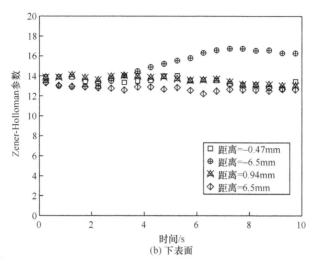

(b) 下表面

图 7.7　lg Z 随时间变化

图 7.8 所示为搅拌头轴肩直径为 16mm 时通过材料流动的不同行为划分的焊接区域(搅拌区和热力影响区),此时搅拌区和热力影响区均小于搅拌头直径为 24mm 的情况,轴肩直径的减小促使热力影响区变得更窄。

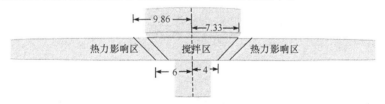

图 7.8　轴肩直径为 16mm 时不同焊接区域的划分(单位:mm)

采用同样的方式计算得到的 lgZ 如图 7.9 所示。由此得到的搅拌区晶粒尺

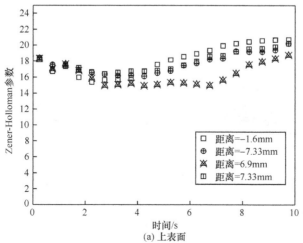

(a) 上表面

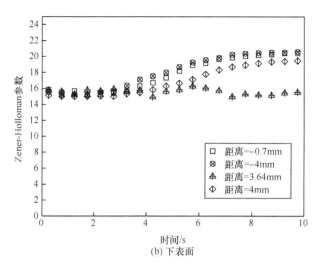

(b) 下表面

图 7.9　轴肩直径为 16mm 时的 lgZ

寸远小于轴肩直径为 24mm 的情况,上表面晶粒尺寸降低到 2.51～3.18$\mu$m,下表面晶粒尺寸降低到 2.63～3.18$\mu$m,这主要是由温度的降低造成的,最高焊接温度由轴肩为 24mm 时的 429℃ 降低到 16mm 时的 347℃。尽管在搅拌摩擦焊工艺设计中倾向于得到细小的晶粒,但是需注意焊接温度的降低通常伴随焊接缺陷的产生[13]。

### 7.1.2　转速影响

图 7.10 和图 7.11 所示为搅拌摩擦焊过程中材料物质点的流动规律,通过材料的流动行为,可以划分出搅拌焊接过程中搅拌区域(SZ)的边界。以转速为 500r/min 时材料流动为例,在焊接构件上表面,最靠近焊缝中心线的材料物质点,

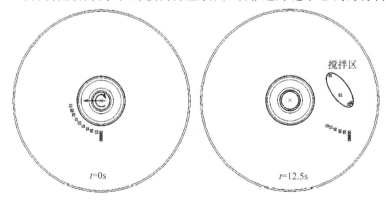

(a) 构件上表面材料流动区域划分

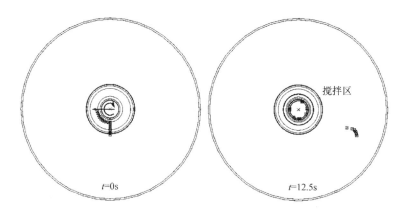

(b) 构件下表面材料流动区域划分

图 7.10　搅拌摩擦焊构件材料流动

(a) 400r/min 转速构件上下表面材料流动

(b) 500r/min 转速构件上下表面材料流动

图 7.11　不同转速下材料流动轨迹

以焊接速度靠近搅拌头后,在轴肩与搅拌针的共同摩擦旋推作用下,运动轨迹发生明显变化,随搅拌头旋转方向发生剧烈绕针流动,并最终绕过搅拌头,进入返回侧尾迹。由此可以判断,焊接过程中的飞边现象是由前进侧该部分材料形成的。搅拌区外的材料物质点,其流动轨迹受搅拌头影响较小,近似为直线,该区域材料以剪切变形下的位错运动为主。对比发现,搅拌区材料具有明显的流动性,而这一特性正是判断搅拌区边界的重要依据。同理,可以判断下表面焊接区域。

　　根据材料流动的不同行为,图 7.12 给出了两种工况下搅拌区的形状和尺寸。随着搅拌头转速的增加,焊接构件上表面搅拌区尺寸略有增大,宽度由 16.8mm 增加为 18.4mm,这主要是由轴肩的摩擦旋推作用增大所致。而下表面搅拌区域的宽度随搅拌头转速的增加无明显变化,宽度均为 12mm。从图中可以发现,搅拌区域上表面较宽,且略大于轴肩直径,下表面较窄,区域的截面图呈梯形分布,这与同种材料搅拌摩擦焊的试验观测结果[14]一致,证明了利用材料物质点流动界定搅拌区边界的可行性和有效性。

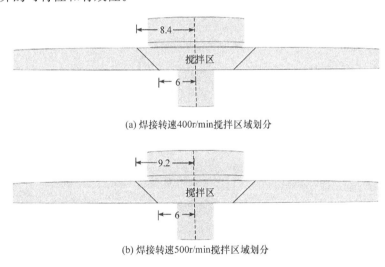

(a) 焊接转速400r/min搅拌区域划分

(b) 焊接转速500r/min搅拌区域划分

图 7.12　两种搅拌头转速下搅拌区域尺寸(单位:mm)

　　为了进一步研究搅拌区域的最终微观晶粒尺寸,需根据材料的流动轨迹,提取计算出的等效真实应变率与温度历程。计算出的等效应变率历程如图 7.13 所示。可以看出,前进侧(位置坐标为正)材料所经历的等效应变率均明显高于相同位置的后退侧(位置坐标为负)材料。这是由于旋转摩擦的作用,前进侧材料更多地是进行绕针流动。在上表面,转速的增加对前进侧等效应变率峰值影响较小,前进侧 6.1mm 处的材料,在 $t=4s$ 时刻,达到峰值 $2.6s^{-1}$。而返回侧 6.1mm 处,两种转速条件下,应变率均在 $t=2s$ 时达到峰值,由 400r/min 时的 $0.8s^{-1}$ 增长到 500r/min 时的 $1.3s^{-1}$。靠近外侧的材料物质点,即离中心线 8.4mm 处,流动迹线较为平稳,在流经搅拌头时,未发生较大绕流,故等效应变率值较低,两种转速条件下,峰值均在$1s^{-1}$附近。在下表面,由于轴肩摩擦作用的影响降低,材料流动规律与上表面略有区别。在前进侧,最靠近中心线(2mm处)的材料会发生绕针运动,较大转速下,等效应变率更高,峰值可达$20s^{-1}$。未发生绕针运动的材料,前进侧与后退侧应变率则无显著差异,值得注意的是,靠近中心线且未发生绕针运动的返回侧材料(-2mm处),在流经搅拌针时,仍受搅拌针影响造成应变率的波动。根据应变率的规律,可以发现焊接转速的增加将使得搅拌区材料流动明显加剧。

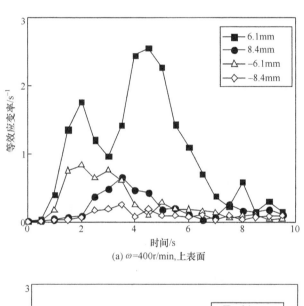

(a) $\omega=400r/min$,上表面

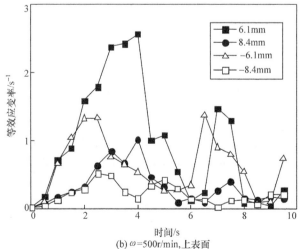

(b) $\omega=500r/min$,上表面

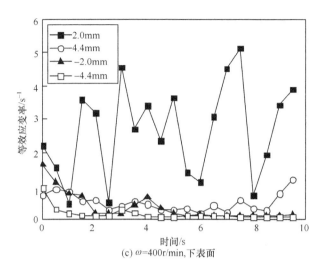

(c) $\omega=400\mathrm{r/min}$,下表面

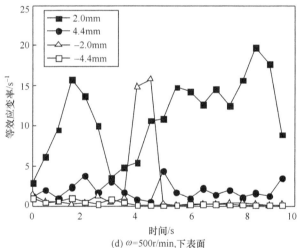

(d) $\omega=500\mathrm{r/min}$,下表面

图 7.13　等效应变率随时间变化关系

根据图 7.11,对比 400r/min 与 500r/min 工况下给出的材料流动轨迹,可以发现转速增大后材料流动轨迹明显改变,绕针运动速率增大,轨迹更加杂乱,故计算出的应变率值较高。Chang[1]等对 AZ31 镁合金的搅拌摩擦焊试验研究发现,随着转速的增大,材料应变率也随之增大,且服从线性增长,与本书计算结果规律相符。对于应变率历程的不规则与跳跃性,则是由流动轨迹受搅拌头影响发生明显绕针运动所致。

图 7.14 给出了相应位置的温度历史曲线,转速由 400r/min 增长到 500r/min,最高温度分别为 334℃和 370℃,增大约 11%。在上表面,前进侧与后退侧温度分布较为对称,材料物质点在流经搅拌头附近时,达到温度峰值,与等效应变率峰值时刻相近,均为 $t=4s$ 左右。随着材料物质点离开中心线距离增加,材料物质点经历的温度历史明显下降,以 500r/min 转速下 6.1~8.4mm 为例,如图 7.14(b)所示,最高温度由 320℃降低至 230℃。在下表面,绕针运动的材料物质点,如前进侧 6.1mm 处,在搅拌针的作用下发生绕针运动,其温度始终保持在较高区域。当材料物质点流出搅拌区,在经历 2s 左右的高温后,逐渐降低至 150℃以下。由图 7.14(c)和(d)可以看出,随着焊接转速的升高,前进侧绕针流动的材料范围在扩大,说明高转速使得搅拌区域材料的流动性加强。

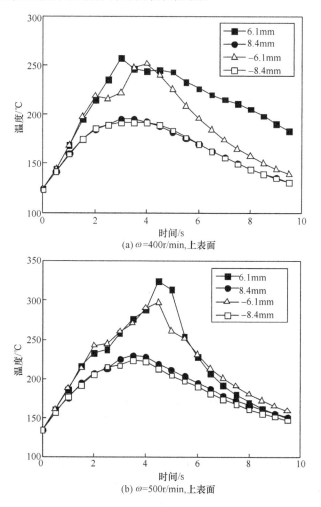

(a) $\omega=400$r/min,上表面

(b) $\omega=500$r/min,上表面

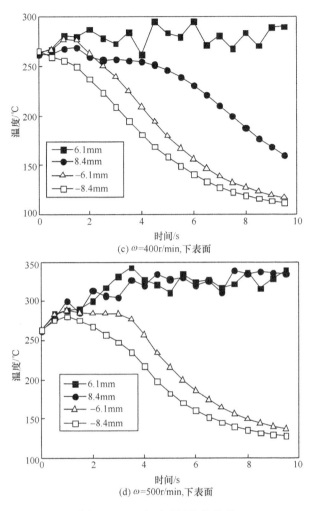

(c) $\omega=400\mathrm{r/min}$,下表面

(d) $\omega=500\mathrm{r/min}$,下表面

图 7.14　温度随时间变化关系

基于上述温度与应变率历史,可计算 Zener-Hollomon 参数,并进一步预测搅拌区域最终晶粒尺寸。表 7.1 和表 7.2 分别给出了构件上、下表面在两种工况下不同位置的最终晶粒尺寸和相应温度、等效应变率值。两种焊接转速下,构件上下表面搅拌区最大晶粒尺寸分布相对均匀,前进侧与后退侧尺寸分布基本对称,这与 Kim 等[15]、Liu 等[16]的试验观测晶粒分布规律相符。在焊接转速 400r/min 条件下,最终晶粒尺寸为 1.9~3.9μm,平均尺寸为 2.93mm,转速增大到 500r/min 时,则为 3.1~6.5μm,平均尺寸为 4.63mm,这与 Sato 等[17]对于晶粒尺寸随转速、温度增大而增大的试验观测规律一致(图 7.15)。众多试验已证实,温度的增长,将使晶粒尺寸增大,而较大的应变率会使晶粒尺寸减小[18]。当转速增加时,最高焊

接温度与最大应变率均增加,而平均晶粒尺寸随之增大,且温度变化对于晶粒尺寸的影响远大于应变率变化产生的影响。

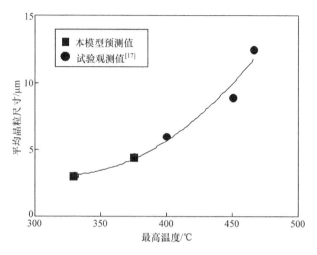

图 7.15 晶粒尺寸与最高温度关系

值得注意的是,在搅拌区内,不同工况和位置处,晶粒尺寸数值会发生波动。例如,400r/min 工况下,上表面 6.1mm 处晶粒尺寸小于 3.2mm 处,转速增至 500r/min 时,晶粒尺寸总体增大,但内外侧数值差异减小。下表面在转速增大时,也有类似规律。比较可以发现,晶粒尺寸数值出现波动,这是由于转速增加时同一位置的流动轨迹有可能发生明显改变。由此可判断,400r/min 与 500r/min 工况下不同位置晶粒尺寸规律的差异性,主要原因是转速增加带来的温度增长与流动轨迹变化。

表 7.1 上表面两种工况下不同位置流线最终晶粒尺寸

| 焊接转速 $\omega/(r/min)$ | 距中心线 dist/mm | 晶粒尺寸 $d_{max}/\mu m$ | 温度 $T/℃$ | 应变率 $\dot{\varepsilon}/s^{-1}$ |
|---|---|---|---|---|
| 400 | 3.2 | 3.9 | 296 | 0.650 |
| 400 | −3.2 | 3.2 | 282 | 0.559 |
| 400 | 6.1 | 1.9 | 257 | 0.964 |
| 400 | −6.1 | 2.5 | 240 | 0.089 |
| 500 | 3.2 | 5.4 | 325 | 0.724 |
| 500 | −3.2 | 4.1 | 291 | 0.342 |
| 500 | 6.1 | 5.0 | 325 | 1.005 |
| 500 | −6.1 | 4.4 | 298 | 0.389 |

表 7.2　下表面两种工况下不同位置流线最终晶粒尺寸

| 焊接转速<br>$\omega$/(r/min) | 距中心线<br>dist/mm | 晶粒尺寸<br>$d_{max}$/$\mu$m | 温度<br>$T$/℃ | 应变率<br>$\dot{\varepsilon}$/s$^{-1}$ |
| --- | --- | --- | --- | --- |
| 400 | 2.0 | 3.3 | 281 | 0.464 |
| 400 | −2.0 | 3.1 | 262 | 0.174 |
| 400 | 4.4 | 2.7 | 269 | 0.542 |
| 400 | −4.4 | 2.8 | 249 | 0.112 |
| 500 | 2.0 | 4.3 | 343 | 4.834 |
| 500 | −2.0 | 4.2 | 285 | 0.208 |
| 500 | 4.4 | 6.5 | 335 | 0.533 |
| 500 | −4.4 | 3.1 | 281 | 0.596 |

### 7.1.3　搅拌针影响

图 7.16 所示为 8mm 直径搅拌针的上表面和下表面前进侧材料流动情况,在焊接构件上表面,较靠近中心线的前进侧材料,在轴肩和搅拌针的共同作用下,被旋推到返回侧。同时,前进侧最靠近焊缝中心线的部分材料,会发生绕针运动,该区域为搅拌区(SZ),即图中的 C 区域。搅拌区外,在两侧均有一部分材料发生明显错动现象,且不经历搅拌过程,该区域为热力影响区(TMAZ),即图中的 B 区域。最外侧的部分材料物质点,流动状态并未受搅拌针与轴肩影响,流动轨迹为直线且无明显位错,即热影响区(HAZ)或母材区域。与较小尺寸的搅拌针[19]情况相比,会发现在上表面材料能够进入搅拌头轴肩下方的接触区域,这表明未被旋推到搅拌区边界的材料增多,从而可以有效缓解焊接过程中的飞边现象。可以根据上表面材料流动的不同行为划分焊接区域,同理,也可以根据下表面材料的不同运动行为划分下表面焊接区域。由此,可以大致划分出搅拌摩擦焊过程中的搅拌区、热力影响区及热影响区边界。

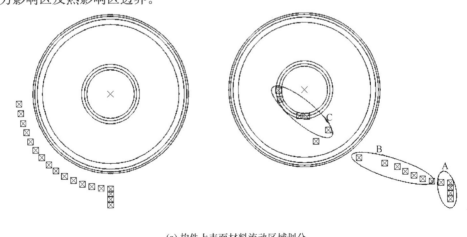

(a) 构件上表面材料流动区域划分

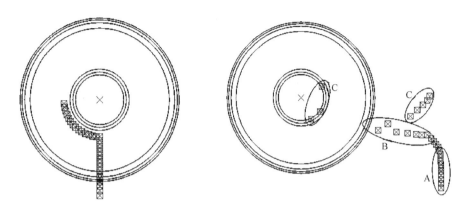

(b) 构件下表面材料流动区域划分

图 7.16　搅拌摩擦焊构件材料前进侧流动区域划分

　　根据材料流动的不同行为所划分的 8mm 搅拌针情况下焊接区域的尺寸如图 7.17 所示,上表面搅拌区尺寸与搅拌头轴肩接触区域直径基本相同,上表面热力影响区宽度为 1.88mm,下表面搅拌区宽度为 9.8mm,热力影响区宽度为 4.24mm,搅拌区上宽下窄,而热力影响区上窄下宽。当搅拌针变为 4mm 时,如图 7.18 所示,上表面搅拌区宽度没有发生变化,依然与搅拌头轴肩接触区域直径基本相当,上表面的热力影响区宽度也没有发生明显变化,但是在下表面,搅拌区宽度明显减小,由 9.8mm 减小为 7.34mm,热力影响区宽度由 4.24mm 增大为 6.1mm,这说明搅拌针尺寸的变化能明显改变靠近下表面的焊接区域大小,而对上表面不同焊接区域的尺寸基本没有影响。热力影响区是焊后晶粒粗大的区域,控制其区域大小对于提高焊接构件的焊后力学性能具有重要意义。

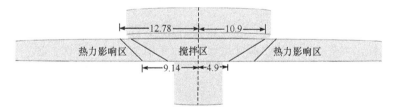

图 7.17　搅拌针针直径 8mm 焊接区域划分(单位:mm)

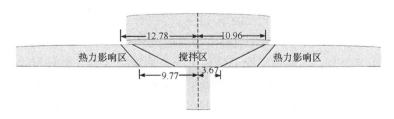

图 7.18　搅拌针针直径 4mm 焊接区域划分(单位:mm)

搅拌区晶粒尺寸的变化取决于材料在焊接过程中的温度和变形历史,由此,图 7.19 给出了不同搅拌针直径情况下的不同位置物质点流线上的最大等效应变率的空间分布,前进侧材料应变率在上下表面及不同搅拌针尺寸情况下,均大于后退侧。以 4mm 搅拌针尺寸为例,前进与后退侧搅拌区应变率峰值分别为 $4.8s^{-1}$ 与 $2.2s^{-1}$(上表面)、$28.3s^{-1}$ 与 $9.6s^{-1}$(下表面)。下表面搅拌区数值较高,是由于不受轴肩旋推摩擦影响,部分内侧材料物质点发生剧烈的绕针运动。对比焊接区域划分与最大应变率分布可看出,最大应变率数值在搅拌区内远远大于热力影响区与热影响区,可以达到 $9\sim28s^{-1}$,并在过渡位置有快速下降的突变,且前进侧的突降速度大于后退测。应变率的这一变化趋势,与根据材料流动规律所划分的焊接区域尺寸一致。值得注意的是,当搅拌针直径由 4mm 增长至 8mm 时,上表面搅拌区应变率数值明显变高,而下表面则降低。

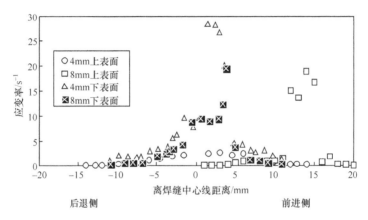

图 7.19　离开焊缝中心线不同位置的应变率历史峰值

图 7.20 给出了两种工况下,焊接最终时刻构件温度场的分布。可以看出,高温区域基本集中在轴肩旋转摩擦区域以内,即文中划分的搅拌区(SZ)。沿搅拌区域向外,温度迅速衰减,并趋于室温(25℃)。材料温度分布基本对称,前进侧与后退侧温度并无明显差别。两种工况下,焊接区域最高温度分别为 433℃ 与 426℃,这与 Tang[20] 等在相同工况下的试验结果极为吻合,对比显示搅拌针尺寸对于焊接温度场的影响较小。

在温度历史和变形历史已知的前提下,可以计算不同流动轨迹上的 Zener-Hollomon 参数,并计算不同流动轨迹上形成的最终晶粒尺寸的大小,如表 7.3 和表 7.4 所示。可以看出,两种工况下构件上下表面搅拌区最大晶粒尺寸分布较为均匀,前进侧与后退侧尺寸分布基本对称,这与 Kim[15] 等的试验观测晶粒分布规律相符。对于 4mm 搅拌针,平均晶粒尺寸为 $8.6\mu m$,而 8mm 搅拌针为 $7.5\mu m$。上表面晶粒尺寸略高于下表面,这是由在轴肩旋转摩擦作用下上表面温度略高所

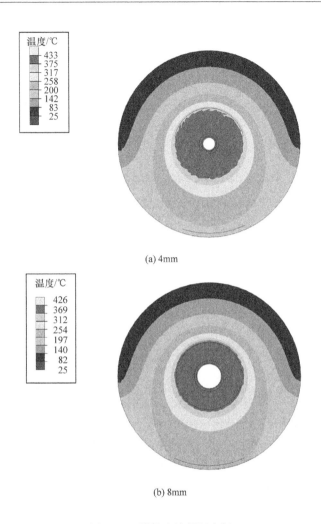

(a) 4mm

(b) 8mm

图 7.20 搅拌摩擦焊温度场

致。计算出温度与应变率对 Zener-Hollomon 参数的贡献率,发现温度对于 Zener-Hollomon 参数的影响,占比远远大于应变率,贡献率在 93% 以上。

表 7.3 上表面不同位置流线的最终晶粒尺寸及温度和应变率对 Zener-Hollomon 参数的贡献

| 搅拌针直径 $d$/mm | 距中心线 dist/mm | 晶粒尺寸 $d_{max}$/$\mu$m | 温度 $T$/℃ | 应变率 $\dot{\varepsilon}$/s$^{-1}$ | 温度贡献 $\lambda$/% | 应变率贡献 $\upsilon$/% |
|---|---|---|---|---|---|---|
| 4 | $-1.54$ | 10.3 | 414 | 0.47 | 98.3 | 1.7 |
| 4 | 1.54 | 10.8 | 416 | 0.41 | 98.0 | 2.0 |
| 4 | $-10.9$ | 5.9 | 302 | 0.02 | 93.3 | 6.7 |

续表

| 搅拌针直径 d/mm | 距中心线 dist/mm | 晶粒尺寸 $d_{max}/\mu m$ | 温度 T/℃ | 应变率 $\dot{\varepsilon}/s^{-1}$ | 温度贡献 $\lambda/\%$ | 应变率贡献 $\upsilon/\%$ |
|---|---|---|---|---|---|---|
| 4 | 10.9 | 5.7 | 315 | 0.05 | 94.7 | 5.3 |
| 8 | −1.54 | 8.9 | 411 | 0.74 | 99.3 | 0.7 |
| 8 | 1.54 | 7.8 | 415 | 1.53 | 99.1 | 0.9 |
| 8 | −10.9 | 6.2 | 318 | 0.04 | 94.2 | 5.8 |
| 8 | 10.9 | 7.6 | 347 | 0.08 | 95.1 | 4.9 |

表 7.4  下表面不同位置流线的最终晶粒尺寸及温度和应变率对 Zener-Hollomon 参数的贡献

| 搅拌针直径 d/mm | 距中心线 dist/mm | 晶粒尺寸 $d_{max}/\mu m$ | 温度 T/℃ | 应变率 $\dot{\varepsilon}/s^{-1}$ | 温度贡献 $\lambda/\%$ | 应变率贡献 $\upsilon/\%$ |
|---|---|---|---|---|---|---|
| 4 | −0.4 | 8.5 | 382 | 0.26 | 97.2 | 2.8 |
| 4 | 0.4 | 8.0 | 427 | 2.20 | 98.2 | 1.8 |
| 4 | −3.7 | 9.1 | 402 | 0.48 | 98.4 | 1.6 |
| 4 | 3.7 | 10.8 | 407 | 0.28 | 97.2 | 2.8 |
| 8 | −0.6 | 6.8 | 392 | 1.06 | 99.9 | 0.1 |
| 8 | 0.6 | 6.9 | 398 | 1.25 | 99.5 | 0.5 |
| 8 | −5.0 | 7.8 | 395 | 0.65 | 99.1 | 0.9 |
| 8 | 5.0 | 7.9 | 402 | 0.84 | 99.6 | 0.4 |

在热和变形共同作用下得到的搅拌摩擦焊的最终晶粒尺寸,受温度与应变率的共同影响。通过本模型对搅拌摩擦焊的模拟,可划定高温区域集中的搅拌区域范围。在搅拌区域内,应变率对于最终晶粒尺寸有明显影响。最靠近搅拌针的材料,在快速绕针流动与旋推的作用下,经历了较大的应变,最终将得到较为细小的材料晶粒尺寸,这与试验观测现象[18]完全一致,进一步验证了本书结果的可靠性。

### 7.1.4  轴肩影响

当轴肩直径降低到 16mm 时,通过材料物质点的运动轨迹区分不同焊接区域,如图 7.21 所示,上表面搅拌区半宽度为 7.33mm,下表面为 4mm,与 24mm 轴肩直径的情况相比,搅拌区明显变窄,热力影响区上表面宽度为 2.53mm,下表面为 2mm,同样相对于 24mm 轴肩直径情况变窄。

上下表面的应变率如图 7.22 和图 7.23 所示,前进侧的应变率高于后退侧,相对于大轴肩情况,16mm 轴肩直径下高应变率所处的时间段变窄,由于等效应变可以由应变率在时域上的积分获得,所以具体等效应变的数值不仅仅取决于应变率

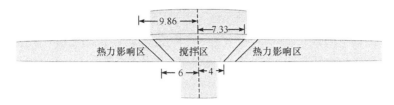

图 7.21　16mm 轴肩直径下焊接区域尺寸(单位:mm)

的大小,同样还取决于高应变率所维持的时间。在下表面,前进侧和后退侧的应变率峰值更为接近,几乎对称于焊缝中心线分布。

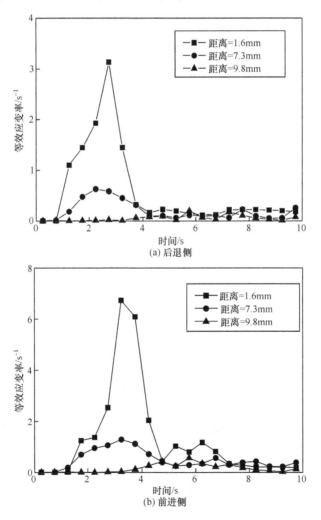

图 7.22　16mm 轴肩直径上表面等效应变率

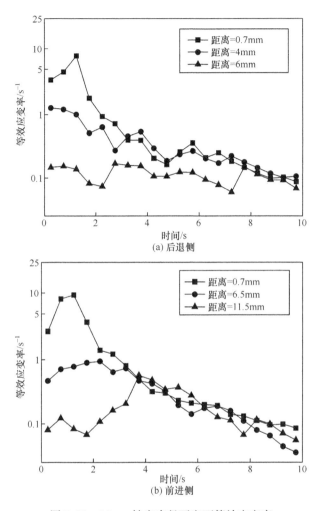

图 7.23　16mm 轴肩直径下底面等效应变率

　　轴肩直径对等效塑性应变和真实应变(对数应变)的对比如图 7.24 所示,两者之间的区别与旋转张量 $R$ 有关,在对数应变的定义中,由于在当前构型进行度量,所以其数值中仅仅包含拉伸张量 $U$,而在等效塑性应变中包含了变形梯度张量 $F=RU$。在小轴肩情况下,等效塑性应变虽然变小,但是真实应变却增加,反映在流动轨迹上,应该是流动轨迹上的拉伸变大,对前进侧上表面 1.5mm 处材料流动轨迹进行跟踪,也确实反映了这一点,如图 7.25 所示,同一时间增量内流动轨迹上的拉伸量增加。

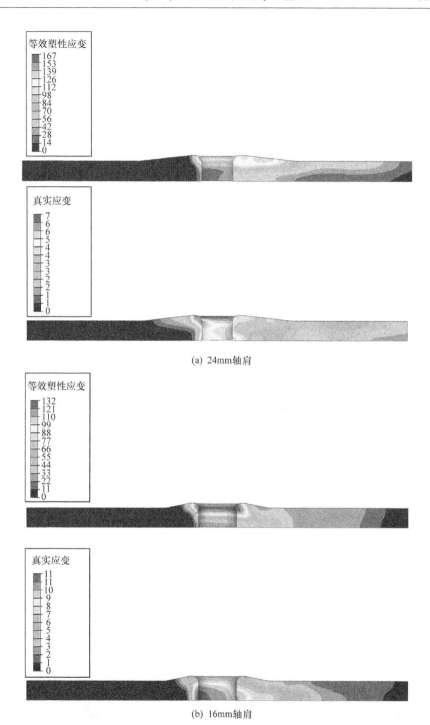

(a) 24mm轴肩

(b) 16mm轴肩

图 7.24　等效塑性应变($\varepsilon$)和真实应变($\varepsilon_1$)

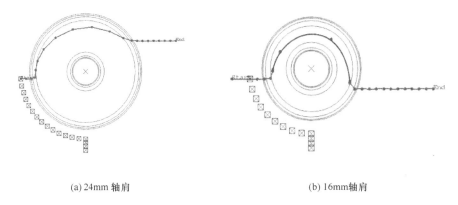

(a) 24mm 轴肩　　　　　　　　　　　　　　(b) 16mm 轴肩

图 7.25　前进侧上表面 1.5mm 处材料流动轨迹

16mm 轴肩直径下所跟踪物质点的温度历史如图 7.26 所示,显然焊接温度会随着轴肩直径的减小而降低,根据温度场和计算得到的应变率,可以计算流动轨迹上的 Zener-Hollomon 参数,如图 7.27 所示,与 24mm 轴肩直径的情况比较发现, Zener-Hollomon 参数增加,焊接温度从 24mm 轴肩时的 429℃ 降低为当前的 347℃,计算得到的上表面晶粒尺寸为 2.51~3.18$\mu$m,下表面晶粒尺寸为 2.63~ 3.18$\mu$m,这明显是由于温度下降,导致晶粒尺寸变小。画出晶粒尺寸与焊接温度的关系曲线如图 7.28 所示,与试验结果[17]的对比可以验证上述工作的正确性,尽管焊接温度降低有利于得到更小的晶粒,但是过低的焊接温度会导致各种焊接缺陷[21]。

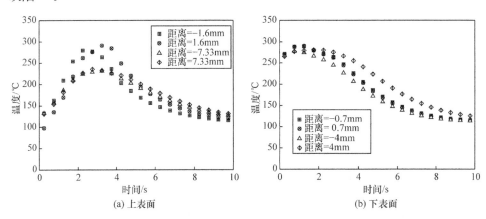

(a) 上表面　　　　　　　　　　　　　　(b) 下表面

图 7.26　16mm 轴肩直径下温度历史

应变率和温度对于晶粒尺寸的预测都有贡献和影响,每一项对最终晶粒预测数值的贡献总结在表 7.5 中,焊接温度对晶粒尺寸预测值的贡献更大。

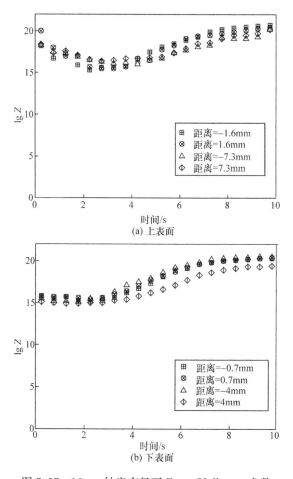

图 7.27 16mm 轴肩直径下 Zener-Hollomon 参数

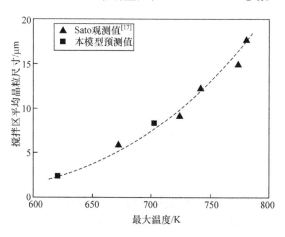

图 7.28 晶粒尺寸与焊接温度的关系曲线

**表 7.5　应变率和焊接温度对最终晶粒尺寸预测值的贡献**

| 轴肩直径/mm | 上表面/下表面 | 离焊缝距离/mm | 应变率贡献/% | 温度贡献/% |
|---|---|---|---|---|
| 24 | 上 | 1.5 | 1.4 | 98.6 |
| | | 11.6 | 0.6 | 99.4 |
| | 下 | 0.47 | 9.8 | 90.2 |
| | | 6.5 | 1 | 99 |
| 16 | 上 | 1.6 | 3.3 | 96.7 |
| | | 7.33 | 0.6 | 99.4 |
| | 下 | 0.7 | 6.3 | 93.7 |
| | | 4 | 0.6 | 99.4 |

# 7.2　蒙特卡罗法

蒙特卡罗方法是一种重要的数值模拟技术,Anderson[22]等在 1983 年将该方法应用于模拟晶粒生长,其在材料微观拓扑结构预测[23]、各向异性材料晶粒生长[24]、激光焊接构件晶粒生长[25]等领域均取得了成功应用。

以 $N \times N$ 格点矩阵模拟构件晶粒生长区域,每一格点随机赋予 $1 \sim Q$ 的整数,$Q$ 为总晶粒取向数。相同取向数的格点构成一个晶粒,且每一格点具有的能量由式(7.4)计算,即

$$E = -J \sum_{j=1}^{m} (\delta_{ij} - 1) \tag{7.4}$$

式中,$J$ 为格点能量度量常数;$\delta_{ij}$ 为 Kronecker 函数;$n$ 为与该格点相邻的格点数,在本模型二维蒙特卡罗模拟中,$m=8$,$Q=48$。

在每一个蒙特卡罗迭代步中,随机选取 $N \times N$ 个格点,将其晶粒取向随机改变为剩余的 $Q-1$ 个取向之一,并按如下概率选取是否接受该改变,即

$$p = \begin{cases} 1, & \Delta E \leqslant 0 \\ e^{-\frac{\Delta E}{k_B T}} = e^{-\frac{(n_2 - n_1)J}{k_B T}}, & \Delta E > 0 \end{cases} \tag{7.5}$$

式中,$\Delta E$ 为能量变化;$k_B$ 为玻尔兹曼常量;$T$ 为温度;计算概率时,$J/(k_B T)$ 项值取为 $1^{[25]}$。

为模拟搅拌摩擦焊各区域晶粒生长过程,需将焊接构件材料实际经历的温度、变形和时间历程,与相应的蒙特卡罗模型对应,即建立蒙特卡罗迭代步数与焊接区域温度、变形和时间历程的关系。实际晶粒生长过程以晶粒边界运动驱动,其迁移

速度可表示为[26]

$$v = \frac{ZV_m^2}{N_a^2 h} \exp\left(\frac{\Delta S_f}{R}\right) \exp\left(-\frac{Q}{RT}\right)\left(\frac{2\gamma}{r}\right) \tag{7.6}$$

式中,$Z$ 为边界面平均原子个数;$h$ 为普朗克常数;$N_a$ 为阿伏伽德罗常数;$R$ 为气体常数;$T$ 为绝对温度;$\Delta S_f$ 为熔化熵;$Q$ 为激活能;$\gamma$ 为边界能;$r$ 为平均晶粒尺寸。

边界迁移速度与晶粒尺寸生长速度呈正相关关系,现假设其具有如下关系,即

$$\frac{dL}{dt} = \alpha v^n \tag{7.7}$$

式中,$L$ 为平均晶粒尺寸;$\alpha$、$n$ 为比例常数。

蒙特卡罗模型晶粒生长动力学过程符合如下规律,即

$$L = K_1 \lambda (MCS) n_1 \tag{7.8}$$

式中,$K_1$、$n_1$、$\lambda$ 为模型常数,分别对应生长曲线的截距、最大斜率和初始格点步长。

联立式(7.6)~式(7.8),并将连续时间过程离散为序列和形式,得到蒙特卡罗模拟步数与材料温度、时间历程关系

$$(MCS)^{(n+1)n_1} = \left(\frac{L_0}{K_1\lambda}\right)^{n+1} + \frac{(n+1)\alpha C_1^n}{(K_1\lambda)^{n+1}} \sum \left[\exp^n\left(-\frac{Q}{RT_i}\right)t_i\right] \tag{7.9}$$

式中,$L_0$ 为初始晶粒尺寸;

$$C_1 = \frac{2\gamma ZV_m^2}{N_a^2 h} \exp\left(\frac{\Delta S_f}{R}\right) \tag{7.10}$$

式(7.9)表明较高的温度和较长的时间历程,将得到更大的蒙特卡罗生长步数。

焊接构件为 AA6082-T6 铝合金薄板,其尺寸为 80mm×40mm×3mm,搅拌头有 2° 的倾斜角,材料为 H13 工具钢。模型共划分 6265 个节点,25152 个单元。焊接过程分为下压预热阶段与焊接阶段,在下压预热阶段,轴肩在 8kN 下压力作用下,压入焊接构件表面深 0.3mm 处,并旋转预热 28s,轴肩与材料构件摩擦系数设定为 0.6。在焊接阶段,搅拌头以固定焊接速度沿焊缝行走,焊速为 71.5mm/min,旋转转速为 715r/min,共焊接 30s。焊后构件以恒定热功率空冷至室温,退火时间为 15min。采用基于网格自适应重刨分技术的 DEFORM 软件完成上述模型的建立和求解,详细计算模型见文献[27]。

材料参数和比例常数见表 7.6。

**表 7.6　模拟采用的参数**[28-30]

| 材料参数 | 数值 |
|---|---|
| 面均原子数 $Z$ | $4.31 \times 10^{20}$ 原子数/m² |
| 普朗克常数 $h$ | $6.624 \times 10^{-34}$ J·s |
| 阿伏伽德罗常数 $N_a$ | $6.02 \times 10^{23}$ mol$^{-1}$ |
| 熔化熵 $\Delta S_f$ | 11.5J/(K·mol) |
| 激活能 $Q$ | 146kJ/mol |
| 边界能 $\gamma$ | 0.5J/m² |
| 气体常数 $R$ | 8.31J/(mol·K) |
| 模型常数 $\alpha$ | 1 |
| 模型常数 $n$ | 0.1 |

根据不同区域晶粒尺寸分布的差异,分别使用不同参数的蒙特卡罗模型模拟晶粒生长。

1) 热影响区(HAZ)

热影响区位于远离焊缝区域而无变形场,只受温度场影响的区域。其初始生长晶粒尺寸为母材尺寸,取值为 $80\mu m$[31]。格点密度取为 $60 \times 60$,模拟区域为 $2mm \times 2mm$。

2) 热力影响区(TMAZ)

热力影响区材料受搅拌头轴肩旋推作用影响,发生拉伸变形。在构件截面与搅拌头行走垂直方向上,跟踪两组材料物质点,两组点间距 0.5mm,距构件上表面 0.5mm。当搅拌头行走通过该两组物质点时,热力影响区内物质点间距离拉伸变大。通过计算点间距变化,可判断出热力影响区不同位置处的变形比例。将变形比例施加在母材晶粒上,即得到热力影响区的初始生长晶粒。该区域格点密度取为 $100 \times 100$,模拟区域为 $1mm \times 1mm$。

3) 搅拌区(SZ)

搅拌区位于搅拌针接触范围内,材料晶粒受搅拌针影响而破碎细化,其尺寸远小于热影响区和热力影响区。格点密度为 $120 \times 120$,模拟区域为 $0.5mm \times 0.5mm$。

图 7.29 所示为上述三种模型的晶粒生长曲线,晶粒尺寸对数值与蒙特卡罗步数(MCs)对数值符合线性关系,系统常数如表 7.7 所示。

**表 7.7　系统常数**

| 系统常数 | 搅拌区 | 热力影响区 | 热影响区 |
|---|---|---|---|
| $K_1$ | 0.58 | 0.79 | 1.3 |
| $n_1$ | 0.39 | 0.4 | 0.41 |
| $\lambda/\mu m$ | 4.2 | 12.5 | 33 |

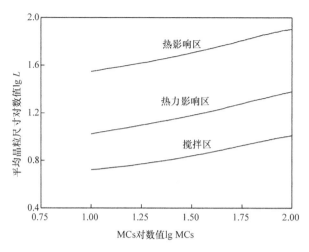

图 7.29　各区域蒙特卡罗步数与晶粒尺寸关系

　　材料晶粒生长发生在焊接升温与焊后退火过程中,材料经历的温度历程对晶粒生长至关重要,将显著影响最终晶粒尺寸。本书模拟材料晶粒所在截面,位于 $t=20\text{s}$ 时搅拌头焊接行走前端位置。在 $t=0\text{s}$,下压预热结束,搅拌头开始焊接行走,此时模拟截面开始缓慢升温,最高温度达到 451K。当到达时刻 $t=20\text{s}$ 时,搅拌头行走至模拟截面处,截面温度上升速度最高,最高温度达到 617K。计算模拟结束时刻 $t=30\text{s}$,模拟截面温度达到峰值,为 677K。此后,焊接构件无摩擦热输入功率,进入均匀退火冷却过程,在 $t=15\text{min}$ 时,完全冷却至室温 310K。

　　图 7.30 给出了模拟截面的温度历史云图,由此得到的温度历程代入式(7.9),可以确定模拟不同位置材料晶粒生长所对应的蒙特卡罗迭代步数。

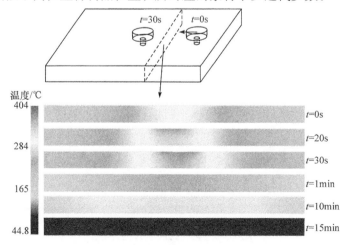

图 7.30　模拟截面温度历程

图 7.31 所示为模拟生长点的位置示意图,模拟点均位于距离焊接构件截面上表面 0.5mm 处,点 1～点 6 位于构件同侧。其中 P1、P2 属于搅拌区点,P3、P4 属于热力影响区点,P5、P6 属于热影响区点。热影响区和搅拌区初始生长晶粒形貌,由随机分布的晶粒取向数和格点常数确定。然而,热力影响区的晶粒为过渡区域,未受充分搅拌破碎,仅在搅拌头作用下产生一定比例的拉伸变形。为计算热力影响区的初始生长晶粒形貌,如图 7.32(a)所示,在焊接模拟过程中跟踪两组相距为 0.5mm、距上表面 0.5mm 的材料物质点。搅拌头焊接行走经过该两组物质点后,如图 7.32(b)所示,结果显示材料物质点受搅拌头焊接影响后,显著分为三个区域。热影响区为最靠近两侧的材料,几乎无位置变化。搅拌区则集中在搅拌针接触范围内,材料物质点产生明显转动和无序排列,受搅拌摩擦作用明显。而处于过渡区域的热力影响区材料,如图 7.32(b)中放大所示,材料物质点发生一定程度的位错拉伸,而整体不发生绕针运动或较大转动。根据前后材料物质点间距的变化,可计算出热力影响区材料晶粒受拉伸的变形比例,点 3 为 293%,而点 4 为 401%。

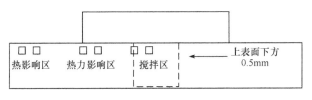

图 7.31 模拟点位置示意图

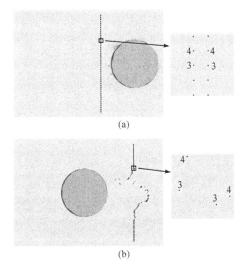

图 7.32 材料物质点拉伸计算

在搅拌区域,受搅拌针剧烈的旋转搅拌作用,母材晶粒破碎细化,生成细小致密的晶粒,如图 7.33(a)(MCs＝0)所示。以点 2 为例,其初始平均晶粒尺寸为 4.5μm。将点 2 处温度时间历程代入(6)式计算得到的蒙特卡罗步数为 132,经迭代模拟,最终平均晶粒尺寸为 11.3μm。热力影响区初始生长晶粒由母材晶粒在拉伸方向上施加拉伸变形得到,如图 7.33(b)(MCs＝0)所示。初始生长晶粒形貌具有明显的拉伸方向性,属于过渡区域。以点 3 为例,其拉伸比例为 293％,在母

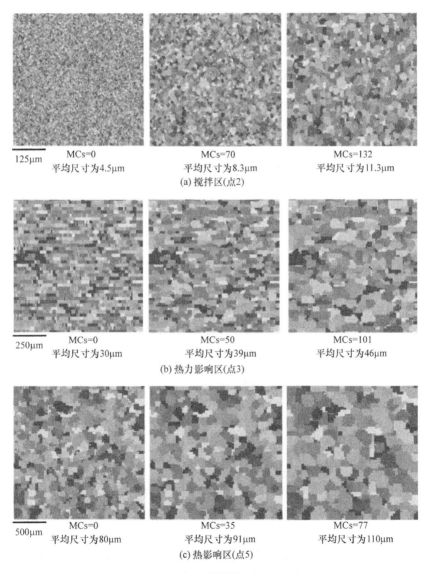

125μm　　　　MCs=0　　　　　　　　　MCs=70　　　　　　　　　MCs=132
　　　　平均尺寸为4.5μm　　　　平均尺寸为8.3μm　　　　平均尺寸为11.3μm
　　　　　　　　　　　　　　　(a) 搅拌区(点2)

250μm　　　　MCs=0　　　　　　　　　MCs=50　　　　　　　　　MCs=101
　　　　平均尺寸为30μm　　　　平均尺寸为39μm　　　　平均尺寸为46μm
　　　　　　　　　　　　　　　(b) 热力影响区(点3)

500μm　　　　MCs=0　　　　　　　　　MCs=35　　　　　　　　　MCs=77
　　　　平均尺寸为80μm　　　　平均尺寸为91μm　　　　平均尺寸为110μm
　　　　　　　　　　　　　　　(c) 热影响区(点5)

图 7.33　各区域晶粒生长过程图

材晶粒尺寸基础上,施加该变形场,得到晶粒生长的初始平均尺寸为 30μm。点 5 处计算得到蒙特卡罗步数为 101,最终平均晶粒尺寸为 46μm。生长过程如图 7.33 (b)所示,可以看出,热力影响区晶粒形貌在模拟开始时,具有明显的拉伸方向性,随着蒙特卡罗迭代步数增加,平均晶粒尺寸增大,其形貌逐渐偏向无方向差异的晶粒形状。热影响区初始生长晶粒均由原始母材构成,该区域温度相对较低,故计算得到的蒙特卡罗模拟步数较小,热影响区是搅拌摩擦焊中晶粒发生生长的最外层区域。以点 5 为例,母材晶粒在温度场作用下生长,蒙特卡罗步数为 77,最终平均晶粒尺寸为 110μm,生长过程见图 7.33(c)。

搅拌区与热力影响区预测结果与文献[31]观测值对比如图 7.34 所示,距焊缝相同距离处最终平均晶粒尺寸值误差较小,验证了蒙特卡罗方法应用与搅拌摩擦焊晶粒生长预测的有效性。

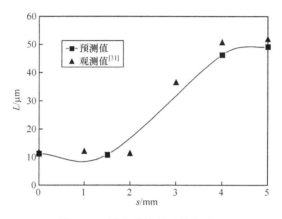

图 7.34　最终晶粒尺寸分布验证

在蒙特卡罗模型中,可以进一步考虑形核率的影响,在每一个 MC 迭代步内,形核率被认为是温度和应变率的函数[32],即

$$\dot{n} = N_0 \, \dot{\bar{\varepsilon}} \exp\left(-\frac{Q}{RT}\right) \tag{7.11}$$

式中,$N_0$ 是常数;$\dot{\bar{\varepsilon}}$ 是搅拌区内的等效改变率,由式(7.12)计算[1],即

$$\dot{\bar{\varepsilon}} = \frac{w\pi r_e}{L_e} \tag{7.12}$$

式中,$r_e$ 和 $L_e$ 分别为再结晶区域的有效半径和有效深度。$r_e$ 取为 0.78 搅拌区尺寸,$L_e$ 假定为搅拌针的长度。

图 7.35～图 7.37 是考虑形核率影响得到的不同焊接区域不同工况下的晶粒生长的动态过程图,取三种不同的工况,如表 7.8 所示,晶粒生长指数接近 0.41,与文献[22]和文献[33]基本相同,搅拌区内的晶粒生长指数略低于热力影响区和

热影响区,这一现象应该和动态再结晶形核有关,不同的温度历程和不同的等效应变率会导致不同的形核率,这导致晶粒生长指数的变化。在工况 1 中,温度和等效塑性应变率保持在相对较低的水平,形核率较低,最大形核率产生在第 28 步蒙特卡罗步,大小为 6133 个/MCs,随着搅拌头转速和轴肩直径的增加,形核率变得更高,能够达到工况 2 的 24051 个/MCs 和工况 3 的 19085 个/MCs。随着搅拌头转速的增加和搅拌头轴肩直径的增加,晶粒会变大,三种工况下搅拌区晶粒平均尺寸为 $17.6\mu m$,$18.9\mu m$ 和 $20.8\mu m$,搅拌区内为明显的等轴晶粒。

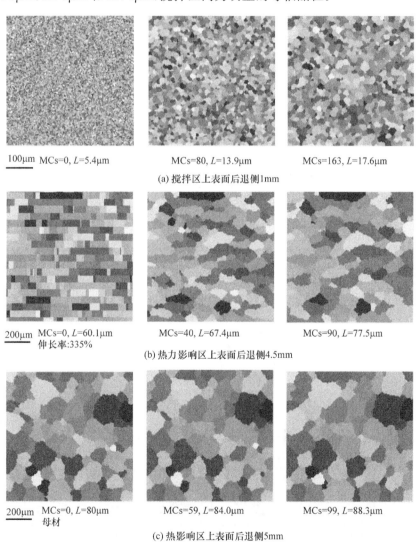

100μm　MCs=0, $L$=5.4μm　　　　MCs=80, $L$=13.9μm　　　　MCs=163, $L$=17.6μm

(a) 搅拌区上表面后退侧1mm

200μm　MCs=0, $L$=60.1μm　　　　MCs=40, $L$=67.4μm　　　　MCs=90, $L$=77.5μm
　　　　伸长率:335%

(b) 热力影响区上表面后退侧4.5mm

200μm　MCs=0, $L$=80μm　　　　MCs=59, $L$=84.0μm　　　　MCs=99, $L$=88.3μm
　　　　母材

(c) 热影响区上表面后退侧5mm

图 7.35　工况 1 晶粒生长

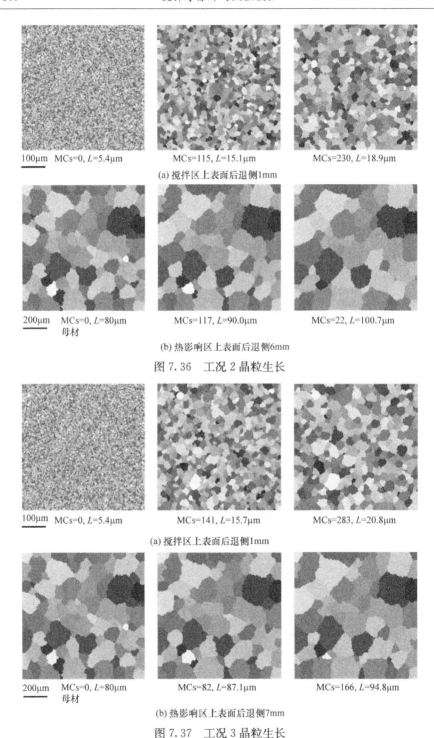

100μm MCs=0, L=5.4μm　　MCs=115, L=15.1μm　　MCs=230, L=18.9μm

(a) 搅拌区上表面后退侧1mm

200μm MCs=0, L=80μm　　MCs=117, L=90.0μm　　MCs=22, L=100.7μm
母材

(b) 热影响区上表面后退侧6mm

图7.36　工况2晶粒生长

100μm MCs=0, L=5.4μm　　MCs=141, L=15.7μm　　MCs=283, L=20.8μm

(a) 搅拌区上表面后退侧1mm

200μm MCs=0, L=80μm　　MCs=82, L=87.1μm　　MCs=166, L=94.8μm
母材

(b) 热影响区上表面后退侧7mm

图7.37　工况3晶粒生长

表 7.8    三种不同工况

| 工况 | 焊速<br>$v/(mm/min)$ | 转速<br>$\omega/(r/min)$ | 轴肩直径<br>$D/mm$ | 搅拌针直径<br>$d/mm$ |
|---|---|---|---|---|
| 1 | 100 | 1000 | 10 | 3 |
| 2 | 100 | 1500 | 10 | 3 |
| 3 | 100 | 1000 | 13 | 3 |

图 7.38 展示了三种工况下横截面上的晶粒分布情况,搅拌头转速对不同焊接区域大小的影响规律与文献[34]的试验观测结果相同,三种工况下搅拌区晶粒分布基本上都是均匀的,靠近上表面的晶粒稍大,是由于靠近上表面焊接温度更高,这一部分形式与试验观测结果[1]相同。最大的晶粒产生在热影响区靠近热力影响区和搅拌区一侧,靠近上表面搅拌区尺寸较宽,下表面较窄,随着搅拌头轴肩直径和搅拌头转速的增加,搅拌区会变宽。

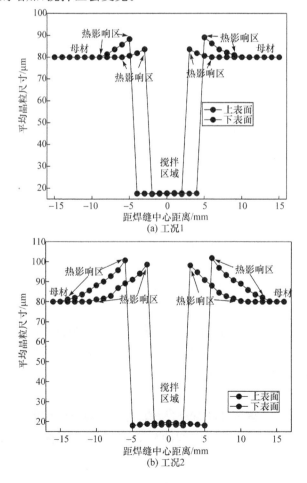

(a) 工况1

(b) 工况2

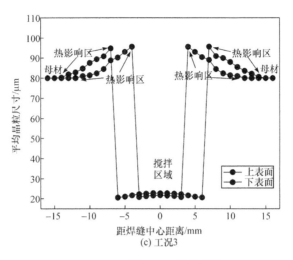

图 7.38　不同工况下晶粒分布

# 7.3　沉淀相及力学性能预测

工艺生产中,作为合金第二相体的沉淀相广泛运用于改善及增强合金的属性,如合金的强度、韧性、抗蠕变性能等。工业加工中,充分利用合金沉淀相特点的两类典型例子为铝合金的时效硬化和合金钢的晶粒尺寸控制法。基于试验观测到过饱和固溶体发生脱溶而形成沉淀相析出的现象,发展各种不同的理论方法用于预测生产加工对于沉淀相状态改变而产生的影响。通常用来描述沉淀相状态的相关物理量有沉淀相的晶体结构、形态结构、化学成分、尺寸分布、体积分数、数量密度等。基于所有已发展的理论模型当中,经典形核及长大理论描述法提供了一个完整的框架用来预测沉淀相的形核以及生长率。基于经典形核及长大理论的描述,通常有三种方法用于微观计算中。

(1) 平均半径法:在此计算方法中,粒子尺寸分布严格受限于沉淀相的平均半径以及粒子密度大小。

(2) 欧拉多子集法:在此计算方法中,粒子尺寸分布首先被定义为一系列不同尺寸的分离子集。随着时间的演变,计算各个相邻子集之间的粒子流而得到当前时刻状态下的粒子尺寸分布,如 KWN(Kampmann-Wagner numerical model)计算方法。

(3) 拉格朗日多子集法:同欧拉法相似,在此计算方法中的粒子尺寸分布同样被定义为一系列分离子集。随着时间的演变,各个子集区间的平均半径为时间相关函数。

### 7.3.1 形核率

根据经典形核理论,形核的出现源自于饱和固溶体当中局部浓度起伏振荡。忽略沉淀相在形核过程中的孕育时间,稳态的形核率 $j$ 可以描述为[35,36]

$$j = j_0 \exp\left(-\frac{\Delta G_{\mathrm{het}}^*}{RT}\right) \exp\left(-\frac{Q_d}{RT}\right) \tag{7.13}$$

式中,$j_0$ 为指数项系数;$\Delta G_{\mathrm{het}}^*$ 为异种形核能垒;$Q_d$ 为扩散系数活化能;$R$ 为气体常数;$T$ 为温度。

对于过饱和合金,发生相变的驱动力为新相与母相的自由能之差。忽略新相周围的弹性共格应变场的影响,异种形核能垒 $\Delta G_{\mathrm{het}}^*$ 可以表示为[35]

$$\Delta G_{\mathrm{het}}^* = \frac{(A_0)^3}{(RT)^2 \left[\ln(\overline{C}/C_{\mathrm{e}})\right]^2} \tag{7.14}$$

式中,$\overline{C}$ 为基体平均溶质含量;$C_{\mathrm{e}}$ 为基体与析出相界面平衡溶质含量;$A_0$ 为母相材料中潜在的异种形核位置的相关参数,单位为($\mathrm{J/mol}$)。将临界形核能垒代入公式(7.13)得

$$j = j_0 \exp\left[-\left(\frac{A_0}{RT}\right)^3 \left(\frac{1}{\ln(\overline{C}/C_{\mathrm{e}})}\right)^2\right] \exp\left(-\frac{Q_d}{RT}\right) \tag{7.15}$$

可以看出,当相变发生后沉淀相逐渐增多,基体中的溶质含量趋近于界面平衡含量时,形核过程终止。

### 7.3.2 生长率

在粒子长大、溶解或粗化阶段,其尺寸变化均可以用下列公式表示。基体中的析出相长大与否取决于该相与基体的界面处溶质含量 $C_i$ 是否大于基体平均溶质含量 $\overline{C}$,若 $\overline{C} < C_i$,则粒子溶解;反之,若 $\overline{C} > C_i$,则粒子长大。

$$v = \frac{\mathrm{d}r}{\mathrm{d}t} = \frac{\overline{C} - C_i}{C_p - C_i} \frac{D}{r} \tag{7.16}$$

界面溶质浓度 $C_i$ 根据 Gibbs-Thomson 方程可表述为[1]

$$C_i = C_{\mathrm{e}} \exp\left(\frac{2\gamma V_{\mathrm{m}}}{rRT}\right) \tag{7.17}$$

式中,$\gamma$ 为析出相粒子与基体的表面能;$V_{\mathrm{m}}$ 为析出相粒子单位摩尔体积。依据公式(7.16)和公式(7.17),能够得到粒子的临界半径 $r^*$,即既不生长也不溶解。

$$r^* = \frac{2\gamma V_{\mathrm{m}}}{RT} \left[\ln\left(\frac{\overline{C}}{C_{\mathrm{e}}}\right)\right]^{-1} \tag{7.18}$$

可以看出,临界半径取决于当前的平衡界面溶质浓度 $C_{\mathrm{e}}$,因此析出相粒子的稳定性由加工过程所经历的热变化而决定。

### 7.3.3 粒子尺寸分布

为了描述完整过程的粒子尺寸分布的时间演化过程,将粒子半径连续分布离散为一个大量的子集集合,并且子集的范围为 $\Delta r$,每一个子集由它所对应的半径 $r_i$ 和沉淀相数量密度 $N_i$ 所决定。根据定义可得到整个粒子数量密度为

$$N = \sum_i N_i \tag{7.19}$$

根据文献[37]定义的术语,每一个子集可以被描述为一个控制体。因此类比于相变中的扩散问题,某一时间步 $\Delta t$ 内,粒子的生长或者溶解可被定义为各个控制体之间流入或者流出的物质。定义 $J$ 为粒子流,那么整个物质量的平衡可以得到

$$\frac{\partial N}{\partial t} = -\frac{\partial J}{\partial r} + S \tag{7.20}$$

式中,$S$ 为每一时间步所形核的新粒子数,基于扩散型相变,$S$ 为形核率 $j$。控制体之间的粒子流 $J$ 可以描述为 $J = Nv$,$v$ 为粒子的生长率。因此公式(7.20)可改写为

$$\frac{\partial N}{\partial t} = -\frac{\partial (Nv)}{\partial r} + S \tag{7.21}$$

假定粒子尺寸分布是连续分布的,那么可以得到基体中平均溶质的含量为

$$\bar{C} = C_0 - (C_p - \bar{C}) \int_0^\infty \frac{4}{3} \pi r^3 \varphi \mathrm{d}r \tag{7.22}$$

式中,$\varphi$ 服从尺寸连续分布函数。

### 7.3.4 离散方程

为了计算尺寸分布中每个控制体的粒子数量,将离散好的分布排列在一系列不同大小的半径坐标轴 $r(x)$ 上,如图 7.39 所示。每一个控制占满一个小区间范围 $\Delta r_i$。连续方程即公式(7.22)可重新写为

$$\bar{C} = C_0 - (C_p - \bar{C}) \sum_i \frac{4}{3} \pi r_i^3 N_i \tag{7.23}$$

式中,$N_i = \varphi_i \Delta r_i$。沉淀相的体积分数可以算出 $f = (C_0 - \bar{C})/(C_p - \bar{C})$。为了计算得到每一个控制体的粒子数量密度 $N_i$,将每一个控制体的有效范围定义为 $[r_i - \Delta r/2, r_i + \Delta r/2]$,即每一个控制体都有两个边界,分别为左边界 $w$ 和右边界 $e$,如图 7.39 所示。假定对任意一个控制体 $P$,在其范围内对其控制方程,即公式(7.21)进行积分。暂且忽略形核率,积分式可写为

$$\int_w^e \int_t^{t+\Delta t} \frac{\partial N}{\partial t} \mathrm{d}t \mathrm{d}r = -\int_t^{t+\Delta t} \int_w^e \frac{\partial (Nv)}{\partial r} \mathrm{d}r \mathrm{d}t \tag{7.24}$$

公式(7.24)左侧积分式可写为

$$\int_w^e \int_t^{t+\Delta t} \frac{\partial N}{\partial t}\mathrm{d}t\mathrm{d}r = (N_p - N_p^0)\Delta r \tag{7.25}$$

公式(7.24)右侧积分式可写为

$$\int_t^{t+\Delta t}\int_w^e \frac{\partial(Nv)}{\partial r}\mathrm{d}r\mathrm{d}t = [(Nv)_e - (Nv)_w]\Delta t \tag{7.26}$$

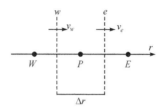

图 7.39　控制体结构示意图[35]

下一步将考虑控制体边界的生长率的方向,并采用所谓的"迎风格式"用于式 (7.26)右侧乘积相而求得在两处边界上的计算[36],即

$$(Nv)_e = N_P v_e, \quad v_e > 0 \tag{7.27}$$
$$(Nv)_e = N_E v_e, \quad v_e < 0 \tag{7.28}$$
$$(Nv)_w = N_W v_w, \quad v_w > 0 \tag{7.29}$$
$$(Nv)_w = N_P v_w, \quad v_w < 0 \tag{7.30}$$

由此进行简化表达,离散方程可以写成标准形式

$$a_P N_P = a_E N_E + a_W N_W + a_P^0 N_P^0 \tag{7.31}$$

式中,系数 $a_P, a_E, a_W, a_P^0$ 的值由各个控制体边界的生长率的方向而求得;$N_P^0$ 为 $t$ 时刻控制体 $P$ 的沉淀相粒子数量密度;$N_P$ 为 $t+\Delta t$ 时刻控制体 $P$ 的沉淀相粒子 数量密度;$N_E, N_W$ 则为 $t+\Delta t$ 时刻控制体 $P$ 的右侧控制体 $E$ 与左侧控制体 $W$ 的 沉淀相粒子数量密度。由于每一时间步 $\Delta t$ 前后的基体平均浓度 $\bar{C}$ 会变得不同, 所以整个计算过程时间步 $\Delta t$ 的大小将有严格的把握。可以将整个离散方程进行 系数矩阵组装,通过标准三对角矩阵求法求解方程组[35]。

### 7.3.5　数值计算流程

图 7.40 所示为整个计算流程中,每一时间步内求得的新形核沉淀相粒子密度 将赋给对应半径大小的控制体粒子密度中。而所有新形核的粒子只有在其初始半 径微微大于当前的临界半径 $r^*$ 时,新核才能生长。因此,设置一个"生长空间"尺 寸 $\Delta r^*$ 来促使新核生长,定义 $\Delta r^*/r^*$ 为 $0.05$[35]。

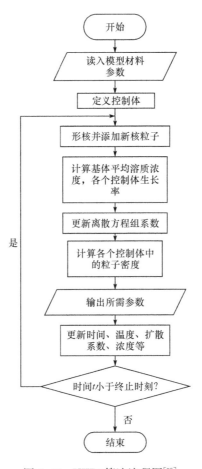

图 7.40  KWN算法流程图[35]

### 7.3.6  强化模型

固溶强化主要来源于溶质原子对位错运动时的摩擦阻力,一般包括位错与溶质原子间的长程交互作用和短程交互作用。固溶强化作用的大小取决于溶质原子的浓度、原子的相对尺寸、固溶体类型以及电子因素,近似的数学表达式为[36]

$$\sigma_{ss} = \sum_i k_i C_i^{2/3} \tag{7.32}$$

式中,$k_i$ 是与溶质元素 $i$(Mg 或是 Si)对于合金强度贡献有关的常数。

时效铝合金的强度主要是来自于析出相的强化。简言之,析出相强化的本质是借助于析出相和运动位错之间的相互作用而产生强化效应,可通过 Esmaeili 等[38]提出的公式定量地描述该强化作用

$$\sigma_p = \frac{M\overline{F}}{b\overline{L}} = \frac{M}{b\overline{L}} \frac{\sum\limits_i N_i(r)F_i(r)}{\sum\limits_j N_j(r)} \tag{7.33}$$

式中，$M$ 为泰勒因子；$b$ 为柏氏矢量；$L$ 为滑移面上析出相的有效平均间距；$\overline{F}$ 为平均析出相与位错相互作用力；$N_i(r)$ 为尺寸区间 $[r_i, r_{i+1}]$ 的析出相密度；$F_i(r)$ 为该尺寸区间的析出相与运动位错之间的相互作用力。

在强化模型中，基于假设基体仅存在一种类型强化相 $\beta'(Mg_5Si_3)$。由试验观察研究结果可知，棒状 $\beta'$ 相在基体中沿三个 $<100>_{Al}$ 方向分布，图 7.41 给出了 $\beta'$ 相在基体中三维分布示意图。根据几何关系，易知位于滑移面 $\{111\}$ 内虚线三角形的面积 $A = \sqrt{3}L^2/4$，该面积内析出相的数量 $n_a = 3 \times 1/6$，假定 $\beta'$ 相的分布均匀，那么单位面积内析出相的数量 $N_a = n_a/A$，从而滑移面上析出相的有效平均间距为

$$\overline{L} = \sqrt{\frac{2}{\sqrt{3}N_a}} \tag{7.34}$$

如图 7.42 所示，假定滑移平面正好与平行一致的柱状相中间切过，柱状相体的厚度为 $l'$，则可求得单位平面内第二相数量 $N_a = \sum\limits_i l_i' N_i = \sum\limits_i l_i N_i/\sqrt{3}$，从而滑移面上析出相的有效平均间距为

$$\overline{L} = \sqrt{\frac{2}{\sum\limits_i l_i N_i}} \tag{7.35}$$

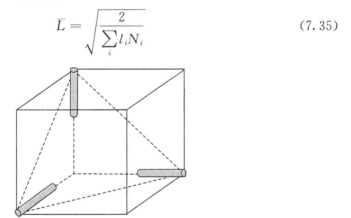

图 7.41　$\beta'$ 相在基体中三维分布示意图

第二相粒子与运动位错之间的相互作用方式取决于粒子的强化机制：当粒子被位错切过时，对于大多数析出强化机制，位错与析出相间的最大相互作用力与粒子尺寸呈线性关系；当析出相粒子不可被位错切割时，位错以绕过方式克服该相的扎钉作用，最大相互作用力为常数。在本模型中，由于只存在一种类型析出相，它与位错的交互方式只有一种。为此，定义一个临界尺寸 $r_c$：假定当析出相半径 $r_i <$ $r_c$ 时，位错以切过方式通过该相；反之当 $r_i > r_c$ 时，位错采用绕过方式通过该相。

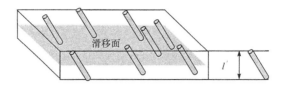

图 7.42　间距为 $l'$ 的两个平行的 $\langle 111 \rangle$ 晶面

析出相与位错在上述两种交互方式下的相互作用力为

$$F^{sh} = kGbr \tag{7.36}$$

$$F^{bp} = 2\beta Gb^2 \tag{7.37}$$

通过联立式(7.36)和式(7.37)可求得临界粒子切割半径 $r^c = 2\beta b / k$。

忽略半径小于临界粒子半径的粒子，根据公式(7.34)可以得到绕过粒子的平均间隔为

$$L_{bp} = \sqrt{\dfrac{2}{\displaystyle\sum_{i>i^c} l_i N_i}} \tag{7.38}$$

由此求得绕过粒子强度为

$$\sigma^{bp} = \frac{2M\beta Gb^2}{bL_{bp}} = \sqrt{2}M\beta Gb \sqrt{\sum_{i>i^c} l_i N_i} \tag{7.39}$$

切过粒子的平均间隔取决于位错线的曲率半径，即位错线上所施加的应力大小。当应力非常小时，位错线几乎为一直线，随着慢慢增大，位错线发生弯曲并与粒子相切过。根据文献[38]可以得到粒子的平均间隔为

$$L_{sh} = \sqrt{\frac{2\Gamma}{\bar{F}N_a}} = \sqrt{\frac{\sqrt{3}\Gamma}{\bar{F}}}\bar{L} \tag{7.40}$$

由此求得切过粒子强度为

$$\sigma^{sh} = M(kG)^{3/2} \sqrt{\frac{b\displaystyle\sum_{i<i^c} l_i N_i}{2\sqrt{3}\Gamma} \left[\frac{\displaystyle\sum_{i<i^c} R_i N_i}{\displaystyle\sum_{i<i^c} N_i}\right]^{3/2}} \tag{7.41}$$

将两类强化机制的强度值利用二次求和法计算得到析出强化相的总体强度 $\sigma_p$。

整体强度 $\sigma_y$ 主要来源于几个方面，即合金固有强度 $\sigma_0$、晶粒强化 $\sigma_d$、固溶强化 $\sigma_{ss}$、析出相强化 $\sigma_p$。对于时效铝合金，其固有强度 $\sigma_0$ 约等于纯 Al 的屈服强度 (10MPa)。晶粒尺寸对时效铝合金强度的影响也满足 Hall-Petch 定律[39,40]，即

$$\sigma_d = k_d d^{-1/2} \tag{7.42}$$

式中，$k_d$ 为常数。

忽略晶粒强化作用，则有

$$\sigma_y = \sigma_0 + \sigma_{ss} + \sigma_p \tag{7.43}$$

6 系铝合金的维氏硬度 HV 与屈服强度 $\sigma_y$ 存在线性关系[36]，即

$$HV = A\sigma_y + B \tag{7.44}$$

式中，$A$ 和 $B$ 为常数，可测得；针对 6056 铝合金[41]，有

$$HV = \frac{\sigma_y}{3} + 20 \tag{7.45}$$

## 参 考 文 献

[1] Chang C I, Lee C J, Huang J C. Relationship between grain size and Zener-Holloman parameter during friction stir processing in AZ31 Mg alloys. Scripta Materialia, 2004, 51(6): 509-514.

[2] Rajakumar S, Muralidharan C, Balasubramanian V. Establishing empirical relationships to predict grain size and tensile strength of friction stir welded AA 6061-T6 aluminium alloy joints. Transactions of Nonferrous Metals Society of China, 2010, 20: 1863-1872.

[3] Woo W, Balogh L, Ungár T, et al. Grain structure and dislocation density measurements in a friction-stir welded aluminum alloy using X-ray peak profile analysis. Materials Science and Engineering A, 2008, 498(1): 308-313.

[4] Fratini L, Buffa G, Palmeri D. Using a neural network for predicting the average grain size in friction stir welding processes. Computers & Structures, 2009, 87(17): 1166-1174.

[5] Pan W X, Li D S, Tartakovsky A M, et al. A new smoothed particle hydrodynamics non-Newtonian model for friction stir welding: Process modeling and simulation of microstructure evolution in a magnesium alloy. International Journal of Plasticity, 2013, 48: 189-204.

[6] Saluja R S, Ganesh Narayanan R, Das S. Cellular automata finite element (CAFE) model to predict the forming of friction stir welded blanks. Computational Materials Science, 2012, 58: 87-100.

[7] Buffa G, Fratini L, Shivpuri R. CDRX modelling in friction stir welding of AA7075-T6 aluminum alloy: Analytical approaches. Journal of Materials Processing Technology, 2007, 191(1): 356-359.

[8] Nandan R, Roy G G, Lienert T J, et al. Three-dimensional heat and material flow during friction stir welding of mild steel. Acta Materialia, 2007, 55(3): 883-895.

[9] Gerlich A, Yamamoto M, North T H. Strain rates and grain growth in Al 5754 and Al 6061 friction stir spot welds. Metallurgical and Materials Transactions A, 2007, 38(6): 1291-1302.

[10] Zhang H W, Zhang Z, Chen J T. The finite element simulation of the friction stir welding process. Materials Science & Engineering A, 2005, 403(1-2): 340-348.

[11] William H V G, Wojciech Z M, Paul T W. Grain structure evolution in a 6061 aluminum alloy during hot torsion. Materials Science & Engineering A, 2006, 419(1-2): 105-114.

[12] Liu G, Murr L E, Niou C S, et al. Microstructural aspects of the friction-stir welding of 6061-T6 aluminum. Scripta Materialia, 1997, 37(3): 355-361.

[13] Zhang Z,Zhang H W. Numerical studies on the effect of transverse speed in friction stir welding. Materials & Design,2009,30:900-907.

[14] Rajakumar S,Balasubramanian V. Establishing relationships between mechanical properties of aluminium alloys and optimised friction stir welding process parameters. Materials and Design,2012,40:17-35.

[15] Kim S,Lee C G,Kim S J. Fatigue crack propagation behavior of friction stir welded 5083-H32 and 6061-T651 aluminum alloys. Materials Science and Engineering A,2008,478:56-64.

[16] Liu F C,Ma Z Y. Influence of tool dimension and welding parameters on microstructure and mechanical properties of friction-stir-welded 6061-T651 aluminum alloy. Metallurgical and Materials Transactions A,2008,39(A):2378-2388.

[17] Sato Y S,Urata M,Kokawa H. Parameters controlling microstructure and hardness during friction-stir welding of precipitation-hardenable aluminum alloy 6063. Metallurgical and Materials Transactions A,2002,33(A):625-635.

[18] Asgharzadeh H,Simchi A,Kim H S. Dynamic restoration and microstructural evolution during hot deformation of a P/M Al6063 alloy. Materials Science and Engineering A,2012,542:56-63.

[19] 张昭,刘亚丽,陈金涛,等. 搅拌摩擦焊接过程中材料流动形式. 焊接学报,2007,28(11):17-21.

[20] Tang W,Guo X,McClure J C,et al. Heat input and temperature distribution in friction stir welding. Journal of Material Processing and Manufacturing Science,1998,7:163-172.

[21] Zhang Z,Zhang H W. Numerical studies on controlling of process parameters in friction stir welding. Journal of Materials Processing Technology,2009,209:241-270.

[22] Anderson M P,Srolovitz D J,Grest G S,et al. Computer simulation of grain growth-I. Kinetics. Acta Metallurgica,1984,32(5):783-791.

[23] Choudhury S,Jayaganthan R. Monte Carlo simulation of grain growth in 2D and 3D bicrystals with mobile and immobile impurities. Materials Chemistry and Physics,2008,109:325-333.

[24] Yang W,Chen L Q,Messing G L. Computer simulation of anisotropic grain growth. Materials Science and Engineering A,1995,195:179-187.

[25] Sista S,Yang Z,DebRoy T. Three-dimensionalMonte Carlo simulation of grain growth in the heat-affected zone of a 2. 25 Cr-1Mo steel weld. Metallurgical and Materials Transactions B,2000,31(3):529-536.

[26] Gao J H,Thompson R G. The relationship between real time and Monte Carlo time. Acta Materialia,1996,44:4565-4575.

[27] Zhang Z,Wan Z Y. Predictions of tool forces in friction stir welding of AZ91 magnesium alloy. Science and Technology of Welding and Joining,2012,17:495-500.

[28] 韦韡,蒋鹏,曹飞. 6082 铝合金的高温本构关系. 塑性工程学报,2013,20(2):100-106.

[29] Kirch D M, Jannot E, Mora L A B, et al. Inclination dependence of grain boundary energy and its impact on the faceting and kinetics of tilt grain boundaries in aluminum. Acta Materialia, 2008, 56: 4998-5011.

[30] Driver G W, Johnson K E. Interpretation of fusion and vaporisation entropies for various classes of substances, with a focus on salts. Journal of Chemical Thermo dynamics, 2014, 70: 207-213.

[31] Fratini L, Buffa G. CDRX modelling in friction stir welding of aluminium alloys. International Journal of Machine Tools and Manufacture, 2005, 45(10): 1188-1194.

[32] Ding R, Guo Z X. Coupled quantitative simulation of microstructural evolution and plastic flow during dynamic recrystallization. Acta Materialia, 2001, 49: 3163-3175.

[33] Grest G S, Anderson M P, Srolovitz D J. Domain-growth kinetics for the Q-state Potts model in two and three dimensions. Physical Review B, 1988, 38: 4752-4760.

[34] Shojaeefard M H, Akbari M, Asadi P. Multi objective optimization of friction stir welding parameters using FEM and neural network. International Journal of Precision Engineering and Manufacturing, 2014, 15: 2351-2356.

[35] Myhr O R, Grong Ø. Modelling of non-isothermal transformations in alloys containing a particle distribution. Acta Materialia, 2000, 48(7): 1605-1615.

[36] Myhr O R, Grong Ø, Andersen S J. Modelling of the age hardening behaviour of Al-Mg-Si alloys. Acta Materialia, 2001, 49(1): 65-75.

[37] Patankar S V. Numerical Heat Transfer and Fluid Flow. New York: Taylor & Francis, 1980.

[38] Esmaeili S, Lloyd D J, Poole W J. A yield strength model for the Al-Mg-Si-Cu alloy AA6111. Acta Materialia, 2003, 51(8): 2243-2257.

[39] 胡赓祥, 蔡珣. 材料科学基础. 上海: 上海交通大学出版社, 2000.

[40] Simar A, Bréchet Y, de Meester B, et al. Sequential modeling of local precipitation, strength and strain hardening in friction stir welds of an aluminum alloy 6005A-T6. Acta Materialia, 2007, 55(18): 6133-6143.

[41] Gallais C, Denquin A, Bréchet Y, et al. Precipitation microstructures in an AA6056 aluminium alloy after friction stir welding: Characterisation and modelling. Materials Science and Engineering A, 2008, 496: 77-89.